MARTIN KLAUKA

EINMAL MIT DER KATZE UM DIE HALBE WELT

Meine unglaublichen Erlebnisse mit Mogli

Ich widme dieses Buch allen,
die mich auf meinem Weg begleitet und unterstützt und
immer zu mir gestanden haben – besonders meiner Mum.

INHALT

HI, ICH BIN MARTIN …

… und ich habe dieses Buch für all die Menschen da draußen geschrieben, die einen Traum haben, aber bisher nie ernsthaft darüber nachgedacht haben, ihn zu verwirklichen. Denn auch ich sehnte mich lange nach dem großen Abenteuer. Wie oft habe ich mich gefragt, ob es den einen, richtigen Weg durchs Leben gibt – und wenn ja, wie ich ihn finden könnte. Irgendwann habe ich erkannt, dass es nur an mir selbst liegt, etwas in oder aus meinem Leben zu machen, und dass vieles nur so lange unmöglich erscheint, bis man es einmal ausprobiert. Heute bin ich der Meinung, dass es zwar nicht den einen, sehr wohl aber für jeden von uns einen richtigen Weg gibt. Und der beginnt, wie die größte Reise, mit einem einzigen Schritt: dem ersten. Ich selbst habe diesen ersten Schritt am 24. August 2017 gewagt und mich auf den Weg gemacht. Auf meinen Weg.

Diese Geschichte ist meine Geschichte. Sie handelt von einer Reise um die halbe Welt, von Höhen und Tiefen, von den Menschen, die ich getroffen, und den Abenteuern, die ich erlebt habe, seitdem ich den Mut aufbrachte, endlich loszulassen. Und natürlich handelt sie von Mogli.

Mogli begleitet mich nun schon seit über zwei Jahren durchs Leben. Wir haben uns im März 2017 kennengelernt und es war Liebe auf den ersten Blick. Meine Gefährtin hat wunderschöne, grüne Augen und seidig glänzendes Haar. Und obwohl sie eher schüchtern ist, erobert sie die Herzen im Sturm. Es ist allerdings nicht immer leicht mit ihr, denn sie ist sehr wählerisch und stets darauf bedacht, ihren Willen durchzusetzen. Wenn ihr etwas nicht passt, beschwert sie sich lautstark. Am liebsten isst Mogli Thunfisch

Von Rosenheim in die Welt: Mit Mogli an meiner Seite war ich überall daheim.

und Lachs – und ja, sie ist eine exzellente Jägerin. Sie liebt es genauso wie ich, draußen in der Natur zu sein. Doch im Gegensatz zu mir fürchtet sie sich nicht vor Spinnen oder Schlangen. Dafür aber hat sie Angst vor Hunden und Affen. Laut ihrem Reisepass ist Mogli eine Europäische Kurzhaarkatze. In Wahrheit aber ist sie eine tollkühne Prinzessin …

Ich wünsche mir, dass alle da draußen ihren Weg finden und wagen, das Leben zu führen, das sie sich erträumen. Traut euch! Es wird schon alles gut gehen. Die Welt ist ein guter und wunderschöner Ort und unsere Mitmenschen sind nie wirklich böse – nur manchmal auf dem falschen Weg.

WIE ALLES BEGANN

Es hat mich einiges an Überwindung gekostet, mein sicheres Leben hinter mir zu lassen, meinen Job zu kündigen, den Haushalt aufzulösen und all die Dinge, die mir bisher Halt gaben, gegen das vielleicht größte Abenteuer meines Lebens einzutauschen. Aber ich habe die Entscheidung keine Sekunde lang bereut …

EIN TRAUM WIRD WAHR

Seit eine zweijährige Reise nach Australien meine Abenteuerlust geweckt hat, bin ich immer wieder verreist. 2015 entschlossen ein Freund und ich uns dann während einer dreimonatigen Reise durch Südostasien spontan, Vietnam auf dem Motorrad zu durchqueren. Wir fuhren 36 Stunden mit dem Bus von Laos bis nach Hanoi, wo genau an meinem Geburtstag zwei Motorräder ihren Weg zu uns fanden. Was folgte, war der bis dahin abenteuerlichste Monat meines Lebens. So war ich zuvor noch nie gereist – und plötzlich wusste ich, was bisher »falsch« gelaufen war: Ich war nur Urlauber und als solcher sieht man vor allem (oder auch ausschließlich) diejenigen Orte, die für Touristen hergerichtet wurden, wo die Bedienung Englisch spricht und die Speisekarte in mehrere Sprachen übersetzt wird. Orte, die all jenen Menschen eine Auszeit vom Alltag bieten, die danach genau zu diesem wieder zurückkehren. Ich jedoch wollte meinem Alltag nicht entkommen. Ich wollte ihn ändern. Noch bevor wir wieder zurück in Deutschland waren, war mein Entschluss gefasst: Ich würde mein altes Leben hinter mir lassen und mich in das größte Abenteuer meines Lebens stürzen. Auf zwei Rädern!

DIE KÖNIGIN

Neun Monate nach unserem Südostasientrip war es endlich so weit: Im Dezember 2015 erwarb ich in München eine Honda Africa Twin, die »Königin der Wüste«. Dieses Modell gilt als eines der zuverlässigsten Motorräder, die es gibt – und war damit genau das

Richtige für mich, denn ich bin weder der beste Mechaniker noch wollte ich mitten im Nirgendwo liegen bleiben.

Meine »Königin« sah aus wie neu. Sie war scheinbar noch nie auf Reisen, hatte keinen einzigen Kratzer und der Tacho zeigte gerade mal 14 500 Kilometer. Nur ihre schiere Größe machte mir ein wenig Angst. Der Lenker reicht mir fast bis zur Brust und ich musste wie auf ein Pferd aufsteigen – obwohl ich über 1,80 Meter groß bin.

Dann hieß es »Aufrüsten«: Obwohl die Africa Twin fürs Reisen gemacht war, benötigte sie ein paar Modifikationen. Und so wechselte beziehungsweise ergänzte ich Träger und Koffer, Tankrucksack, Sturzbügel, Hauptständer, Handprotektoren, Lenkererhöhung, 12-Volt-Zigarettenanzünder, größere Fußrasten, Ölthermometer, Handyhalter und Nebelscheinwerfer. Ich legte den Auspuff niedriger, damit er unter die Koffer passte, kürzte die Windschutzscheibe, überholte den elektronischen Kilometerzähler (»Tripmaster«) und die Benzinpumpe, ersetzte alle Benzin- und Kühlschläuche sowie die Gummileitungen vorne durch Stahlflex-Bremsleitungen und baute verstärkte Schläuche ein.

Die nächste Herausforderung war, genug Geld für mein Abenteuer zu sparen. Ich ging am Wochenende nicht mehr aus, aß zu Hause oder bei meiner Mum, verzichtete auf alles, was Eintritt kostete, kaufte nur noch Sachen, die ich für die Reise brauchte, ließ mein Auto stehen und fuhr stattdessen mit dem Fahrrad … Verregnete Sonntage nutzte ich, mein Hab und Gut nach Sachen zu durchforsten, die ich verkaufen konnte. Das brachte zwar nicht viel Geld, aber zumindest wurde meine Wohnung langsam etwas leerer.

Immer wieder wanderte mein Blick auf der großen topografischen Landkarte in meinem Schlafzimmer umher. Ich fragte mich, welche Route ich nehmen und was mein erstes Ziel werden könnte. Alle Länder nördlich von Deutschland wären im Winter zu kalt, westlich davon kommt nicht mehr viel, und um mein Motorrad nach Südamerika oder Australien zu schicken, dazu fehlte mir das nötige Kleingeld. Der Osten sah interessant aus, doch auch dort würde es im Winter zu kalt werden. Die Reise musste also irgendwie in den Süden gehen, näher an den Äquator. Damit blieb nur noch Afrika oder der Mittlere Osten. Afrika hat mich schon immer fasziniert, aber ich hatte keinerlei Anlaufpunkte und wusste nicht, wie ich dort Geld verdienen sollte, um wieder nach Hause zu kommen.

Im Mittleren Osten dagegen kannte ich jemanden: Feras, einer meiner besten Freunde, kam aus Dubai und wohnte dort mit seiner Frau. Zudem standen die meisten der Länder auf dem Weg dorthin schon seit Längerem auf meiner Reisewunschliste. Österreich und Slowenien waren wunderschön, das wusste ich, von Kroatien hatte ich schon viel Gutes gehört und nach Griechenland wollte ich auch schon länger. Besonders gespannt war ich auf die Türkei, das Bindeglied zwischen Europa und Asien. Außerdem wollte ich schon immer einmal in den Iran. Dass mich der Weg nach Dubai zum Großteil durch preiswerte Länder führen würde, ich nur eine kurze Fähre nehmen müsste und, wenn ich rechtzeitig einen Job fände, die Chance hätte, schnell wieder Geld zu sparen, waren weitere Pluspunkte. Zudem könnte ich von dort entweder über Russland den Rückweg antreten oder weiter Richtung Indien fahren. Und wenn ich keinen Job fände, könnte ich mein Motorrad vorübergehend bei Feras lassen und zurückfliegen. Dubai war das perfekte Ziel und einen Anruf später war es beschlossene Sache.

Mitte 2016 also wurde mein Plan konkreter: Ich hatte ein Motorrad, einen Großteil der Ausrüstung und vor allem hatte ich endlich ein Ziel. Damit ich die Alpen und ihre Ausläufer überqueren konnte, solange es noch warm war, und in der Wüste ankam, wenn die Temperaturen dort erträglicher wurden, musste ich im Sommer starten. Somit hatte ich noch genau ein Jahr, um alles vorzubereiten.

Die Zeit bis dahin verflog so schnell wie nie zuvor. Ich verkaufte oder verschenkte weiter meine Sachen, unternahm ein paar kleinere Trips mit der Königin und lernte so immer besser mit ihr umzugehen, stellte mein Bordwerkzeug zusammen, räumte meinen Computer auf und sicherte alle Daten, befasste mich mit notwendigen Apps für mein Handy, stellte meine Ausrüstung weiter zusammen … Ich war erstaunt, was alles dazugehörte, wenn man sein altes Leben aufgab. Mein Schreibtisch schien unter den Notizzetteln zu verschwinden, auf denen ich all das notiert hatte, was ich noch erledigen musste. Gut, dass ich früh genug damit angefangen hatte. Und dann kam doch noch alles ganz anders …

DAS FINDELKIND

Ich war auf dem Rückweg von einer Motorradreise nach Marokko, als plötzlich ein kleines verwahrlostes Kätzchen auftauchte. Es war noch sehr jung, total abgemagert und konnte sich kaum auf den Beinchen halten. Ich rief nur einmal kurz nach ihr, um »Hallo« zu sagen. Doch anstelle meines kleinen Fingers nahm sie gleich die ganze Hand, kam freudig angetapst, kroch auf meinen Arm und schlief ein. Der Hunger hatte sie vermutlich hierhergetrieben, aber sie war noch zu jung und hatte nicht genug Energie, um der kalten Nacht zu trotzen. Sichtlich glücklich darüber, ein warmes und sicheres Plätzchen gefunden zu haben, machte der kleine Flohbeutel in meinem Arm keinerlei Anstalten, diesen zu verlassen, geschweige denn überhaupt aufzuwachen. Da seine Mutter, wie ich später erfahren sollte, von einem Auto überfahren worden war, stand es nicht gut um sein Schicksal. Aber davon wusste dieses kleine, süße Ding nichts. Es schlief tief und fest. Ich fragte mich, was ich mit ihm machen sollte. Ich konnte es schließlich nicht einfach auf dem Motorrad mit nach Hause nehmen. Oder doch? Aber wo sollte es sitzen? Der Tankrucksack war die einzige Möglichkeit, also polsterte ich ihn mit meinem Schal aus, legte die kleine Katze hinein und fuhr so vorsichtig, wie es nur ging. Zuerst hatte sie Angst, aber es dauerte nicht lange, bis sie verstand, dass sie in Sicherheit war. Und als wir zu Hause ankamen und ich in den Tankrucksack sah, blinzelten mich zwei verschlafene Augen an.

Ich wusste nicht einmal, ob das Kätzchen ein Mädchen oder ein Junge war. Aber es war wie Mogli aus dem Dschungelbuch ein Findelkind. Und wenn dies mein Weg wäre, so dachte ich, dann würde alles gut gehen. »Hallo, Mogli!«, flüsterte ich leise. Es war der Beginn einer wunderbaren Freundschaft.

Es war mittlerweile Ende März und somit waren es nur noch vier Monate bis zu meiner geplanten »Weltreise«. Wenn Mogli mich begleiten sollte, würde ein ganzer Schwung zusätzlicher organisatorischer Sachen auf mich zukommen.

Als Allererstes brachte ich Mogli zum Tierarzt. Ich wollte endlich wissen, ob er/sie ein Katerchen oder ein Kätzchen war. Außerdem brauchte sie eine Wurmkur und eine Tollwutimpfung. Und ich wollte unsere Reisepläne mit dem Arzt besprechen, um sicherzustellen, dass ich Mogli nicht irgendwo heimlich ins Land schmuggeln müsste. Denn dieses Risiko wollte ich nicht eingehen müssen.

Es stellte sich heraus, dass Mogli ein kleines Kätzchen war, ungefähr zwei Monate alt. Für die Tollwutimpfung war sie damit noch ein wenig zu jung. Aber sie bekam eine Wurmkur und die erste der drei Spritzen gegen Katzenschnupfen. Bis auf ihr verletztes Schwänzchen war die Kleine gesund, und nachdem dieses geröntgt worden war und ich den nächsten Termin ausgemacht hatte, ging es wieder nach Hause – sehr zum Erstaunen der Praxismitarbeiter natürlich auf dem Motorrad.

Es wäre vermutlich die einfachere Lösung gewesen, Mogli in ein Tierheim zu geben. Und ich gebe zu, dass ich auch selbst kurz darüber nachgedacht habe. Aber ein Leben im Käfig wollte ich ihr nicht zumuten. Ich konnte doch nicht einfach eine Straßenkatze retten und sie dann in ein überfülltes Tierheim geben. Das fühlte sich irgendwie falsch an. Es war meine Entscheidung gewesen, Mogli zu retten. Und deshalb lag es nun auch in meiner Verantwortung, mich um sie zu kümmern. Und ich wollte mich gut um sie kümmern. Ganz uneigennützig war meine Entscheidung am Ende aber doch nicht. Wir hatten in unseren ersten paar Tagen schließlich bereits viel erlebt und ich hatte mich schon lange in Mogli verliebt.

Ich kaufte ein kleines Geschirr mit einer Leine und nahm Mogli überall mit hin. Sooft ich Zeit hatte, gingen wir an der Mangfall spazieren, wo ich sie eine Weile frei laufen lassen konnte. Ich wollte,

Beim Spazierengehen brachte ich Mogli bei, in meiner Nähe zu bleiben.

dass sie lernte, mich als ihren Bezugspunkt anzusehen und nicht ihr Revier, wie es für Katzen normalerweise üblich ist.

Anfangs war Mogli noch sehr schüchtern, verkroch sich in meiner Jacke oder Kapuze und beobachtete gespannt und aus sicherer Entfernung alles, was sich bewegte. Nach und nach kam sie dann heraus – erst auf meinen Schoß, dann neben mich. Und irgendwann war sie mutig genug, um bis zum sicheren Gebüsch zu rennen. Besonders in der Anfangszeit musste ich sie oft aus dichtem Gestrüpp herausholen und meine Arme und Beine waren ständig von oben bis unten von Dornen zerkratzt. Außerdem hatte ich, wie Mogli auch, ständig mit Zecken zu kämpfen. War ich überhaupt gegen Zecken geimpft? Eine gute Gelegenheit, meinen Arzt zu konsultieren. Es stellte sich heraus, dass meine Zeckenimpfung (FSME-Impfung) aufgefrischt werden musste. Mein Arzt empfahl mir darüber hinaus gleich noch eine ganze Reihe anderer Impfungen. Er war selbst nicht nur ein Reiseenthusiast, sondern hatte als Mediziner auch schon Ralleys in Afrika betreut. Daher wusste er sofort, welche Impfungen ich brauchte. Er hatte außerdem bereits eine Erste-Hilfe-Checkliste mit dem treffenden Namen »Reiseapotheke für Fernreisen mit Expeditionscharakter« erstellt.

Dennoch graute mir vor unserem nächsten Termin beim Tierarzt. Das Röntgenbild hatte gezeigt, dass die Gliedmaßen in Moglis Schwänzchen auseinandergerissen waren. Es gab keinerlei Anzeichen für eine Quetschung oder dafür, dass es geknickt wurde. Die wahrscheinlichste Theorie war, dass jemand Mogli am Schwanz gepackt und stark daran gezogen hatte. Jetzt sollte sie operiert werden. Sie schaute mir ängstlich hinterher, als die Arzthelferin sie behutsam ins nächste Zimmer brachte. Es war das erste Mal, dass sie weder bei mir noch in meiner Wohnung war, und so richtig wohl war mir bei dem Gedanken nicht.

Reisebereit? Manchmal fragte ich mich schon, ob Mogli das schaffen würde.

Man implantierte Mogli im Zuge der OP gleich noch einen Mikrochip zur eindeutigen Kennzeichnung. Um stolze Inhaberin eines Europäischen Heimtierausweises zu werden, war allerdings erst noch die Tollwutimpfung und der darauffolgende Bluttest nötig.

Als ich Mogli nach der Arbeit abholte, war sie von der Narkose noch ganz verschlafen. Ihr Schwänzchen war amputiert, an seiner statt besaß sie nur noch einen kleinen, rasierten Stummel. Ein komischer Anblick, aber ich war froh, dass alles gut geklappt hatte und Mogli wohlauf war.

Da Mogli am Morgen vor der OP nichts fressen durfte, hatte sie jetzt einen Bärenhunger. Ich wusste zwar, dass es nicht gut war, sie so kurz nach der Narkose zu füttern. Aber Katzen können unglaublich überzeugend sein – und so bekam sie zumindest ein bisschen. Dass das Futter postwendend auf dem Küchenboden landete, belehrte mich alsbald eines Besseren.

In den nächsten Wochen mussten wir noch ein paarmal zum Tierarzt. Mogli brauchte noch zwei Spritzen gegen Katzenschnupfen und zwei gegen Tollwut, einen Bluttest und außerdem wollte ich sie kastrieren lassen. Diese Entscheidung stand von Anfang an fest. Obwohl es mir leidtat, dass sie sich einer weiteren Operation unterziehen musste, überwogen doch ganz klar die Vorteile. Sie würde nicht rollig werden und auf der Suche nach einem Partner nächtelang verschwinden, das Infektionsrisiko würde enorm sinken und sie würde auch nicht zweimal im Jahr Babys bekommen.

DIE LETZTEN VORBEREITUNGEN

Mogli wurde Tag für Tag stärker und zuversichtlicher und es erfüllte mich mit Freude, zu sehen, wie dieses kleine, ursprünglich dem Tode geweihte Wesen aufblühte und die Welt entdeckte. Ich begann mit ihr an unserer Kommunikation zu arbeiten, denn dies würde später enorm wichtig sein. Das Erste, was ich ihr beibrachte, war ein bestimmter Ruf für Leckerlis: Ich presse meine Lippen aneinander und sauge Luft an. Ich mache dieses Geräusch nur, wenn ich auch wirklich ein Leckerli für Mogli habe. Es ist bis heute ihr Lieblingsgeräusch und funktioniert fast immer. Sie versteht aber auch, wenn ich ein anderes Geräusch mache und mit dem Finger auf etwas zeige. Das heißt dann, dass es da etwas zum Jagen oder Spielen gibt. Außerdem rufe ich sie nur, wenn ich auch wirklich will, dass sie zu mir kommt. Sonst würde sie nie wissen, wann ich es ernst meine.

Eine weitere Sache, die ich Mogli beibringen musste, war, zu akzeptieren, wenn ich ihr etwas verbot. Katzen sind unglaubliche Sturköpfe und geben erst nach, wenn sie sehen, dass man selbst noch sturer ist als sie. Es war wohl das erste Mal, dass mir meine eigene Beharrlichkeit in die Hände spielte – Mogli hatte gegen mich keine Chance. Ich war immer konsequent mit ihr und habe sie die Regeln, die ich aufstellte – etwa dass sie nicht auf den Küchentisch springen darf –, nie brechen lassen und diese auch nie geändert. Relativ schnell verstand sie es so, wenn ich ihr etwas verbot, und mittlerweile ist es unglaublich, was für ein gutes Benehmen sie an den Tag legt. Es ist einer wahren Prinzessin würdig.

Da ich Mogli von Anfang an immer wieder an die Leine nahm, hatte sie mit dieser kein Problem. Das hieß aber nicht, dass sie wie ein Hund neben mir herlief. Das tut sie bis heute nicht. Katzen sind sehr defensive und strategische Tiere. Offen und schutzlos auf einem Weg zu laufen, den sie vielleicht noch nicht einmal kennen, würden die meisten unserer Samtpfoten wohl nie machen. Wenn wir irgendwohin wollten, saß Mogli daher normalerweise auf meiner Schulter, manchmal machte sie es sich auch in meiner Kapuze gemütlich. Anfangs habe ich versucht, sie in eine offene Tasche zu stecken, damit ich sie einfacher transportieren und im Zweifelsfall auch vor Regen schützen könnte. Doch daran wollte sie sich nie gewöhnen und kletterte immer wieder zurück auf meine Schulter.

Um zu lernen, wie sie reagiert, und um sie besser auf das Reisen vorzubereiten, versuchte ich, sie so oft wie möglich an verschiedene Orte mitzunehmen. Jeden Abend gingen wir zur Mangfall und am Wochenende oder im Sommer fuhren wir ein paar Kilometer mit dem Fahrrad zum See, wo sie im Gebüsch spielte, während ich badete. Wir gingen zelten, fuhren manchmal zu Freunden in die Stadt oder in den Biergarten und fast jeden Sonntag nahm ich sie mit zu meiner Mum. Zweimal durfte sie mich sogar zur Arbeit begleiten. Selbst das Einkaufen übten wir – es verlief erstaunlicherweise problemlos. Sie streckte nur ihre kleine rosafarbene Nase in Luft und wurde einmal ein wenig unruhig, als wir an dem Regal mit dem Katzenfutter vorbeiliefen. Die Mitarbeiter waren entweder zu perplex, dass eine Katze auf meiner Schulter saß, oder es hat sie nicht gestört.

Langsam wurde es für mich und Mogli ernst. Nachdem sie mittlerweile ihre Tollwutimpfung bekommen hatte, war es Zeit für einen Bluttest, der bestätigen sollte, dass sie genügend Antikörper gebildet hatte. Außerdem stand ihre Kastration an.

Ich selbst hatte auch einiges zu tun, denn ich musste mich um die Dokumente für mein Motorrad und mein Visum für den Iran kümmern. Österreich, Slowenien, Kroatien und Griechenland gehörten zur EU. Bosnien und Herzegowina, Montenegro, Albanien und Mazedonien konnte man als EU-Bürger uneingeschränkt bereisen. Und für die Türkei und die Vereinigten Arabischen Emirate würde ich bei der Ankunft automatisch ein dreimonatiges Visum bekommen. Mogli hatte es da ein bisschen einfacher. Die kontinentalen Länder verlangen meist nur eine Impfung gegen Tollwut, manchmal auch noch eine gegen Katzenschnupfen. Die Impfungen mussten mit Chargennummer, Stempel und Datum in ihrem Tierausweis dokumentiert werden. Außerdem musste Mogli durch einen implantierten Chip eindeutig identifizierbar sein. Sie über die Grenzen zu bringen sollte also kein Problem sein.

Mogli hatte die Kastration gut überstanden und flitzte Tage später schon wieder durch meine Wohnung, als wäre nie etwas gewesen. Auch der Bluttest vom Labor kam zurück, und sie bekam ihren Heimtierausweis. Jetzt durfte sie endlich offiziell auf Reisen gehen und wir mussten auch nur noch zweimal zum Tierarzt: einmal zum Fädenziehen und ein weiteres Mal zur Nachkontrolle. Dann hatten wir es endlich geschafft.

»Katzen und Motorräder passen ja eigentlich nicht zusammen. Aber Prinzessinnen und Königinnen eben doch.«

ipow
TOURAT

EUROPA

Mein Leben lang hatte ich mich nach dem großen Abenteuer gesehnt und nun war wirklich der Moment gekommen, an dem es beginnen sollte. Ich konnte es noch immer nicht fassen. Ich wusste, dass ich meine Familie und Freunde für eine Weile nicht zu Gesicht bekommen würde, und fing schon jetzt an sie zu vermissen. Aber war ich mit Mogli an meiner Seite nicht überall daheim?

VON ROSENHEIM NACH GRIECHENLAND

Am 24. August 2017 war es endlich so weit: Ich umarmte meine Mum ein vorerst letztes Mal, setzte meinen Helm auf und startete mein Motorrad, dessen Tacho mittlerweile 31 123 Kilometer anzeigte, und wagte tatsächlich den ersten Schritt in ein neues Leben. Unser erstes großes Ziel: Dubai.

Während Mogli sich wie sonst auch im Tankrucksack einrollte und es sich gemütlich machte, freute ich mich, dass neben mir noch ein weiteres Motorrad ansprang: Tino, einer meiner besten Freunde, hatte es sich nicht nehmen lassen, uns am schwierigsten Tag unserer Reise zu begleiten: dem ersten.

Als wir das Ortsschild von Rosenheim passierten, überkam mich ein überwältigendes Gefühl von Freiheit und Abenteuer, Neugier und Vorfreude. Trotzdem: Die nächsten dreieinhalb Monate würden Mogli und ich auf der Straße verbringen – und was wir dabei erleben oder wie es danach weitergehen würde, wusste ich noch nicht. Ich hatte genug gespart, um es bis nach Dubai zu schaffen. Um von dort aus noch weiter- oder zurück nach Hause zu fahren, würde das Geld jedoch nicht reichen. Dazu müsste ich dort vorübergehend eine Arbeit finden. Doch darüber wollte ich jetzt erst einmal nicht nachdenken. Es würde sich schon alles fügen.

Ein paar Kilometer später, als wir auf traumhaften Alpenpässen der untergehenden Sonne davonfuhren, der Motor unter mir schnurrte und mir der warme Sommerwind um die Nase wehte, stellte ich mir vor, dass alles nur ein Traum war und wir tatsächlich nur auf einem Wochenendausflug wären. Ich dachte daran, wie es wäre, am Montag wieder in die Arbeit zu gehen, wieder jeden Tag dasselbe zu machen und weiter davon zu träumen, diesem ewigen Kreislauf eines Tages zu entkommen ... Plötzlich fehlte jede Spur von meinen Zweifeln und Bedenken. Ich war wieder euphorisch und strotzte nur so vor Energie. Es war die richtige Entscheidung! Und eine emotionale Achterbahn.

Nach 170 Kilometern und mit dem letzten verbleibenden Tageslicht bogen wir in einem österreichischen Dorf in eine kleine Seitenstraße ab und fragten eine junge Frau, ob es irgendwo eine Möglichkeit gebe, unser Zelt für eine Nacht kostenlos aufzuschlagen. Ihre Tochter strahlte, als sie Mogli sah, die gemerkt hatte, dass wir stehen geblieben waren, und neugierig ihr Köpfchen aus dem Tankrucksack streckte. Die Mutter war nicht weniger überrascht und deutete auf ein Haus in der Nähe. Tatsächlich durften wir dort übernachten. Die erste Hürde war genommen.

Mogli fing sofort an, die Scheune und den angrenzenden Wald zu erkunden, während Tino und ich uns daranmachten, unsere Zelte aufzustellen und uns etwas zu »kochen«. Es gab Kartoffeleintopf und Bohnen aus der Dose. Noch während wir unser Camp aufbauten, hatte sich der Himmel zugezogen und es war schlagartig windig geworden. Als wir gerade mit allem fertig waren und müde, aber glücklich im Zelt saßen, ging es richtig los: Dicke Regentropfen prasselten herab und prallten lautstark an der Zeltplane ab. Wahnsinnsblitze ließen alle paar Sekunden alles um uns herum taghell erstrahlen – und der kurz darauf folgende laute, grollende Donner verriet uns, dass sie nicht weit von uns entfernt einschlugen. Es war ein mächtiges Schauspiel der Natur und es fühlte sich an, als wollte uns das Universum gutes Gelingen wünschen. Von nun an würden wir jeden Tag Richtung Südosten fahren, und was uns dabei widerfahren sollte, würde in seinen Händen liegen.

Mogli, die ein paar Tropfen abbekommen hatte, bevor sie wie ein geölter Blitz ins Zelt gehuscht kam, rollte sich in den Tankrucksack und schlief ein – unbeeindruckt davon, dass draußen die Welt unterzugehen schien. Kurz darauf taten Tino und ich dasselbe.

DAS ERSTE MAL AUF MICH GESTELLT

Der nächste Morgen begrüßte uns wieder mit strahlend blauem Himmel und Sonnenschein. Wir bauten das Zelt ab und nach einem ausgiebigen Frühstück und einer herzlichen Umarmung fuhr Tino zurück nach Rosenheim. Mogli und ich dagegen machten uns auf Richtung Süden.

Wir durchquerten Österreich in einem Tag und auf Straßen, die mein Motorradfahrerherz höherschlagen ließen. Schon hier wurden wir das erste Mal zum Essen eingeladen.

Nach 268 Kilometern waren wir kurz vor Bovec in Slowenien. Ich war vor ein paar Jahren bereits dort gewesen und hoffte, im wunderschönen Soča-Tal einen geeigneten Platz zum Zelten zu finden. Zum Glück war das nicht schwierig und so schlug ich das Zelt auf einem versteckten Parkplatz auf. Es war ein schöner Platz, mitten im Wald, neben einem kleinen Fluss, und während Mogli Mäusen nachstellte, plante ich die Route für den nächsten Tag, genoss die Ruhe und versank im klaren Sternenhimmel. Wenn wir weiter so schnell unterwegs wären, würden wir bereits in ein paar Wochen in Dubai ankommen, dachte ich – und ich fragte mich, wo und aus welchem Grunde wir auf der Strecke wohl hängen bleiben würden.

Nach dem Soča-Tal ging es erst auf Schotterstraßen durch die slowenischen Wälder und schließlich auf winzigen Gebirgsstraßen entlang steiler Schluchten, über Brücken und durch kleine Tunnel, die nicht viel mehr als Löcher im Berg waren, nach Kroatien.

Laurin, ein Kollege, den ich von einem meiner Nebenjobs kannte, war gerade in Pula, daher sollte diese Stadt mein nächstes Ziel sein. Kurz nach der Grenze hielt ich an. Ich musste Euro in kroatische Kuna tauschen und außerdem hatte ich Bärenhunger. Als ich meinen Döner aß, hörte ich auf einmal eine Stimme nach Mogli rufen. Erst dachte ich, ich hätte es mir eingebildet. Aber als ich ein zweites Mal »Mogli« vernahm, drehte ich mich doch um. Ein kleiner Junge kam herüber und begrüßte mich und Mogli aufgeregt. Für einen Augenblick war ich zu verdutzt, um ihn zu erkennen. Doch schnell stellte sich heraus, dass es der Bub war, der vor zwei Wochen mit seiner kleinen Schwester Mogli an der Mangfall gefüttert hatte. Seine Familie war gerade auf dem Rückweg aus dem Urlaub. Was für ein Zufall! Als die Eltern von unserer Reise erfuhren, wünschten sie mir gutes Gelingen und schenkten mir ihre restlichen 180 Kuna, etwa 25 Euro. Ich könnte es besser gebrauchen als sie, meinten sie.

Dankbar und satt setzten wir unsere Reise fort. Wir hatten die Alpen hinter uns gelassen und die kroatische Sonne brannte auf uns hinunter, als wir die istrische Halbinsel durchquerten. Zum Glück waren die Straßen schnell und so kamen wir noch im Tageslicht an. Ich belohnte mich mit einem kühlen Bier, während ich auf Laurin wartete. Mogli trank etwas Wasser und fing an, die Bar nach einer sicheren Stelle abzusuchen.

Es war ein herzliches Wiedersehen mit meinem Freund. Wir saßen eine Weile zusammen und entschieden uns dann, in einem alten jugoslawischen Militärgebiet direkt an der Adria zu zelten. Während Laurin und seine Freunde noch Vorräte kauften, wartete ich mit Mogli draußen, denn sie durfte nicht in den Laden. Zum Glück war ich dieses Mal nicht alleine. Ich fragte mich aber, wie ich in Zukunft mit diesem Problem umgehen sollte. Aber eins nach dem anderen: Jetzt mussten wir erst einmal den Zeltplatz finden.

Es war spät geworden und das dunkle Militärgelände, stiller Zeuge einer schwierigen Vergangenheit, wirkte zugleich unheilvoll und faszinierend. Laurin erzählte mir von seinem eigenen Findelkater Bagira und überlegte, ob er mit ihm wohl auch reisen könnte. Ich hatte Zweifel, weil er es ihm nicht von Anfang an beigebracht hatte, aber wir wollten es trotzdem probieren und so brachte Laurin Bagira am nächsten Tag einfach mit in unser Camp. Da er keine Leine hatte, lieh ich ihm meine und die beiden versuchten sich im »Gassigehen«. Mogli war davon ganz und gar nicht begeistert und auch sonst mussten wir den Versuch bald als Fehlschlag verbuchen, denn Bagira wirkte nervös und es schien uns zu gefährlich, ihn einfach frei laufen zu lassen. Laurin brachte ihn also noch am selben Abend zurück nach Hause.

Als wir am nächsten Morgen aufwachten, hatten sich dunkle Regenwolken über uns zusammengebraut. In Windeseile packten wir unsere Sachen und machten uns auf den Weg. Das Wetter klarte zum Glück auf, und obwohl ich die schnellen Küstenstraßen und die beeindruckende Aussicht genoss, entschied ich mich nach ein paar Stunden, wieder auf kleinere Straßen auszuweichen. Ich wollte schließlich nicht so schnell wie möglich ankommen. Davon abgesehen hatte ich sowieso kein richtiges Ziel – und ich musste mich bald schon wieder nach einem geeigneten Schlafplatz umsehen. Entlang der Hauptstraße würde es darum eher schlecht stehen.

Je weiter wir Richtung Süden fuhren, desto trockener und karger wurde die Landschaft. Es war heiß und es stellte sich weitaus schwieriger heraus als angenommen, einen Platz zum Zelten zu finden. Noch dazu zog jetzt auch ein Sturm auf und heftige Windböen versuchten, uns von der Straße abzudrängen. Wollte ich mein Kätz-

Immer wieder aufregend schön: plötzlicher freier Blick auf die Adria.

chen noch ins Trockene bringen, musste ich schnell etwas finden. Zeit, Proviant zu kaufen, war nicht mehr.

Ich entdeckte eine kleine Schotterstraße, die äußerst vielversprechend aussah. Wäre ich nicht allein unterwegs gewesen, hätte ich kein zweites Mal darüber nachgedacht und es einfach probiert. Doch so war ich unsicher: Wegen des Sturms und der einbrechenden Dunkelheit kam hier heute sicher niemand mehr vorbei, der uns im Zweifelsfall helfen könnte. Und wer wusste schon, wie die Straße nach ein paar Hundert Metern aussah? Falls ich im Schotter wegrutschen und fallen würde, hätte ich das Motorrad alleine nur sehr schwer oder überhaupt nicht aufheben können. Und was, wenn ich mich bei einem Sturz verletzte? Mir blieb jedoch gar keine andere Wahl: Die Sturmböen wurden immer stärker und die ersten dicken Regentropfen landeten bereits auf meinem Visier. Also bog ich trotz aller Zweifel ein.

Schon nach einer ganz kurzen Strecke mussten wir die erste Pause einlegen. Das Geholper hatte mein Gepäck lose gerüttelt und auch Mogli kam aus ihrem Tankrucksack gekrochen und gab mir zu verstehen, dass sie recht wenig von meiner Streckenwahl hielt. Zum Glück ging dann aber alles gut und das Zelt war aufgebaut, bevor der Sturm richtig über uns herzog.

Mogli konnte sich im hohen Gras und im Gebüsch verstecken und hüpfte fröhlich umher. Aber als es zu regnen anfing, kam sie sofort zu mir ins Zelt. Ich genoss es, im Trocknen zu sitzen, während draußen der Sturm tobte, und machte mich über meinen Proviant her: eine Dose Thunfisch und Erdnüsse.

DAS ERSTE MAL COUCHSURFING

Wir waren erst fünf Tage unterwegs, doch weil ich nicht viel zum Wechseln dabeihatte, war es definitiv bald an der Zeit, meine Wäsche zu waschen. Ich entschied mich daher, es das erste Mal mit »Couchsurfing« zu versuchen, eine ebenso simple wie geniale Idee:

Man lässt Fremde, meist Reisende, für eine Nacht oder länger bei sich schlafen und kann dafür, wenn man selbst reist, bei ihnen zu Hause dieselben Vorzüge genießen. Auf diese Art und Weise lässt sich sogar in Europa recht günstig reisen.

Mein Profil auf einer einschlägigen Couchsurfing-Webseite hatte ich bereits vor der Abfahrt erstellt und mit Fotos versehen. Jetzt fand ich dort mit Tonči einen potenziellen Gastgeber und hinterließ ihm eine Nachricht, bevor wir uns auf den Weg machten. Ich drückte die Daumen, dass es klappen würde, denn eine Nacht in einem richtigen Hotel konnte ich mir nicht leisten. Und ich wusste nicht einmal, ob es mit Mogli überhaupt möglich wäre. In einem Hostel wären die Chancen vermutlich noch schlechter gestanden. Dort hätte schon eine Person mit Katzenhaarallergie gereicht, um uns einen Strich durch die Rechnung zu machen.

Bis nach Split, wo Tonči wohnte, waren es mehr als 300 Kilometer. Falls er zusagen würde, mussten wir also eine ganz schöne Strecke schaffen. Ich fuhr auf direktem Wege auf die gut ausgebaute Europastraße E65 und vergaß für eine Weile alles um mich herum. Die Straße schlängelte sich direkt an der Küste entlang und die schier unendlichen Links-rechts-Kombinationen auf sauberem Asphalt ließen mein Motorradfahrerherz höher und höher schlagen.

Als die E65 zur Autobahn wurde, verließen wir die Route und fuhren auf kleineren Straßen weiter. Wir entfernten uns etwas von der Küste und die Landschaft änderte sich schlagartig. Die teilweise schnurgeraden Straßen erinnerten jetzt weniger ans Mittelmeer als an Australien. Aber immerhin, wir kamen gut voran.

Wir hielten an, um Wasser zu kaufen, doch man schickte uns gleich am Eingang wieder aus dem Laden. Die Verkäuferin gab mir grimmig zu verstehen, dass ich Mogli doch wie einen Hund vor der Tür anbinden könnte. Ich sparte mir die Mühe, ihr zu erklären, warum das nicht möglich wäre, und bat eine Frau, die gerade den Laden betreten wollte, mir Wasser und ein Sandwich mitzubringen. Zur »Belohnung« durfte sie danach draußen mit Mogli spielen – und ich hatte eine kurze Auszeit, um zu essen. Wieder einmal dachte ich, dass es mit einer Katze als Reisebegleitung ähnlich sein musste wie mit einem Kind: Beide darf man nie aus den Augen verlieren und manchmal werden schon alltägliche Dinge zu einem Problem.

In der Zwischenzeit hatte Tonči geantwortet. Er wollte wissen, ob sein Hund ein Problem wäre: Er wäre recht groß, aber auch sehr lieb und würde Katzen nicht angreifen. Ich wusste, dass Mogli schon immer fürchterliche Angst vor Hunden hatte. Aber ich wusste auch, dass nicht alle Hunde Katzen attackieren. Je eher sie das lernen würde, umso besser. Und so schrieb ich Tonči, dass wir auf dem Weg zu ihm wären.

Die Straßen wurden kleiner und kleiner. Bald fuhren wir wieder auf einspurigen Schotterstraßen. Hinter der letzten Bergkuppe konnte ich dann endlich Split und die Adria sehen. Der Anblick war fantastisch und ich stellte mir vor, wie es gewesen sein musste, als Entdecker und Eroberer im Mittelalter eine so große Stadt aufzuspüren. Ein aufregender Gedanke!

Auf einer kleinen Holperstraße schlängelten wir uns den Berg nach Split hinunter. Tonči war noch nicht zu Hause, sodass ich mich entschied, schon einmal die Einkäufe zu erledigen, denn ich hatte mir vorgenommen, für meinen Gastgeber zu kochen. Weil es aber sicher auch hier nicht erlaubt war, Mogli einfach mit in den Supermarkt zu nehmen, musste ich mir etwas einfallen lassen. Ich legte meinen Rückenpanzer in einen Einkaufswagen, platzierte meinen Helm daneben und meine Jacke obenauf. So entstand eine kleine Höhle, in der ich Mogli verstecken konnte. Es klappte erstaunlich gut, nur an der Kasse schaute sie neugierig heraus. Doch die Kassiererin bemerkte sie nicht. Glück gehabt!

Tonči entpuppte sich als supernetter Kerl und seine Hündin Kira ließ Mogli, die sich einen erhöhten Aussichtspunkt gesucht hatte und sie mit riesengroßen Augen anstarrte, erst mal in Ruhe. Im Laufe des Abends wurde sie aber doch neugierig und rückte meiner Prinzessin Zentimeter für Zentimeter dichter auf die Pelle – bis sie in die Reichweite ihrer scharfen Krallen kam und jaulend aufsprang. Die Fronten waren geklärt.

Als Tonči uns gerade erzählte, dass er jede Menge Anfragen von Couchsurfern bekam, sich aber für Mogli und mich entschieden hatte, weil er unsere Reise so spannend fand, begann er auf einmal zu niesen. Seine Augen liefen rot an. Er war so fasziniert von Mogli gewesen, dass er glatt seine Katzenhaarallergie vergessen hatte. Er versicherte mir, dass alles kein Problem wäre, warf sich ein paar Antiallergika ein und wir mussten beide lachen.

Tonči führte Mariam, eine französische Couchsurferin, die ebenfalls gerade bei ihm übernachtete, und mich durch die Stadt. Wir besichtigten den 1700 Jahre alten Palast des römischen Kaisers Diokletian, aßen an seinem liebsten Dönerstand und stiegen zu einem Aussichtspunkt, von dem aus wir einen herrlichen Blick über Split hatten. Wir fühlten uns überhaupt nicht wie Touristen und ich freute mich darüber, dass meine erste Erfahrung mit Couchsurfing gleich eine so gute war. Am Ende hatte ich nicht nur kostenlos in dieser herrlichen Stadt übernachtet, sondern auch noch neue Freunde gewonnen.

DIE ERSTE PANNE

Nach zwei Nächten ging es sauber und erholt weiter. Ich wollte, obwohl es nicht auf direktem Wege lag, einen Abstecher ins benachbarte Bosnien-Herzegowina machen. Ich hatte diese Namen schon so oft gehört, wusste, abgesehen davon, dass es dort wohl noch immer viele Landminen gab – Überreste der Jugoslawienkriege –, fast nichts über dieses kleine Land. Zumindest hatte mir irgendjemand geraten, immer auf befestigten Wegen zu bleiben und keine Strecken jenseits der Straße zu erkunden.

Doch zuerst einmal kamen wir überhaupt nicht in das Land hinein. Bisher hatten wir an den Grenzen nur eine einzige kleine Kontrollstelle passieren müssen. Doch nun schien es ein Problem mit Mogli zu geben. Es war nur ein kleiner Grenzübergang und wir waren eigentlich schon fast durch, als Mogli sehr zum Erstaunen des

Grenzbeamten neugierig ihren Kopf aus dem Tankrucksack streckte. Der Mann traute seinen Augen nicht, und weil er weder zu wissen schien, welche Gesetze galten, noch ein Lesegerät für Moglis Chip hatte, schickte er uns sichtlich verwirrt zum nächstgrößeren Grenzübergang. Der war zum Glück nicht weit entfernt und dieses Mal sollte es klappen. Niemand wollte Moglis Pass sehen und in meinen eigenen gab es interessanterweise auch keinen Stempel. Egal! Wir hatten die Grenze hinter uns gelassen und waren in Bosnien-Herzegowina, dem vierten Land unserer Reise.

Ich hatte keine Ahnung, wohin wir überhaupt fahren sollten, und so plante ich einfach mal eine Route Richtung Osten, ins Landesinnere. Irgendetwas würde sich schon ergeben. Wie immer mied ich Autobahnen und große Straßen und daher fanden wir uns schon bald tief inmitten endloser Wälder im Bosnischen Erzgebirge wieder. Asphalt hatte ich schon seit ein paar Stunden nicht mehr gesehen. Stattdessen kämpften wir uns auf ausgewaschenen, holprigen und rutschigen Waldwegen dahin.

Mogli war zu meinem Erstaunen extrem gelassen. Einmal versuchte sie sogar, sich während der Fahrt zu putzen. Ich musste mir das Lachen verkneifen, als ich sah, wie sie wiederholt mit der Zunge ihre Pfoten verfehlte, weil die Königin unter uns so »herumhüpfte«. Kleiner Sturkopf! Sie hätte doch auch einfach warten können, bis wir wieder auf einer besseren Straße waren.

Nach 200 Kilometern erreichten wir im Dunkeln endlich die kleine Stadt Fojnica. Sosehr ich es genossen hatte, stundenlang durch die Wälder zu fahren, war ich doch froh, wieder in der Zivilisation angekommen zu sein. Wir verbrachten fast eine Stunde mit der Suche nach einem Platz für unser Zelt, bis ich mich am Ende mit einem Fleckchen zwischen ein paar leer stehenden Lagerhallen in einem verlassenen Industriegebiet zufriedengab. Es war nicht perfekt, erfüllte jedoch die wichtigsten Kriterien: Wir waren versteckt und es gab genügend sichere Plätze für Mogli. Jetzt hieß es nur noch schnell den Proviant aufstocken und dann … Und dann sprang der Motor nicht mehr an. Auch das noch!

»Meine Maschine war schwer beladen. Doch die eindeutig wertvollste Fracht fuhr im Tankrucksack mit: Mogli.«

HONDA
SMP-BIKES
RO
LL 49

Ich hatte nicht realisiert, dass durch die langsamen und mühsamen Waldwege der Kühlerventilator ständig gelaufen war und zusätzlich Strom verbraucht hatte. Zudem hatte ich auch noch alle Lichter eingeschaltet und nebenbei Telefon und Powerbank geladen. Das war dann wohl zu viel des Guten gewesen. Doch wo sollte ich jetzt meine Batterie aufladen? Ein Ladegerät hatte ich nicht dabei und ich brauchte eine Steckdose.

Ich erinnerte mich, dass ich ein paar Hundert Meter entfernt ein Wirtshaus gesehen hatte. Dort könnte ich, wenn ich schon auf die Batterie warten musste, wenigstens ein Bier trinken. Und irgendwo musste ich schließlich anfangen zu suchen.

Ich legte den zweiten Gang ein, schaltete die Zündung ein und schob die dicke Königin auf der geraden Straße an. Zum Glück fiel sie nicht um und so fuhr ich zu dem Wirtshaus mit dem treffenden Namen »Pub Riverside«. Noch während ich mein Motorrad abstellte, wurde ich vom Inhaber begrüßt. Er hieß Daniel, sprach zu meiner Überraschung Deutsch und versprach mir, gleich ein Ladegerät zu organisieren. Nur von meinem Plan zu campen riet er mir ab. Es gebe hier Wölfe und Bären, aber wenn ich wollte, dürfte ich mein Zelt im Garten des Wirtshauses aufbauen. Bis dorthin würden die wilden Tiere sich normalerweise nicht trauen. Ich war perplex: Über gefährliche Wildtiere hatte ich mir bisher keinerlei Gedanken gemacht. Es war mir einfach nicht in den Sinn gekommen, dass ich mich in Europa vor etwas anderem in Acht nehmen müsste als vor Wildschweinen und Schlangen. Vor einer Kneipe zu schlafen und nicht von Bären gefressen zu werden waren eindeutige Pluspunkte – und meine Batterie lud auch schon. Dankend nahm ich Daniels Einladung also an und verbrachte einen schönen Abend mit ihm und ein paar seiner Freunde. Er bestellte Pizza und bestand darauf, sie zu bezahlen. Nur für das Bier musste ich selbst aufkommen. Ich war wieder einmal überrascht von der Gastfreundschaft und Hilfsbereitschaft, die Mogli und ich überall erfuhren. Seitdem denke ich nicht mehr zuerst an Krieg, wenn es um Bosnien-Herzegowina geht, sondern die Menschen, die ich dort kennenlernen durfte.

SIGHTSEEING? FEHLANZEIGE!

Am nächsten Tag war die Batterie geladen, sodass wir uns nach dem Frühstück weiter Richtung Süden aufmachen konnten. Die Straßen wurden nun noch kleiner und ich sorgte mich ernsthaft, dass noch einmal irgendetwas schiefgehen könnte. Wir hatten am Vortag Glück gehabt, es war also besser, es jetzt nicht zu übertreiben. Ich verließ die geplante Route und folgte einem anderen Weg. Er war zwar auf keiner Karte eingezeichnet, sah aber besser aus und führte in Richtung einer größeren Straße. Inmitten dichter Rauchschwaden nahe gelegener Waldbrände bahnten wir uns unseren Weg durch die wunderbaren, aber manchmal unwirtlichen Wälder. Nach ein paar Stunden stießen wir tatsächlich auf die gut ausgebaute Hauptstraße. Mogli konnte es wohl nicht glauben, dass das Geholpere endlich vorbei war, und kam gleich heraus, um sich zu vergewissern.

Der restliche Weg nach Mostar war im Vergleich dazu dann eine Kaffeefahrt. Wir quartierten uns in einem günstigen Motel ein, und obwohl der Hotelier zunächst überrascht war, als ich mit einer Katze auf der Schulter ankam, hatte er kein Problem mit Mogli.

Während ich im Waschbecken meine Sachen auswusch, verschwand Mogli durchs offene Fenster – und über eine Mauer. Hoffentlich würde sie wiederkommen. Ich muss gestehen, dass ich sie am liebsten nie alleine rausgelassen hätte. Doch Mogli war und ist einfach unglaublich neugierig und liebt es, draußen die Umgebung zu erkunden, zu jagen und zu spielen. Das konnte ich ihr nie verwehren – vor allem wenn sie wie auf unseren langen Reise den ganzen Tag brav und ohne sich zu beschweren, im Tankrucksack ausgeharrt hatte. Und so hatte ich meist keine andere Wahl, als ihr und ihren Instinkten zu vertrauen und das Beste zu hoffen.

Am nächsten Morgen entschied ich mich, mit der Prinzessin auf der Schulter Mostar zu erkunden. Ich parkte die Königin in der Nähe einer Brücke und sprang, während Mogli das Gebüsch untersuchte, erst einmal in die kühlende Neretva. Es gab dort dieselben Wasserschlangen, die ich bereits in Fojnica gesehen hatte, und ich fragte mich wie dort, ob sie wohl giftig wären. Aber nachdem sich niemand anderes an ihnen zu stören schien und sie auch nicht aggressiv wirkten, sollte es schon passen. Es war unglaublich heiß und ich brauchte dringend eine Abkühlung.

Unsere Sightseeingtour durch Mostar war leider weniger erfolgreich. Ich trug meine klobigen Stiefel und war vollbepackt mit meinen Wertsachen, meinem Helm und der Motorradjacke. Ich schmolz in der Sonne förmlich dahin. Mogli ging es nicht viel besser. Sie war auf meiner Schulter ebenfalls der prallen Sonne ausgesetzt und wollte nur eins: runter. Weil auch noch ein Unwetter im Anmarsch war, brach ich den Versuch ab. Es sollte wohl nicht sein.

Wir machten uns auf den Weg nach Ston, da Tonči mir ans Herz gelegt hatte, dort unbedingt die Meeresfrüchte zu probieren. Der Regen ließ nicht lange auf sich warten. Er holte uns ein, bevor wir die kroatische Grenze erreicht hatten. Es sollte ein nerviger Tag werden. Um nach Ston zu gelangen, das auf der Pelješac-Halbinsel in einer kroatischen Exklave liegt, mussten wir erst durch eine kleine Ecke von Kroatien fahren, dann bei Neum durch Bosniens einzigen kurzen Küstenstreifen und von dort aus wieder in kroatisches Staatsgebiet einreisen. Das hieß, wir mussten zweimal in die EU und einmal nach Bosnien-Herzegowina einreisen. Dabei hasste ich es, Grenzen zu überqueren. Weil eine Vielzahl von Sachen schiefgehen konnte, war ich immer etwas nervös. Hatte man irgendwelche wichtigen Unterlagen vergessen? Wurden irgendwelche Regelungen durchgesetzt, von denen man vorher noch nie gehört hatte? Zum Glück ging es dann aber ganz schnell, obwohl Mogli der kroatischen Grenzbeamtin einen riesigen Schrecken einjagte, als sie auf einmal vom Tankrucksack aus auf die Fensterbank ihres Grenzhäuschens sprang, direkt vor ihrer Nase saß und sie durch die Scheibe anstarrte. Ihren Pass wollte die Frau trotzdem nicht sehen.

Wir erreichten Ston noch vor Sonnenuntergang, und während ich nach einer erschwinglichen Bleibe suchte, kam Mogli aus dem Rucksack und schaute sich die Umgebung an. Zwei junge Mädchen sahen ihr dabei gebannt zu.

Als wir an einem kleinen Laden anhielten, um Proviant aufzustocken, sprang Mogli auf den Geldautomaten, der vor der Tür unter dem Dach stand. Erst war ich froh, weil ich dachte, dass ich keine Probleme beim Einkaufen haben würde, wenn sie währenddessen auf ihrem Aussichtsplatz auf mich wartete. Doch leider gab mir die Ladenbesitzerin lautstark zu verstehen, dass Mogli dort nichts zu suchen hätte. Ich musste einen anderen Laden suchen.

Es stand mir wohl auf den Helm geschrieben, dass ich nach einer Unterkunft suchte, denn ein Mann sprach mich an und bot an, die Nacht für 15 Euro in seinem Wohnwagen zu verbringen. Ich wusste anfangs nicht, ob ich ihm vertrauen konnte. Aber da ich keine Alternative hatte und die Wolken schon verdächtig dunkel wurden, nahm ich sein Angebot an. Tatsächlich kam, noch bevor ich fertig ausgepackt hatte, ein heftiger Regenguss herunter. Wir hätten es niemals geschafft, das Zelt im Trockenen aufzubauen.

Als das Unwetter endlich nachließ, nutzte Mogli ihre Chance, den Garten zu erkunden. Leider aber war das Revier schon von zwei Katern besetzt und so dauerte es nicht lange, bis ich es draußen fauchen und kreischen hörte. Ich stürmte hinaus und fand Mogli ganz verschreckt an der Spitze eines Strommasts. Andere Katzen sind erstaunlicherweise ein noch größeres Problem für sie als Hunde, vor denen sie sich zwar mehr fürchtet, für die sie aber normalerweise zu vorsichtig und agil ist. Katzen dagegen verfügen über dieselben Fähigkeiten wie sie – und diese hier genossen obendrein Heimvorteil.

Es dauerte eine Weile, bis Mogli den Mast endlich rückwärts hinunterkroch und ich sie mit in den sicheren Wohnwagen nehmen konnte. Wer jetzt aber denkt, dass sich meine sturköpfige Prinzessin dadurch von ihrer Wanderlust abhalten ließ, hat weit gefehlt. Nur eine halbe Stunde später startete sie, zugegebenermaßen etwas vorsichtiger als zuvor, den nächsten Versuch. Er endete ähnlich wie der erste und daher entschloss ich mich, Mogli erst einmal drinnen zu lassen. Allzu gern wäre ich am nächsten Morgen auch noch über die lange Burgmauer gelaufen und hätte mir die Festungen und über 40 Türme angesehen. Aber wie unser Versuch in Mostar gezeigt hatte, war das mit Mogli nicht möglich, und nachdem hier ganz offensichtlich kein guter Platz für sie war, mussten wir unsere Reise ohne Sightseeing fortsetzen. Immerhin konnte ich die von Tonči empfohlenen berühmten Stoner Muscheln probieren, die in einer nahe gelegenen Bucht gezüchtet wurden. Sie schmeckten herrlich.

TRAUMHAFTES MONTENEGRO

Es dauerte nicht lange, bis wir Montenegro erreicht hatten. Während wir an der Grenze warteten und Mogli auf dem Motorrad herumkrabbelte, sah ich, wie ein paar Mädchen vom Rücksitz aus verstohlen Fotos von uns machten. Ich stellte mir vor, wie ungewöhnlich wir doch wirken mussten, und winkte ihnen zu. Moglis Pass dagegen wollte wieder einmal keiner sehen.

Kurz hinter der Grenze lernten wir Eva und Dieter kennen, die mit ihren Töchtern gerade wieder auf dem Heimweg in die Nähe von Rosenheim waren. Lisa und Lili hatten Mogli vom Rücksitz aus entdeckt und wir kamen ins Gespräch. Schnell stellte sich heraus, dass ich es mit waschechten Abenteurern zu tun hatte, und wir beschlossen, den Abend gemeinsam auf einem Campingplatz ausklingen zu lassen und uns Reisegeschichten zu erzählen. Nachdem mein Zelt stand und in dem umgebauten Land Rover alle vier Betten gemacht waren, luden Eva und Dieter mich zum Essen in ein nahe gelegenes Restaurant ein. Ziemlich ausgehungert machte ich mich über meine erst zweite richtige Mahlzeit seit zu Hause her und freute mich, schon wieder so liebe Menschen getroffen zu haben. Nur Mogli war im Restaurant leider nicht erwünscht. Und da sie nicht im Zelt warten wollte, ließ ich sie mit einem mulmigen Gefühl im Magen frei laufen. Sie folgte uns zum Restaurant und erforschte dann das nahe gelegene Gebüsch, während wir vergnügt aßen. Als wir fertig waren, kam sie freudig mit uns zurück. Wie cool sie geworden war! Mit jedem Reisetag und mit jedem Problem, das wir bewältigen mussten, wurden wir zu einem besseren Team: Ich lernte sie und ihre Eigenheiten besser kennen und sie passte sich mehr und mehr unserem neuen Alltag an.

Nach einer herzlichen Verabschiedung und zahlreichen Glückwünschen ging es am nächsten Morgen schon früh weiter. Ein harter Tag stand Mogli und mir bevor, aber das wusste ich noch nicht.

Zuerst zog mich Montenegro, der »Schwarze Berg«, in seinen Bann. Selten zuvor habe ich so herrliche Straßen und Landschaften gesehen. Alle paar Kilometer änderte sich die Kulisse und immer wieder schaffte sie es dabei, mir den Atem zu rauben. Wir hatten die Nacht an der Bucht von Kotor verbracht, und da der Tag noch jung war, entschloss ich mich dazu, die Bucht zu umfahren, anstatt die Fähre zu nehmen. Manchmal traf ich echt gute Entscheidungen und dieses Mal wurde ich sofort dafür belohnt: Diese Gegend ist unbeschreiblich schön, und weil das Meer bis an die Füße der Berge reichte, schlängelte sich die Straße teils einspurig und ohne jegliche Absperrungen entlang der Bucht und bot neben einem Hauch von Abenteuer beinahe durchgehend atemberaubende Ausblicke.

Während mich der Baustil an der Küste stark an die mediterranen Gegenden in Italien oder Südfrankreich erinnerte, fühlte ich mich in den kleinen Hochebenen der Dinarischen Alpen auf einmal fast wie zu Hause. 1500 Meter über dem Meeresspiegel wurden die Winter kälter und die Häuser ähnelten den deutschen sehr, nur waren sie oft aus massivem Stein gebaut. Wir aßen frischen Aal in einem wunderschönen Restaurant am Fluss und erreichten pünktlich zur »Goldenen Stunde« den Shkodrasee, der zu zwei Dritteln in Montenegro, zu einem Drittel in Albanien liegt.

Die letzten Sonnenstrahlen tauchten die Landschaft in goldenes Licht. Es war eine Atmosphäre, wie ich sie nur schwer in Worte fassen kann. Die Bergspitzen, die stolz aus dem See herausragten, schimmerten im Sonnenlicht goldbraun, der volle Mond ging gerade hinter dem rosa-orange-blauen Horizont auf und der See mit seinen weiten Sümpfen spiegelte seine Farbenpracht. Mehr und mehr verschwanden die Berge langsam im Dunst und ich blieb etliche Male stehen und verlor mich in dem Anblick. Aus irgendeinem Grund beruhigte er mich, alle Lasten fielen von mir ab und alle Sorgen waren vergessen. Für einen Moment schien die Zeit stillzustehen. Aber das tat sie natürlich nicht wirklich. Bald darauf wurde es dunkel und wir waren noch immer auf winzigen Straßen in den Bergen unterwegs. So schön es eben noch war, war das jetzt keine gute Kombination mehr. Denn hier würde bis zum nächsten Tag vermutlich niemand mehr entlangkommen. Es dauerte aber über eine Stunde, bis wir, schon in der Nähe der albanischen Grenze, endlich wieder auf eine große Straße stießen. Nachdem es bereits spät war, hoffte ich, dass es an der Grenze schnell gehen würde. Aber die Beamten hatten andere Pläne und nahmen viele Reisende genau unter die Lupe. Es zog sich, weshalb die Einreise schließlich über eine Stunde dauerte. Einen Stempel in meinen Pass gab es wieder nicht, aber dieses Mal kam ein Beamter und fragte nach »Papers« und »Passport for Mace«, Mogli. Ich kramte ihre Papiere heraus, und als er sah, dass ich etwas in den Händen hielt, konnten wir weiterfahren.

Blick auf den Shkodrasee im Abendlicht. Kurz darauf war es plötzlich stockdunkel.

Den Campingplatz zu finden, den Eva und Dieter mir empfohlen hatten, sollte die nächste Herausforderung werden. Die Straße, die dorthin führen sollte, gab es nämlich nicht und die kleinen Schotterstraßen, auf denen wir nun unterwegs waren, wirkten im Dunkeln unheimlich. Es war bereits nach 22 Uhr, als wir ihn endlich fanden. Die großen Eisentore aber waren verschlossen. Auch das noch! Die letzten 13 Stunden und 270 Kilometer hatten ganz schön an mir gezehrt. Ich hatte Hunger und auch die Prinzessin, die die Strapazen bisher seelenruhig über sich ergehen gelassen hatte, wurde langsam unruhig. Im

Freien zu zelten kam aufgrund der vielen Straßenhunde nicht infrage. Allerdings war der einzige Anlaufpunkt, den ich auf der Karte finden konnte, ein nahe gelegenes Hotelresort. Ich vermutete, dass es sicher zu teuer sein würde, aber etwas Besseres fiel mir nicht ein – und so wollte ich einfach mein Glück probieren.

Als wir die großen Tore des Resorts passierten, betraten wir eine andere Welt. Alles dort war neu, glänzend, gepflegt und prunkvoll und wirkte auf uns Weltenbummler beinahe unwirklich. Nur ein Zimmer war nicht frei, worüber ich insgeheim ganz glücklich war, nachdem ich entdeckt hatte, dass eine Nacht darin 150 Euro gekostet hätte. Nach außen hin aber gab ich mich zerknirscht und fragte, ob ich vielleicht irgendwo mein Zelt aufschlagen könnte.

Als der Hotelbesitzer das hörte, erzählte er mir stolz von einem angrenzenden Campingplatz, den man zwar hergerichtet, aus Zeitmangel aber nie eröffnet hatte. Ich konnte mein Glück kaum fassen! Ein kompletter Campingplatz, mit sanitären Anlagen, Licht, Strom und warmen Duschen. Für uns allein. Und obendrein noch kostenlos! Einzig um die Hunde machte ich mir Sorgen. Seitdem sie Mogli entdeckt hatten, hörten sie nicht mehr auf zu bellen. Wie würde sie reagieren? Aber immerhin trennte uns ein Zaun von ihnen.

Ich wachte zu Hundegebell und mit guten Neuigkeiten auf: Meine beiden Brüder, mein Cousin und drei weitere Freunde hatten sich entschlossen, uns nach unserer Ankunft in Dubai dort zu besuchen. Auch wenn noch Wochen bis dahin vergehen würden, freute ich mich jetzt schon auf das Wiedersehen. Gut gelaunt marschierte ich hinüber in das Resort, um zu frühstücken, während Mogli sich noch eine Weile auf dem Campingplatz austobte. Dann packten wir zusammen und machten uns wieder auf die Reise.

In Shkodër wechselte ich ein paar Euro in albanische Lek und versuchte meine bosnischen Mark loszuwerden – erfolglos.

Weil ich mir das Landesinnere ansehen und einen kleinen Abstecher nach Mazedonien machen wollte, fuhren wir Richtung Osten. Albanien war ärmer als die Länder, durch die wir zuvor gefahren waren, und die Straßen wurden zunehmend schlechter. Die

Menschen nutzten Pferde, um mit ihnen auf zu Karren umfunktionierten Autoanhängern Stroh oder andere Sachen zu transportieren. Selbst Mopeds wurden »zerschnitten«, bekamen drei Räder und kleine Pritschen. In Deutschland wäre das undenkbar, aber es funktionierte. Vielleicht würde es uns auch guttun, nicht alles bis ins kleinste Detail gesetzlich zu regeln. Kurioserweise sah ich zwischen Pferdekarren und umgebauten Mopeds immer wieder auch neue Luxuslimousinen jeglichen Baujahrs.

In den Dinarischen Alpen waren die Straßen dann erstaunlich gut, nur manchmal brachen sie weg oder wurden gerade repariert. Ich genoss die kurvenreiche Fahrt, bis es zu regnen anfing. Wir hielten kurz an einer kleinen Tankstelle, und obwohl ich eigentlich nur schnell meine Regenkombi anziehen wollte, verbrachten wir schließlich fast eine ganze Stunde dort. Denn Rroku, der alte Tankwart, deutete mir, mich zu ihm zu setzen und bot mir einen Rakija an. Da Alkohol und Motorradfahren keine gute Kombination sind, lehnte ich dankend ab und bekam stattdessen eine Tasse Tee. Ich setzte mich eine Weile zu dem Mann, und während wir Bilder auf meinem Telefon ansahen und versuchten, uns irgendwie zu verständigen, malte ich mir aus, wie sein Alltag wohl aussah. Die Tankstelle sah nicht gerade vertrauenerweckend aus und innerhalb der Stunde kam kein einziger Kunde vorbei. Nicht einmal ich wollte hier tanken, aus Angst, meinen Motor mit Schmutz aus den alten Leitungen zu beschädigen. Rroku saß vermutlich einfach Tag für Tag an ein und derselben Stelle und starrte aus der Tür. Aber er schien sich irgendwie damit abgefunden zu haben – oder vielleicht auch nicht und womöglich war das auch der Grund, warum die Rakijaflasche schon am frühen Nachmittag zur Hälfte geleert war.

Durch den Regen wurden die Kurven, in die ich mich zuvor noch ausgelassen gelegt hatte, zu rutschigen Hindernissen und wir kamen nur schleppend voran. Zum Glück klarte es zwei, drei Stunden später dann aber auch schon wieder auf und wir schafften es bis kurz vor die mazedonische Grenze nach Peshkopia. Den Campingplatz dort hatten mir Eva und Dieter ebenfalls empfohlen, und weil es auf der ganzen Balkanhalbinsel Bären und Wölfe gab und ich außerdem nicht alleine sein wollte, wollte ich die Nacht dort verbringen. Es war schon dunkel, als ich das Zelt aufbaute, aber mittlerweile hatte ich darin ja Erfahrung und hätte es vermutlich sogar mit geschlossenen Augen geschafft. Nachdem alles stand, bekamen wir unverhofft Gesellschaft von einem deutschen Pärchen, das spätabends mit seinem VW-Bus ankam. Ich freute mich, weil wir die letzten Nächte meistens alleine verbracht hatten, und während Mogli Bekanntschaft mit der Katze der Campingplatzbesitzer machte und die beiden sich im Duett anjammerten, tauschten wir drei bei einem Bier Erfahrungen und Geschichten aus.

UNTERWEGS MIT ZWEI NEUEN FREUNDEN

Am nächsten Morgen musste ich mich erst einmal orientieren. Ich wusste nichts über Mazedonien, noch nicht einmal, was ich dort tun oder anschauen könnte. Ich hatte gedacht, dass wir schon irgendwo ankämen, wenn wir einfach mal hingefahren wären, und wollte dem Land, auch wenn es nicht auf unserer Route lag, eine Chance geben.

Es war schon früher Nachmittag, als wir endlich abfuhren. Doch wenn man uns an der Grenze nicht aufhielt, wäre dies kein Problem. Schließlich wollten wir nicht weit kommen. Tatsächlich lief alles glatt. Wie zuvor wollte niemand Moglis Papiere sehen, ich bekam wieder keinen Stempel in meinen Pass und wir waren in null Komma nichts in Mazedonien, dem siebten Land unserer Reise.

Ich tauschte ein paar Euro in mazedonische Denar und wir machten uns auf den Weg. Das Erste, was mir auffiel, war, dass anstelle des lateinischen das kyrillische Alphabet verwendet wurde, und auch das ein oder andere Wort konnte ich aufgrund meiner Schul-Grundkenntnisse im Russischen verstehen. Die Reaktionen der Grenzbeamten auf Mogli verrieten mir, dass Katzen auch hier »Мачка« genannt wurden, was »Matschka« ausgesprochen wird. Später lernte ich, dass Wasser ebenfalls »вода« (voda) hieß, genau wie in Slowenien, Kroatien, Bosnien-Herzegowina und Montenegro. Eigentlich kein Wunder, gehörte es doch wie diese Staaten einst zu Jugoslawien.

Mazedonien war das bisher ärmste Land unserer Reise. Ich sah bedeutend weniger teure Autos und viele Häuser wirkten heruntergekommen. Die Straßen reichten von holprig bis hin zu gut ausgebaut, aber selbst dann waren sie oft schon so spiegelglatt, dass sie, besonders bei Nässe, keine Haftung boten.

Wir folgten dem »Schwarzen Drin«, vorbei am Debar- und Globočicasee und erreichten noch vor Sonnenuntergang unser Tagesziel: den Ohridsee. Auf der Suche nach einem geeigneten Campingplatz entdeckte ich neben einem der Zelte auf einmal eine alte BMW R1150 GS, das gleiche Motorrad, auf dem Ewan McGregor, Charley Boorman und Claudio von Planta 2004 von London Richtung Osten bis nach New York gefahren waren. Die komplette Reise wurde damals inklusive der Vorbereitungen dokumentiert, unter dem Namen »Long Way Round« als Serie veröffentlicht und war mittlerweile ein Klassiker. Und genau das war, wie sich später herausstellte, auch der Grund, warum sich Mike, der Besitzer, für dieses Modell entschieden hatte.

Genau hier wollte ich mein Zelt aufschlagen. Ich war gespannt auf den Menschen und die Geschichten hinter dem Motorrad, immerhin befanden wir uns auf einem kleinen Campingplatz in Mazedonien – in the middle of nowhere.

Noch bevor Mogli aus ihrem Rucksack kroch, hatte ich schon einen Kaffee und einen Rakija in der Hand, was hier die übliche Begrüßung zu sein schien, und genauso schnell kam ich auch mit Mike und seiner Frau Maureen ins Gespräch. Die beiden waren gemeinsam auf dem Motorrad unterwegs und erkundeten jedes Jahr eine andere Ecke der Welt, während daheim in Schottland zwei Stubentiger sehnlichst auf ihre Rückkehr warteten. Als Mike und Maureen Mogli entdeckten, trauten sie ihren Augen kaum.

Meine Prinzessin ihrerseits war froh über den kurzen Tag auf der Maschine und spulte bereits ihre Routine für neue Orte ab: Zuerst suchte sie ein sicheres Versteck – am besten eins in der Nähe, mit gutem Überblick und mit mindestens zwei Fluchtmöglichkeiten. Danach beobachtete sie die Umgebung und hielt nach potenziellen Gefahren Ausschau. Zu guter Letzt schaute sie sich nach einem zweiten strategischen Punkt um und suchte dabei alles nach Duftmarken anderer Tiere ab. Ich wusste mittlerweile, dass ihr diese Rückzugsorte während des gesamten Aufenthalts als Basis dienten und sie in der Regel immer in deren Nähe blieb. So hatte ich unterwegs oft eine Ahnung, wo Mogli gerade sein könnte, oder zumindest, in welche Richtung sie gegangen war.

Beim gemeinsamen Abendessen entschlossen Maureen, Mike und ich uns dazu, am nächsten Morgen denselben Campingplatz in Albanien anzusteuern. Mike und Maureen wollten vor mir losfahren, sie waren in der Früh schneller als wir, dafür aber langsamer auf der Straße. Zudem wollten sie eine andere, einfachere Route einschlagen als ich. In guter alter BMW-Fahrer-Manier hatten sie nämlich neben den wichtigen Sachen wie Werkzeug, Ersatzteilen, Zelt oder Kocher auch Campingstühle samt Tisch eingepackt. Zudem war ihr Zelt größer und schwerer als meins. Zwei Leute benötigten natürlich auch mehr persönliche Sachen, ganz zu schweigen von dem Gewicht der zweiten Person und dem Platz, den sie benötigte.

Ich fragte mich ernsthaft, wie Mike und Maureen es überhaupt schafften, alles auf einem einzigen Motorrad unterzubringen. Aber irgendwie gelang es ihnen und so machten sie sich auf den Weg, während ich noch nach Mogli suchte. Die war nämlich nach dem Frühstück plötzlich weg.

Ich schnappte mir die Dose mit Leckerlis und machte mich rufend und doseschüttelnd auf die Suche – unterstützt von anderen Campern, die sich beinahe mehr Sorgen um Mogli machten als ich selbst. Ich fand meine Prinzessin schließlich in einer Nische auf dem überdachten Balkon des Restaurants und so konnten auch wir endlich starten. Es sollte wieder einmal ein langer Tag werden.

Zunächst waren die Straßen wunderschön, mal abgesehen von den Ölflecken, die vor allem in den Kurven auf dem spiegelglatten

Teer lauerten. Wegen ihnen war ich in den Kurven immer ein wenig angespannt und tatsächlich rutschte mir das Hinterrad ein paarmal leicht weg. Es ging zum Glück trotzdem alles gut und selbst die albanische Grenze passierten wir zügig und unbürokratisch. Nun aber rächte sich meine Streckenwahl und wir fanden uns auf kleinen, stark beschädigten Straßen oder sogar ungeteerten Holperpisten wieder, mussten warten, bis Hirten ihre Ziegen- und Schafsherden über die Straße getrieben hatten, oder den Schäferhunden ausweichen, die bellend auf uns zurannten. Viele Touristen kamen hier vermutlich nicht vorbei, denn die Leute, die uns sahen, ließen meist alles stehen und liegen und starrten uns verblüfft an. Dabei hatten sie Mogli noch nicht einmal entdeckt.

Nach ungefähr acht Stunden erreichten wir völlig durchgeschüttelt und -gerüttelt die Küste. Für einen Moment dachte ich, ich hätte mich verfahren und wäre irgendwie an der Côte d'Azur gelandet: Strandpromenaden, teure Villen und schicke Hotels, so weit das Auge reichte. Ich fragte mich, ob das wirklich noch das gleiche Land war, das wir gerade auf Holperstraßen durchquert hatten.

Die restlichen 80 Kilometer bis zu unserem Campingplatz waren einfach ein Traum. Ich fuhr im Sonnenuntergang durch den Llogara Nationalpark und beobachtete, wie sich die Wolken mühsam ihren Weg die Klippe hinauf und über die Straße bahnten.

Maureen und Mike waren schon lange da, als wir endlich ankamen, und nachdem unser Zelt aufgebaut war, stießen wir auf unser Wiedersehen an. Sie hatten aus Schottland Scotch in winzigen Reiseshampoofläschchen mitgebracht und nun brachten sie mir bei, wie man ihn richtig trank. Bis dahin mochte ich Whiskey eigentlich nur gemixt mit Cola, sonst brannte er mir immer viel zu sehr auf der Zunge. Mike erklärte mir aber, der Trick sei, ein paar, aber wirklich nur ein paar Tropfen Wasser hinzuzufügen – und tatsächlich wurde der Whiskey dadurch um einiges weicher. Viel Gelegenheit, mehr davon zu probieren, hatte ich aber leider nicht. Schon nach der zweiten Runde waren die winzigen Fläschchen leer. Ich fiel trotzdem glücklich ins Bett – und erledigt.

Mogli liebte campen, obwohl wir bescheidener wohnten als die »Nachbarn«.

Den nächsten Tag ließen wir es ruhig angehen. Es war schon acht Tage her, dass Mogli und ich mehr als eine Nacht an einem Ort verbracht hatten. Wir hatten dringend eine Auszeit nötig. Außerdem wollte ich ein paar Dinge erledigen: die Boxen am Motorrad aufräumen, die Kette spannen und ölen, den Ölstand prüfen …

Nach dem Frühstück aber war Mogli weg. Ich machte mir Sorgen, dass sie in einem der abfahrenden Wohnmobile eingesperrt sein könnte, und bat alle Gäste nachzuschauen. Keiner hatte sie gesehen, aber jeder hielt nun Ausschau nach ihr. Doch obwohl der Suchtrupp immer größer wurde, fehlte jede Spur von Mogli. Langsam wurde ich nervös. Ich stellte mir vor, dass sie verängstigt in einem fremden Wohnmobil saß und für immer verloren war. Was für eine fürchterliche Vorstellung! Ich hatte Mogli in der kurzen Zeit näher an mein Herz gelassen als irgendjemand anderen und der Gedanke, sie zu verlieren, war schier unerträglich.

Nachdem ich über vier Stunden erfolglos nach ihr gesucht hatte, tauchte die Prinzessin wie aus dem Nichts und völlig unerwartet auf. Verschlafen taumelte sie auf mich zu. Mir fielen wieder einmal unzählige Steine vom Herzen und auch die anderen Gäste waren sichtlich erleichtert und froh über ihre Rückkehr. Nur wo sie die ganze Zeit über gesteckt hatte, sollte ich nie erfahren.

Dass der nächste Tag komplett verregnet war, störte mich nicht. Ich war sogar froh darüber und gönnte mir gemeinsam mit Mogli einen ausgedehnten Mittagsschlaf.

Die Erholung tat uns gut und die Zeit verging wie im Flug. Als wir nach der dritten Nacht wieder abfahrbereit waren, versammelten sich all unsere neu gewonnenen Freunde, winkten und wünschten uns eine gute Reise. Es war herzerwärmend!

Bevor wir uns jedoch auf den Weg machten, hatte ich noch mein erstes Radiointerview. Eine Tageszeitung aus Dubai hatte kurz zuvor über unsere außergewöhnliche Reise berichtet und ich hatte daraufhin mehrere Anfragen von Radiostationen, Tageszeitungen und Onlineportalen erhalten.

Ich war an diesem Morgen schon bei Sonnenaufgang aufgestanden, hatte gefrühstückt und dann ein wenig nervös auf den Anruf gewartet. Dubai war uns eineinhalb Stunden voraus und ich wollte bis zum Interview munter sein und mindestens den zweiten Kaffee in der Hand halten.

Das Telefon klingelte und nach ein paar anfänglichen technischen Schwierigkeiten verstand ich schnell, warum der Moderator Kris seine eigene Show im dubaiischen Frühstücksradio hatte: trotz der frühen Stunde strotzte er nur so vor Energie. Kris fragte mich, von wo aus wir gestartet waren, warum Mogli dabei war und wann wir in Dubai ankämen. Zum Schluss lud er uns ein, ihn in seinem Studio in Dubai zu besuchen. Mein erstes Radiointerview war geschafft und es war gar nicht mal so schlimm, wie ich befürchtet hatte. Und so konnte ich mich mit einem guten Gefühl von Maureen und Mike verabschieden – nachdem ich Schottland der Liste meiner zukünftigen Reiseziele hinzugefügt hatte.

DIE ERSTEN TAGE IN GRIECHENLAND

Bald erreichten wir die Grenze zum achten Land unserer Reise. Der griechische Grenzbeamte forderte selbstbewusst Moglis Ausweis, was mich erstaunte, denn bisher hatte man, wenn überhaupt, eher zögerlich danach gefragt. Ich griff zur Tasche mit den Unterlagen, doch noch während ich sie hervorzog, winkte der Beamte ab und ließ uns passieren.

Die kleinen Straßen im Pindosgebirge machten richtig Spaß. Hin und wieder jedoch sah ich etwas, was mich aus meiner heilen Gedankenwelt riss und was ich von einem EU-Staat so nicht erwartet hatte: An den Hängen wurden ganze LKW-Ladungen voller Müll entleert – und aufgrund der Unzugänglichkeit schlussfolgerte ich, dass dies wohl auch die Lösung des (Müll-)Problems war. Seit da fiel es mir schwerer, die Landschaft zu genießen, und ich bin noch immer ein bisschen wütend, wenn ich an diese Gegend zurückdenke.

Wir fuhren weiter nach Glyki. Dort wollte ich am Fluss campen und, sofern ich Mogli und unser ganzes Zeug sicher verstauen könnte, raften gehen. Es schien hier niemanden zu stören, wenn man in der freien Natur campte, und ich fand recht schnell eine schöne Stelle, an der bereits einige andere Leute ihre Zelte aufgestellt hatten. Als ich allerdings sah, dass jeder zweite von ihnen einen Hund dabeihatte, musste ich mich gleich wieder geschlagen geben. Das war leider nichts für Mogli. Doch ich war zuversichtlich gestimmt, noch einen geeigneten Platz zu finden.

Nach einer Weile musste ich allerdings feststellen, dass es doch nicht so einfach war. Entweder kam ich mit dem schweren Motorrad nicht hin oder es gab keinen Schatten. An anderen Stellen lag so viel angeschwemmter Müll am Ufer, dass ich mich weigerte, dort unser Zelt aufzuschlagen. Nach mehr als einer Stunde Suche fragte ich schließlich bei einem Gasthaus, ob ich mein Zelt nicht einfach im Garten aufschlagen könnte. Es war zwar nicht wirklich das, wonach ich suchte. Aber für eine Nacht ging es und Mogli konnte sich im Dickicht austoben.

Als ich am nächsten Morgen auf mein Handy schaute, hatte ich Hunderte neue Follower. Es sah ganz so aus, als wäre Kris' Show in Dubai wirklich beliebt. Um alles genau durchzusehen, war jetzt allerdings keine Zeit. Wir mussten los.

Mogli folgte mir auf dem Weg zum Frühstück bis kurz vor das Restaurant, blieb dann aber stehen und rief wehleidig nach mir. Ich ging zurück und nahm sie auf dem Arm mit zum Gasthaus. Scheinbar war das aber nicht das, was sie mir mitteilen wollte. Sie lief davon, und als ich wieder zurück zum Zelt kam, fehlte jede Spur von ihr. Wieder einmal. Verzweifelt suchte ich das Dickicht ab, lief noch einmal zum Gasthaus, dann wieder zurück zum Dickicht. Eine Stunde wusste ich wirklich nicht weiter. Doch dann kam meine kleine Prinzessin wieder, miaute mir kurz zu und wartete anschließend brav auf dem Motorrad, bis auch ich abfahrbereit war. Hätte sie allerdings gewusst, auf welchen »Straßen« wir die ersten 40 Kilometer unterwegs sein würden, wäre sie sicher noch eine Weile im Gebüsch geblieben. Es waren eigentlich gar keine richtigen Straßen, sondern eher Trampelpfade. Links und rechts wuchsen Olivenbäume und an den Zäunen hingen abgezogene Wildschweinhäute zum Trocknen. Ein paarmal sah es ganz so aus, als würden wir nach der nächsten Kurve einfach im Nichts landen. Aber irgendwie ging es immer weiter und bald wurden aus Pfaden Wege und aus Wegen schließlich eine Straße. Wir waren wieder an der Küste angelangt.

Mogli, die mir zuvor lautstark zu verstehen gegeben hatte, was sie von der Fahrt hielt, rollte sich nun sichtlich erleichtert im Tankrucksack zusammen. Die frische Leber, die ich ihr ein wenig später zur Wiedergutmachung kaufte, verschmähte sie aber trotzdem.

Wir mussten wieder Proviant aufstocken. Mir graute bereits davor, denn ich musste dazu immer meine Wertsachen abpacken, in voller Motorradkluft schwitzend in den Laden gehen und anschließend alles wieder verstauen. Vor allem aber musste Mogli mit. Die war beim Einkaufen zwar meist ganz gelassen, aber wenn es ihr zu lange dauerte, fing sie an, den Laden zu erkunden. Wie würde man hier darauf reagieren?

In einer kleinen Stadt hielten wir am einzigen Supermarkt. Ich griff meine Wertsachen, sperrte die Koffer ab und begann den Einkaufswagen mit meinem Rückenpanzer und meiner Jacke auszulegen, um eine kleine Höhle für Mogli zu formen. Mogli schien es darin zu gefallen und es lief alles nach Plan.

Nachdem wir eine kurze Pause gemacht und uns gestärkt hatten, ging es weiter. Schon bald konnte ich in der Ferne die Pylonen der mächtigen Rio-Andirrio-Brücke ausmachen, die den Peloponnes mit dem griechischen Festland verbindet.

Als wir den alten Hafen in Patras passierten, tauchte die Sonne, die sich ihren Weg durch immer dichtere Rauchschwaden nahe gelegener Waldbrände bahnen musste, die Welt in ein orangegoldenes Licht. Die Stimmung war fast schon melancholisch: Die alten Fischkutter hatten das Ende ihrer Lebenszeit erreicht und würden nicht mehr repariert werden. Irgendwann war das unser aller Schicksal. Nichts ist für die Ewigkeit.

Die Rauchschwaden wurden nun immer dichter. Seit Stunden schon hatten wir keine frische Luft mehr geatmet. Asche fiel wie Schnee vom Himmel und langsam begann ich mir Sorgen zu machen. Es ging aber alles gut, und als wir nach 284 Kilometern endlich den Campingplatz in Kato Achea erreichten, der uns von ein paar anderen Reisenden empfohlen wurde, saß Mogli schon ganz gespannt auf dem Tankrucksack. Sie hatte gemerkt, dass ich die letzten Meter langsamer wurde, und konnte es kaum erwarten, endlich aus ihrer »Höhle« herauszukommen. Leider schien es, als konnten auch die Hunde der Besitzer es kaum erwarten, eine richtige Prinzessin kennenzulernen. Sie umzingelten uns gleich bei der Ankunft und schauten gespannt zu Mogli herauf. Wenn wir hier tatsächlich zelten wollten, musste sie sich vorsehen. Aber anderswo hätte es vermutlich auch nicht besser ausgesehen.

Ich schlug das Zelt wegen der Hunde am hintersten Ende der Anlage auf. Und tatsächlich »besuchten« sie uns nur hin und wieder. Mogli konnte dann schnell hinter dem Zaun oder auf einem Baum Zuflucht suchen.

Ein Frisbee-»Burggraben« schützte Moglis Futter vor verfressenen Ameisen.

Nachdem auch das Motorrad abgeladen war, öffnete ich eine Dose Nassfutter für Mogli – was die ansässigen Waldameisen wohl als Einladung missverstanden. Ich suchte in unserer Ausrüstung nach etwas, was für die Insekten ein unüberwindbares Hindernis darstellte, gleichzeitig aber Mogli nicht am Fressen hinderte. Mein Blick fiel auf den Frisbee, der unter anderem schon als Teller, Wasserschale, Schaufel und Schneidebrett gedient hatte. Ich drehte ihn um, gab ein wenig Wasser hinein und stellte dann das Futter in die Mitte. Wie ein Burggraben hielt nun das Wasser die Ameisen fern und Mogli konnte ungestört fressen. Ich war stolz auf meine Erfindung! Jetzt musste ich nur noch schnell die Wäsche waschen, dann konnte auch ich endlich essen gehen. Mein Magen knurrte schon seit einer ganzen Weile. Zum Abschluss des Tages gönnte ich mir einen eiskalten Ouzo unter einem über 100 Jahre alten Olivenbaum, ehe ich völlig erledigt ins Bett sank. Kurz darauf kam auch Mogli zu mir ins Zelt.

Am nächsten Tag waren die Waldbrände weitestgehend unter Kontrolle und das Sonnenlicht schaffte es wieder bis auf die Erde. Ich sprang vor dem Frühstück kurz ins Meer, packte alles zusammen und dann ... Dann musste ich feststellen, dass die Prinzessin schon wieder verschwunden war.

Eine Putzkraft rief mich nach langer erfolgloser Suche. Sie hatte Mogli in der Damentoilette entdeckt – dem einzigen Ort, an dem ich nicht nach ihr geschaut hatte. Mit mehr als eineinhalb Stunden Verspätung fuhren wir endlich ab. Mein Magen knurrte schon wieder laut. Ich ignorierte es. Jetzt hieß es erst einmal weiterkommen.

Zum Glück war kein langer Tag geplant, der Campingplatz, den mir Maureen und Mike empfohlen hatten, war nur 140 Kilometer entfernt. Ich nahm daher einen kleinen Umweg, um mir Olympia anzuschauen, wo von 776 vor Christus bis 393 nach Christus die Olympischen Spiele ausgetragen wurden und das ich mir nicht entgehen lassen wollte. Der Weg dorthin war abenteuerlich und an einer Stelle hörte die Straße dann einfach auf. Ein Fluss hatte sie weggespült, nebenan führte ein provisorischer Sandweg hinunter zu dessen Bett. Niemand hatte sich die Mühe gemacht, die Stelle abzusperren, und wäre es dunkel gewesen, hätte ich sie vielleicht gar nicht schnell genug erkannt und wäre den Abhang hinuntergestürzt.

Die Spuren im Sand verrieten, dass die Straße von hier an im trockenen Flussbett verlief. Allerdings hatte ich mich erst kurz zuvor durch so ein Stück kämpfen müssen und war im weichen Sand fast umgekippt. Daher entschied ich mich, eine andere Route zu wählen.

Letztendlich fuhren wir am Heiligtum von Olympia dann nur vorbei. Denn um mir die Gebäude, Tempel und Museen anzusehen, hätte ich ein Zimmer nehmen und Mogli darin einsperren müssen. Dafür hätte mein Budget nicht gereicht.

Wir gondelten noch ein wenig den Heiligen Hain entlang und machten uns dann wieder auf den Weg – vorbei an den Schafs- und Ziegenherden und den dazugehörigen Schäferhunden, die hin und wieder bellend vor das Motorrad rannten. Die Touristensaison war zum Glück schon vorbei und so war der riesige Campingplatz, der locker Hunderten, wenn nicht sogar tausend Campern Platz geboten hätte, so gut wie leer. Auf der Suche nach einer besonderen Stelle und um mich besser orientieren zu können, fuhr ich den Platz erst einmal langsam ab. Wir hätten unser Zelt am Eingang zwischen ein paar Wohnmobilen aufbauen können, in einer Lichtung, am Strand, auf der Wiese oder im Wald. Ich entschloss mich für Letzteres, aber in Strandnähe. Dort hatten wir unsere Ruhe und die Bäume boten Schatten und Mogli eine Zuflucht. Nachdem sie versorgt war und das Zelt stand, genoss ich an dem wunderschönen Sandstrand den Sonnenuntergang. Was für ein herrliches Fleckchen Erde!

Am nächsten Morgen stand ich mit der Sonne auf und ging wieder zum Strand. Ich hatte ein paar Leute kennengelernt, die sich für den Schutz von Meeresschildkröten einsetzten. Ihnen wollte ich helfen. Als ich gegen Mittag zurückkehrte, war Mogli natürlich nicht im Zelt. Also rief ich freundlich nach ihr – und sofort kamen die beiden großen Hunde des Managers angeschossen. Aus irgendeinem Grund mochten sie mich und verbrachten, obwohl ich mich möglichst schroff gab, mindestens den halben Tag an unserem Zelt. Mogli hatte mich ebenfalls gehört und kam freudig aus dem Wald heraus, hielt jedoch abrupt an, als sie die Hunde sah. Als diese sie ebenfalls entdeckten, begann im Nu eine wilde Verfolgungsjagd: Die Hunde rannten der Katze hinterher und ich den Hunden. Natürlich war ich viel zu langsam – und Mogli längst weit oben auf einem Baum in Sicherheit.

Den Nachmittag verbrachte ich mit meinem Telefon an der Rezeption, der einzigen Stelle mit WiFi. Seit dem Radiointerview hatte ich unzählige Nachrichten erhalten und nun versuchte ich, mit dem Antworten nachzukommen. Drei weitere Radiostationen aus Dubai wollten ebenfalls schnellstmöglich ein Telefoninterview machen, zudem hatten mich eine bekannte Tageszeitung, Lonely Planet und sogar das deutsche Konsulat kontaktiert. Sie freuten sich schon darauf, uns nach unserer Ankunft kennenzulernen, und baten mir ihre Unterstützung an. Mit solch einer Resonanz hatte ich nicht gerechnet. Ich vereinbarte für den nächsten Tag Interviews mit den

Radiostationen und ging, als mein Akku leer war, zurück zum Zelt. Eine hungrige Mogli wartete dort schon sehnlichst auf mich und war überglücklich, mich wiederzusehen.

KATZEN UNERWÜNSCHT!

Entspannt und mit vollem Tank und Vorräten machten wir uns wieder auf die Socken. Ein anstrengender Tag lag vor uns, denn ich wollte den Peloponnes komplett durchqueren und bis nach Thermisia fahren. Dort hatte Mike in seinem Reiseführer einen gut bewerteten Campingplatz entdeckt, und nachdem die ersten zwei Wochen und 3700 Kilometer auf der Straße bereits ihre Spuren hinterlassen hatten, wollte ich nicht in der Wildnis campen. Vor allem freute ich mich auf eine Dusche.

Gleich am Anfang des Tages verloren wir anderthalb Stunden, weil die Strecke, die ich gewählt hatte, plötzlich im Nirgendwo endete und wir nicht auf die andere Seite des Flusses kamen. Wir mussten die komplette Holperstraße wieder zurück und von vorne anfangen. Diesmal hatten wir mehr Glück: Die Wege und Straßen, so klein sie auch waren, brachten uns immer weiter in die richtige Richtung. Es war eine schöne Ausfahrt, weil es immer entweder etwas zu sehen gab oder die Straßen so gut ausgebaut waren, dass ich gar keine Zeit hatte, auf die Umgebung zu achten. Nur die Hitze war ein Problem. Ich vermutete, dass wir die 40-Grad-Marke geknackt hatten, denn selbst während der schnellen Passagen wurde es nun unangenehm warm. Das Beste wäre es gewesen, über Mittag Pause zu machen. Doch das war genau die Zeit, in der wir in der Regel die meisten Kilometer machten. Und alle meine Versuche, morgens früher aufzubrechen, scheiterten kläglich.

Als ich an einem Restaurant anhielt, um kurz zu verschnaufen und Mogli Wasser und Futter zu geben, kamen auf einmal zwei sehr junge Katzen vorbei. Eine der beiden machte sich sofort über Moglis Futter her. Dass die sie vom Stuhl aus anknurrte, schien sie wenig zu interessieren. Dreist gewinnt eben doch! Ich ließ den Kleinen etwas Futter da und wir machten uns wieder auf den Weg.

Als wir nach über sieben heißen Stunden endlich den Campingplatz erreichten, war es bereits Abend. Ich parkte vor dem Büro und begann mit meiner Routine: Helm abnehmen, Jacke aufmachen, Handschuhe ausziehen, Handy und Ladegerät abstecken, aufgenommene Strecke speichern, Bluetooth, GPS und Kommunikationsgerät ausschalten … Zu guter Letzt schnappte ich mir Mogli. Obwohl das Ganze gerade mal zwei Minuten dauerte, drängte der Manager oder Eigentümer, ich solle mich beeilen. Schließlich hätte er nicht den ganzen Tag Zeit. Wäre es nicht schon dunkel gewesen oder hätte ich einen anderen Schlafplatz gekannt, wäre ich auf der Stelle umgekehrt. So aber machte ich gute Miene zum bösen Spiel und nahm ich mir vor, einfach höflich zu bleiben. Wir mussten ja später keine Zeit mit dem Mann verbringen.

Manchmal, wenn auch selten, war Mogli eine wahrhaft großzügige Prinzessin.

Als ich mit Mogli auf der Schulter zu ihm ins Büro kam, schickte er mich sofort wieder raus. Katzen wären dort nicht erlaubt, ich sollte sie bitte vor der Tür anbinden. Ich atmete tief durch und regelte alles von der Türschwelle aus – an der bezeichnenderweise ein Schild mit der Aufschrift »Trete mit einem Lächeln ein« hing. Er deutete mir, ihm zu folgen, und zeigte mir, wo ich unser Zelt aufschlagen könnte. Ich fand es verwunderlich, dass ich mir den Platz auf einer komplett leeren Anlage nicht selbst aussuchen durfte. Aber er war in Ordnung und ich wollte den schlecht gelaunten Mann nicht unnötig reizen.

Ich baute unser Zelt auf und bereitete alles so vor, dass ich später nur noch ins Bett fallen und das Zelt schließen müsste. Endlich angekommen! Mogli war ebenfalls sichtlich froh darüber und fing sogleich mit ihrer Erkundungstour an.

Ich erkundigte mich derweil bei dem Mann im Büro, ob das Leitungswasser trinkbar wäre. Plötzlich schien er kein Englisch mehr zu verstehen und es dauerte eine Weile, bis ich ihm mein Anliegen erklärt hatte. Er deutete daraufhin auf einen Kühlschrank voller Wasserflaschen, die er für einen hohen Preis verkaufte. Ich nahm an, dass er nur ein Geschäft machen wollte, und lehnte dankend ab. Ich hatte noch etwas Wasser und für den Kaffee am Morgen würde es das Leitungswasser sicher tun. Jetzt musste ich nur noch die Powerbank und meine anderen Sachen aufladen. Doch die Steckdose funktionierte nicht und so musste ich noch einmal zurück zu dem mürrischen Mann. Er sprach nun wieder Englisch und erklärte mir, dass Strom am Zelt genauso aufpreispflichtig wäre wie WiFi. Wenn ich nicht zahlen wollte, könnte ich meine Sachen höchstens an der unbeaufsichtigten Gemeinschaftssteckdose laden. Just in diesem Moment kam Mogli vorbei. Ich freute mich wie immer, sie zu sehen, beugte mich zu ihr hinunter und begrüßte sie. »What's that?«, hörte ich den Mann erregt keifen.

Ich verstand seine Frage nicht, er hatte Mogli doch schon beim Einchecken gesehen. Aber er zeigte mit dem Finger auf die Prinzessin, als hätte er sie erst jetzt bemerkt. Mehr fragend als antwortend sagte ich auf Englisch »A cat? My cat, Mogli«, worauf er »free« entgegnete. Ich verstand immer noch nicht, was er von mir wollte, und antwortete verdutzt: »Yes, free. Cat.« »Not free!«, widersprach er mir und ergänzte: »Kitchen. Not possible.« Er deutete mir, dass Mogli an die Leine müsste. Das konnte nicht sein Ernst sein – und noch viel weniger kam das für mich infrage. Ich holte tief Luft und bat ihn höflich, aber bestimmt darum, mir meinen Pass zurückzugeben.

Die Blicke des Mannes waren wutentbrannt. Ich habe nie verstanden, warum er so sauer war, schließlich hatte ich mich ihm gegenüber die ganze Zeit über höflich verhalten – und das, obwohl er ganz offensichtlich keinen Gast in mir gesehen hatte, sondern nur einen wandelnden Geldbeutel. Hasste er vielleicht Katzen?

Oder konnte er generell keine Touristen leiden? Mehr als sein Verhalten ärgerte mich noch, dass er es geschafft hatte, so starke negative Emotionen in mir auszulösen.

Wütend und im Dunkeln fuhren wir ab, immer noch mit leerem Magen. Mogli verstand die Welt nicht mehr und war gar nicht glücklich darüber, dass sie nach so einem langen Tag noch einmal aufs Motorrad musste. Zum Glück fand ich nicht weit entfernt ein eingezäuntes Areal, das irgendwann einmal ein Basketballfeld gewesen sein musste und uns zumindest ein wenig Schutz bot. Schön war etwas anderes, aber wer nichts hat, kann auch keine Ansprüche stellen. Für eine Nacht sollte es gehen.

Gerade als ich dabei war abzuladen, sah ich, wie in dem nahe gelegenen Haus ein Licht anging. Auch das noch, dachte ich. Wenn ich Pech hatte, müsste ich ein zweites Mal zusammenpacken. Klüger schien es mir, vorher kurz nachzufragen, ob wir bleiben konnten.

Zu meinem Erstaunen hatte Marianne, der das Haus gehörte, nicht nur überhaupt kein Problem damit, dass wir dort zelten wollten. Sie bot uns sogar an, am Strand hinter ihrem Haus zu campen – sofern ich mich trauen würde, die wackelige Brücke zu passieren. Selbstverständlich traute ich mich! Da, wo wir hinwollten, würde es schließlich sicher noch mehr solcher Brücken geben.

Obwohl wir dank Marianne letztendlich doch noch einen herrlichen Platz zum Schlafen gefunden hatten, sollte es eine kurze Nacht werden. Es gab am Strand nämlich keinen Schatten. Um nicht in der sengenden Hitze zusammenpacken zu müssen, hieß es am nächsten Morgen, vor der Sonne aufzustehen. Und so sprang ich gegen fünf Uhr ins Wasser, um munter zu werden. Für Mogli war das die normale Aufstehzeit und sie freute sich sehr, dass ich es ihr diesmal gleichtat. Fröhlich hüpfte sie umher.

Während Mogli den Vögeln im Gebüsch nachstellte, machte ich alles fertig, aß ein Stück Brot mit Honig und trank einen Becher Kaffee. Dann ging ich rüber zu Marianne, um mich noch einmal zu bedanken und zu verabschieden. Sie lud mich gleich noch einmal auf ein Frühstück ein, und weil wir uns gut verstanden, blieb ich noch eine Weile in ihrer Küche sitzen. Und so starteten wir, obwohl wir so früh aufgestanden waren, doch wieder recht spät. Ich fragte mich, ob sich das je bessern würde.

MANFRED

Unser nächstes Ziel hieß Athen. Manfred, ursprünglich ein Rosenheimer, hatte in einem lokalen Nachrichtenportal über unsere Reise gelesen und uns kurz entschlossen zu sich eingeladen.

Die Straßen führten uns die meiste Zeit über durchs Flachland, und obwohl sie oft gerade waren und man leicht bis zu 120 Stundenkilometer hätte fahren können, war die Höchstgeschwindigkeit vielerorts auf nur 60 Stundenkilometer begrenzt.

Da wir die Berge hinter uns gelassen hatten, wurde es zudem wieder heiß, und da ich in der letzten Nacht nicht viel geschlafen hatte, fiel es mir zunehmend schwerer, mich zu konzentrieren. Nach 254 nicht enden wollenden Kilometern erreichten wir endlich Rafina, wo wir noch eine Nacht im Zelt verbrachten, ehe wir uns am nächsten Morgen auf den Weg zu Manfred machten.

Unser unbekannter Gastgeber erwartete uns schon und begrüßte uns mit offenen Armen. Es fühlte sich ein wenig an, als würden wir nach Hause kommen – oder zumindest zu einem guten Freund. Leider musste Manfred aber gleich wieder los zur Arbeit. Daher zeigte er mir nur kurz seine Wohnung, überließ mir dann seinen Schlüssel und machte sich auf den Weg. Bis auf ein kurzes Telefonat und ein paar Nachrichten kannten wir uns nicht, daher staunte ich nicht schlecht, dass er mir einfach so seine Wohnung anvertraute. Später verriet er mir den Grund: Erstens hieß sein Sohn auch Martin und zweitens könnte einer, der so mit Katzen umging, kein schlechter Mensch sein. Womit er vermutlich recht hat.

Ich versorgte Mogli, für die Manfred lieberweise sogar ein Katzenklo aufgestellt hatte, richtete mich kurz ein, duschte, aß etwas und fuhr dann direkt zum nächsten Reifenhändler. Meine alten Reifen hätten zwar noch ein paar Kilometer gehalten, aber ich wusste nicht, ob ich in der Türkei rechtzeitig Ersatz finden würde. Mogli ließ ich »zu Hause«. Manfred hatte selbst eine Findelkatze adoptiert, Lucia, und die beiden waren die erste Zeit damit beschäftigt, sich im Zeitlupentempo näherzukommen.

Ich klapperte ein paar Händler ab, bis ich endlich fündig wurde. Ich musste zwar knapp 100 Euro mehr bezahlen, als ich in Deutschland hätte berappen müssen. Aber ich biss in den sauren Apfel und nahm sie trotzdem. Es half ja nichts.

Als Manfred spätabends von der Arbeit zurückkam, unterhielten wir uns noch. Ich war neugierig und wollte herausfinden, wer er war und warum er uns einlud. Und er wollte erfahren, was mich dazu trieb, so eine Reise zu machen. Es gab viel zu erzählen.

Die nächsten vier Tage vergingen wie im Flug. Manfred zeigte mir seine liebsten Ecken und Restaurants, wir fuhren zusammen zum Angeln und machten Sightseeing. Die restliche Zeit nutzte ich, um das griechische Alphabet zu lernen, mich zu entspannen und alles für die Weiterreise vorzubereiten.

Mogli hatte sich nach zwei Tagen mit Lucia angefreundet, doch wenn die beiden nicht gerade miteinander spielten, langweilte sie sich trotzdem. In Manfreds Apartment gab es zwar viel zu erkunden, aber nichts zum Jagen.

ANTÍO GRIECHENLAND, MERHABA TÜRKEI

Am fünften Tag war es schließlich Zeit, Abschied zu nehmen. Ich hatte ein Fährticket nach Kos, das kurz vor der türkischen Küste lag, gebucht, und nachdem ich mich von Manfred verabschiedet hatte, fuhr ich, wieder einmal, viel zu spät ab. Ich hatte den Stadtverkehr völlig falsch eingeschätzt und nicht gedacht, dass ich so lange für die 23 Kilometer bis zum Hafen brauchen würde. Es wurde dementsprechend eine rasante und gefährliche Fahrt.

Am Hafen mussten wir uns dann auch noch an einem Schalter anstellen, um das im Internet gebuchte Ticket abzuholen. Die halbe Stunde, bis ich es endlich in Händen hielt, fühlte sich an wie eine Ewigkeit. Zum einen machte ich mir Sorgen, dass die Fähre ohne uns abfahren könnte. Zum anderen war da auch noch Mogli, die nicht alleine am Motorrad warten wollte und stattdessen auf meiner Schulter saß und von Minute zu Minute quengeliger wurde. Die lauten Geräusche ringsum machten ihr Angst. Wie froh sie war, als sie sich endlich wieder in ihrer Tasche verstecken konnte. Dabei waren alle Eile und Sorge am Ende umsonst, denn die Fähre hatte Verspätung. Als wir endlich ablegten, wurde es bereits dunkel.

Da wir erst am nächsten Morgen ankommen würden, hatte ich uns für rund 20 Euro extra ein Bett in einer Kabine gebucht. Dorthin machte ich mich schnell auf, damit Mogli nicht entdeckt wurde. Alles lief glatt, niemand sah uns und auch mein Zimmernachbar schien kein Problem mit ihr zu haben. Ich bat ihn, kurz ein Auge auf sie zu werfen, während ich schnell Wasser kaufte. Doch als ich nur wenig später wiederkam, gab er mir nur zu verstehen, dass sie aus dem Zimmer gehuscht wäre. Ich bekam einen Riesenschreck! Es gab Hunderte von Kabinen auf dem Schiff, in denen sie sich verstecken konnte. Und falls sie sich vor etwas fürchtete und verkroch, standen meine Chancen, sie zu finden, mehr als schlecht.

Ich rannte aus der Kabine, rief und eilte einen der Gänge hinunter. Nach über 50 Metern entschied ich mich, den Gang auf der anderen Seite der Fähre zurück zum Zimmer zu nehmen und dann weiter in der anderen Richtung zu suchen – und dort fand ich Mogli kurz darauf auch. Sie war ein wenig verängstigt und miaute mich an, als sie mich sah. Sichtlich froh darüber, wieder zurück und in Sicherheit zu sein, kuschelte sie sich in die Decke und schlief ein.

Plötzlich kam ein schimpfender alter Mann mit einem Mitarbeiter der Fähre herein. Obwohl ich seine Worte nicht verstand, war doch offensichtlich, dass ihm etwas nicht passte. Dank meines Zimmernachbarn, der ein paar Worte Englisch sprach, stellte sich heraus, dass der 92-Jährige der dritte Passagier in unserer kleinen Kabine war, aber davon ausgegangen war, dass er eine Zwei-Mann-Kabine gebucht hatte. Er führte sich noch eine Weile lang auf und erinnerte sich dann an seine Katzenhaarallergie. Der Mitarbeiter der Fähre entschuldigte sich bei mir und gab mir zu verstehen, dass wirklich alles ausgebucht wäre. Und so musste ich die Nacht statt in einem gemütlichen Bett draußen auf Deck verbringen. Ich machte es mir auf einer harten, schmalen Bank »bequem«, auf der ich nur in einer Position liegen konnte, wenn ich nicht herunterfallen wollte. Meine Hose diente mir als Kopfkissen, Mogli schlief in ihrer Tasche direkt dahinter. Es war wahnsinnig unbequem, aber weil ich so müde war, schlief ich trotzdem ein. Es gelang mir tatsächlich, ein, zwei Stunden zu schlafen, ehe um fünf Uhr die Lautsprecherdurchsagen das Liegenbleiben unmöglich machten. Was sollte es? Zeit für den ersten Morgenkaffee!

Als wir endlich auf Kos ankamen, war Mogli, die fast eine Woche lang keinen Auslauf gehabt hatte und nun auch schon wieder seit mehr als einem halben Tag stillhalten musste, so quengelig wie ein unausgeschlafenes Kind. Als Erstes suchte ich eine Stelle, an der sie ihr Geschäft verrichten konnte. Ein Busch neben einer Mauer am Strand erfüllte zum Glück alle Kriterien. Als das erledigt war, aß ich eine Kleinigkeit, trank noch einen Kaffee und machte mich auf die Suche nach einem ruhigen Plätzchen, an dem ich noch ein wenig Kraft tanken konnte. Ein Hotel konnte ich mir nicht leisten, was angesichts der schönen Gegend wirklich eine Schande war. Allzu gerne hätte ich mich mit der Prinzessin ein, zwei Nächte in Hafennähe einquartiert und die Insel erkundet.

Die Landschaft war karg und felsig und es gab so gut wie keine Bäume, in deren Schatten wir unser Zelt hätten aufschlagen können. Nach einer Weile entdeckte ich jedoch eine Sandstraße, die ans Meer führte – und dort wurden wir tatsächlich fündig. Der Weg führte zu den heißen Quellen von Kos. Dort hatte jemand, vermutlich als temporären Kiosk, einen einfachen Unterstand errichtet. Die Felsen nebenan boten ausreichend Unterschlupf für

Mogli. Kein schlechter Platz. Ich trank noch einen Kaffee, der mich aber nicht wacher machte, und schlief dann erschöpft ein. Doch schon am Nachmittag mussten wir wieder zusammenpacken, weil ich am Hafen noch ein Ticket für den nächsten Tag kaufen wollte. Die gerade einmal 18 Kilometer kurze Fahrt kostete satte 50 Euro. Aber egal, wir hatten es geschafft und ich freute mich auf einen entspannten Abend am Strand.

Zurück bei »unserem« Unterstand kam auf einmal ein junger Mann auf uns zu. Es war Alex, dessen Vater die Strandbar ein paar Hundert Meter weiter betrieb. Er lud mich ein, sie zu besuchen. Ich war in einer Zwickmühle: Einerseits wäre ich natürlich gerne in die Strandbar gegangen, andererseits konnte ich unsere Sachen nicht unbeaufsichtigt lassen. Und Mogli würde auch darauf zählen, dass ich da war, wenn sie wiederkam. Also lehnte ich dankend ab. Kurz darauf kam Alex aber noch einmal. Diesmal bot er mir an, auf einer Liege vor der Bar zu übernachten. Wie konnte ich da Nein sagen?

Ich nahm Mogli an die Leine, damit sie die Umgebung und die sieben jungen Kätzchen kennenlernen konnte, die neben der Bar in den Felsen lebten. Danach ließ ich sie wieder frei laufen. Die Kätzchen waren noch zu jung, um ihr Territorium zu verteidigen, ihre Mutter konnte ich nirgends sehen und Mogli würde sich höchstens verteidigen, aber nicht angreifen. Was sollte also passieren?

Nachdem Alex und sein Bruder Billi die Bar geschlossen hatten und nach Hause gegangen waren, hatten Mogli und ich den Strand für uns alleine. Nichts war zu hören außer dem Rauschen des Meeres und ich schwelgte in den Erinnerungen des letzten Monats.

Europa war gut zu uns. Wir durften viele liebe Menschen kennenlernen und einzigartige Erfahrungen sammeln. Fremde wurden zu Freunden, die Welt war etwas kleiner geworden und unser Zuhause ein wenig größer. Zufrieden schlief ich ein.

Mogli rollte sich in ihre Tasche, und als uns die Sonne frühmorgens weckte gönnte mir noch ein Bad in den heißen Quellen, bevor wir uns auf den Weg in die Türkei machten. Das zweite Kapitel unserer Reise sollte beginnen.

GRIECHENLAND PUR

Bei einem kleinen Kiosk am Strand fanden wir einen Schlafplatz, der seinesgleichen suchte. Ich zählte die Sterne am Nachthimmel, schlief zum rhythmischen Wogen der Wellen ein und sprang am nächsten Morgen statt unter die Dusche direkt ins Meer. Nicht einmal auf den Kaffee danach musste ich lange warten.

601-622
501-516
Volleyball
Pizza House
Bull Bar
I CAME I SAW
STAYED AND
STAYED AND STAYED
KENDINE HAS
Dışarıdan alkol getirmek
YASAKTIR
HOSTELLING INTERNATIONAL
SMP-BIKES
@motomogli

TÜRKEI

Im Gegensatz zu den meisten meiner bisherigen Reiseetappen hatte ich über die Türkei schon viel gehört, vor allem viel Unterschiedliches. Umso neugieriger war ich darauf, dieses Land selbst zu entdecken. Ich fand ein wunderschönes Land voller herzlicher Menschen, die mich überall mit offenen Armen empfingen …

VOM WESTEN IN DEN ORIENT

Die politische Lage in der Türkei war 2017 angespannt: Ein Jahr zuvor hatte es einen Putschversuch gegen den Präsidenten Recep Tayyip Erdoğan, gegeben, in dessen Folge viele seiner Gegenspieler verschwanden oder im Gefängnis landeten. Schulen waren geschlossen, Beamte und Lehrer entlassen und Journalisten verhaftet worden. Und als wäre das noch nicht genug, gab es im Osten des Landes noch die Konflikte mit dem kurdischen Teil der Bevölkerung und in der Nähe zur türkischen Grenze in Syrien wurden die blutigen Kämpfe des selbst ernannten »Islamischen Staates« ausgetragen …

Im Land war der Ausnahmezustand ausgerufen worden und viele rieten mir, die Durchreise zu vermeiden und mein Motorrad per Flugzeug oder mit dem Boot in den Iran zu schicken. Das wäre sicherer. Auch mir war bei dem Gedanken an mein nächstes Reiseland zugegebenermaßen ein wenig mulmig. Aber ich hatte die Erfahrung gemacht, dass es vor Ort meist gar nicht so schlimm war, wie es in den Medien dargestellt wurde. Und so hoffte ich einfach darauf, dass sich dies abermals bestätigen würde. Eine Frage beschäftigte mich aber trotzdem: Wie standen Türken eigentlich zu Katzen?

HERZLICH WILLKOMMEN!

Als wir auf der Fähre den Hafen von Bodrum erreichten, war ich ein wenig angespannt. Ich fragte mich, was uns hier wohl erwartete und wie die Menschen auf Mogli reagieren würden. Doch die erste

Überraschung ließ nicht lange auf sich warten: Anstelle grimmiger Grenzbeamter, die uns ins Kreuzverhör nahmen, wurden wir von jungen freundlichen Männern empfangen. Ein Beamter hatte sogar gerade Besuch von seiner Mutter. Die Atmosphäre war fast schon familiär und jeder wollte ein Selfie mit Mogli machen. Besagte Mutter bestand darauf, auf sie aufzupassen, während ich im Büro meinen Stempel abholte. Sie knuddelte meine Prinzessin weitaus fester, als es der lieb war. Aber Mogli schien die Situation zu verstehen und ließ ausnahmsweise alles über sich ergehen.

Ich hatte mir nie Gedanken gemacht, wie es in der Türkei aussehen könnte, und aus irgendeinem Grund eine drastische Veränderung erwartet. Doch was ich vorfand, war eine mediterrane Stadt, in deren Hafen sich die Segelyachten vor Marktständen und den Überbleibseln einer alten Wehranlage aneinanderreihten. Wir hätten genauso gut auch irgendwo in Italien sein können. Meine Bedenken waren mit einem Mal verflogen, ich fühlte mich so sicher wie in der Rosenheimer Innenstadt. Die Menschen, die ich bis jetzt kennenlernen durfte, waren alle überaus freundlich und hilfsbereit. Und sie waren scheinbar Katzenliebhaber. Immer wieder hörte ich jemanden aufgeregt »Kedi! Kedi!« rufen und meist waren es Kinder, die Mogli zuerst entdeckten und mit strahlenden Augen zu ihr schauten.

Während unter uns die Erde kurz bebte, wovon wir aber auf dem Motorrad nichts mitbekamen, fuhren wir weiter nach Turgutreis. Zuerst einmal brauchten wir eine Unterkunft. Im Internet hatte ich einen Campingplatz mit guten Bewertungen gefunden. Doch dort wurden wir gleich von einem bellenden Hund begrüßt. Weil er es auf Katzen abgesehen hatte, schickte uns der Inhaber weiter zum nächsten Campingplatz. Yen und Aynur, die Inhaber, trauten ihren Augen nicht, als sie Mogli sahen, und vielleicht lag es auch an ihr, dass wir statt in einem Zelt ohne Aufpreis in einer der kleinen einfachen Hütten aus Bambus und Tüchern schlafen durften.

Es war schon fast Zeit fürs Abendessen und Yen und Aynur luden mich ein, mich zu den anderen Gästen zu gesellen. Ich war erstaunt: Niemand führte eine Liste, wer wie viel gegessen hatte. Es schien selbstverständlich, dass alle wie eine große Familie zusammen am Tisch saßen und aßen. Die Atmosphäre war warm, entspannt und herzlich, niemand musste sich als Fremder fühlen. Ich war erleichtert und von Herzen froh darüber, genau hier gelandet zu sein.

Für Mogli war der Campingplatz ebenfalls nahezu perfekt. Sie machte sich umgehend daran, das große Gelände mit seinen zahlreichen Bewohnern zu erkunden. Von denen gab es hier mehr als genug: Überall liefen Gänse und Hühner frei umher, es gab einen Hasen, der alle Kabel anknabberte, und ein Entlein, das Yen oder Aynur auf Schritt und Tritt folgte und sogar mit am Tisch saß. Zwei andere Gäste hatten ein Meerschweinchen dabei. Und zu guter Letzt gab es auch noch eine ansässige Katze, die aber zum Glück nicht viel davon hielt, ihr Revier zu verteidigen. Nachdem sich Mogli und sie eine gefühlte Ewigkeit lang angestarrt hatten, gingen sie dazu über, sich einfach zu ignorieren.

Am nächsten Morgen wurde gemeinsam gefrühstückt und wieder halfen alle mit. Während Aynur in der wohl schönsten Küche der Welt Teig ausrollte, aus dem sie frittierte Schafskäsetäschchen ausbackte, schnitt ich eine Wassermelone auf, jemand anderes deckte den Tisch und Yen bereitete türkischen Chai zu. Es dauerte nicht lange, bis wir zusammen mit dem Entlein am reich gedeckten Frühstückstisch saßen. Es gab frisches Brot, zahlreiche Käsesorten, Wurst, Wabenhonig, Obst, Gemüse und literweise Chai und Kaffee. Ich war glücklich: Das Frühstück war schon immer meine Lieblingsmahlzeit und die Türken schienen ähnlich zu denken.

Nach dem Frühstück war es an der Zeit, mich um die wichtigen Sachen zu kümmern. Ich machte einen Tagesausflug nach Bodrum, wo man mich offensichtlich gleich wiedererkannte, denn obwohl ich Mogli im Camp zurückgelassen hatte, sprach man mich beim Geldwechseln auf sie an. Ich verstand erst nicht, was mir die Frau sagen wollte. Doch schnell sprang jemand ein und half beim Übersetzen. Es stellte sich heraus, dass die Frau mich am Vortag gesehen hatte, als ich mir den Weg durch den dichten Verkehr bahnte, während Mogli auf ihrer Tasche saß und alles beobachtete. So ein kleines Kätzchen auf einem großen Motorrad erregt eben ganz schön viel Aufmerksamkeit.

Nur zu gerne wäre ich noch eine Weile in der Gegend geblieben Aber wir waren schließlich auf dem Weg nach Dubai und so ging es nach ein paar wunderschönen Tagen weiter zum Köyceğizsee. Aynur hatte in der Zwischenzeit auch die Reiselust gepackt. Sie wollte ein paar Tage später mit dem Bus nach Kaş fahren und von dort aus ein Stückchen zusammen mit uns auf dem Motorrad zurücklegen. Ich war erstaunt über ihren spontanen Vorschlag und anfangs nicht ganz sicher, ob sie ihn wirklich ernst meinte. Aber ihre Vorfreude ließ keine Zweifel. Und warum auch nicht? Die Straßen waren groß und gut, mit Aynur ließ es sich gut eine Weile aushalten und es würde eine interessante Erfahrung sein, ein paar Tage zu dritt zu reisen.

Ich bekam nochmals einen großzügigen Rabatt, Aynur musste mir versprechen, leicht zu packen, und dann machten wir uns nach dem Frühstück und einer herzlichen Verabschiedung auf den Weg.

EIN STÜCK VOM PARADIES

Weil ich mir vorgenommen hatte, Autobahnen, so gut es ging, zu meiden, hatte ich unsere Route wie gewohnt über kleine Straßen geplant. Kilometerweit fuhren wir auf relativ großen, aber holprigen Schotterstraßen durch die Berge. Der Staub der vorausfahrenden LKW nahm uns dabei schon die Sicht, lange bevor ich sie selbst entdecken konnte. Ich war nun froh um meine neu gewonnene Offroad-Fahrpraxis und manövrierte die vollbeladene Königin sicher durch die weichen Stellen. Frustrierend war jedoch, dass viele der Wege einfach im Nichts endeten und wir immer wieder umdrehen mussten, um eine neue Strecke zu finden.

Mogli wurde, vor allem dort, wo der Regen die Straßen ausgewaschen hatte, kräftig durchgerüttelt und ihr lautstarker Protest ließ mir schließlich keine andere Wahl, als auf die gut ausgebaute Bundesstraße auszuweichen. Sie war zwar trotz der schönen Ausblicke erwartungsgemäß langweilig, doch die Prinzessin war glücklich und wir kamen ausnahmsweise einmal zügig voran.

Ich hatte mir in Bodrum eine Angel gekauft und freute mich darauf, sie im Köyceğizsee auszuprobieren. Ehe wir einen Campingplatz ansteuern konnten, brauchte ich deshalb noch Köder, und als ich anhielt, um eine Dose Mais zu kaufen, wurde ich von der Mitarbeiterin eines Juweliergeschäfts auf einen Chai eingeladen. Ihre Augen glänzten richtig, als sie Mogli sah, und ich nahm ihre Einladung an.

Kurz darauf fanden wir am See einen schönen Campingplatz. Dort traf ich Demir, einen anderen Camper, der mit seiner Augenklappe und den langen Haaren in jedem Piratenfilm mitspielen hätte können. Ich musste unweigerlich an meine Oma denken, die die Welt vor allem aus den Nachrichten kannte und mir bei seinem Anblick vermutlich sofort zu Vorsicht geraten hätte. Ich schmunzelte noch über den Gedanken, als ich mich ihm vorstellte.

Die meiste Zeit meines Lebens hatte auch ich mich auf das verlassen, was andere Leute sagten. Ich fand, dass sich Menschen und ihre Emotionen schwer fassen ließen, Worte hingegen und Zahlen waren meist klar und deutlich. Nur leider sagen einem nicht immer alle die Wahrheit, und wer vorgibt, ein Freund zu sein, ist nicht immer wirklich einer. Nach und nach fing ich nun an, dies besser zu verstehen – und zu fühlen. Ich fing an, einen neuen Sinn zu entdecken, den ich mir heute nicht mehr wegdenken mag.

In diesem Fall brauchte es aber keinen Experten, um sofort zu merken, dass Demir ein herzensguter Kerl war. Wir unterhielten uns eine Weile, tauschten ein paar Lieder aus, er spielte mir ein Ständchen auf seiner Mandoline und schenkte mir meinen ersten Granatapfel, an dem ich sprichwörtlich zu knabbern hatte. Aß man die bitteren Körner denn einfach mit?

Zum Angeln war es mittlerweile zu spät, weshalb ich mich entschloss, früh ins Bett zu gehen und mein Glück am nächsten Morgen zu versuchen. Mogli würde sich sicher darüber freuen, schon in der Dämmerung draußen herumzutoben. Und genauso war es auch. Bis die Straßenhunde aufwachten, leistete sie mir am See Gesellschaft. Als sie nach über einer Stunde nicht zurückkam, fing ich an, mir Sorgen zu machen, und packte zusammen. Ich hatte nur ein winziges Fischlein gefangen und das wollte ich Mogli mitbringen. Doch wer hätte gedacht, dass eine Prinzessin nicht frisst, was sie nicht kennt? So war mein Angelversuch komplett für die Katz – und wir zogen weiter. Nach Kabak Koyu, das mir Yen empfohlen hatte.

Die Fahrt verlief ähnlich wie die am Vortag und dank Mogli dauerte es wieder nicht lange, bis wir auf der großen ebenen Landstraße unterwegs waren. Als ich nach ein paar Kilometern am Straßenrand ein Polizeiauto sah, dachte ich erst, ich wäre in eine Radarfalle getappt. Doch dann stellte ich amüsiert fest, dass es sich nur um ein originalgroßes Schild handelte. Es sollte die Leute täuschen und sie dazu bringen, den Fuß vom Gas zu nehmen. Oben am Schild war eine Baustellenlampe angebracht, damit es echter wirkte, und sogar ein Fahrer, der angestrengt nach vorne schaute, war abgebildet. Als ich anhielt, um ein Foto davon zu machen, fragte ich mich, ob der junge Mann, dem wir auf unserer Reise noch öfters begegnen sollten, sich wohl freiwillig als Model gemeldet hatte.

Es war ein heißer Tag, doch zum Glück hatten wir es nicht sehr weit und erreichten Kabak Koyu bereits am frühen Nachmittag. Ich wusste nicht so recht, wonach ich suchte, denn laut meiner Karte war Kabak Koyu nur eine Quelle. Erst an unserem letzten Tag dort erfuhr ich, dass es der Name des gesamten Tals ist. Trotzdem kamen wir mehr oder weniger zufällig an der richtigen Stelle an.

Die Suche nach einer Unterkunft stellte mich vor eine neue Herausforderung: aus der Vielzahl herrlicher Wohnmöglichkeiten und Zeltplätze die beste Wahl zu treffen. Mehr Auswahl macht das Leben eben auch nicht immer einfacher und zudem sinkt die Bereitschaft für einen Kompromiss automatisch, wenn die Wahl groß ist. Es dauerte aber zum Glück nicht zu lange, bis ich im »Full Moon Camp« einen guten Deal mit dem Inhaber ausgehandelt hatte. Für 15 Euro pro Nacht durfte ich unser Zelt auf einer hölzernen Plattform im Hang aufstellen – mit Meerblick – und mich morgens und abends am Buffet bedienen.

Die Anlage war mit viel Liebe in die Hügel gebaut und bot spektakuläre Aussichten auf das darunterliegende Kabaktal und den Strand. Selbst gemachte Wegweiser aus Holz zeigten die Richtung zu Baumhäusern, zur Bar, zum Strand oder zu dem wunderschönen Swimmingpool mit Meerblick. Ich konnte gar nicht fassen, wo wir da gelandet waren. Überall gab es urgemütliche Sitzecken mit Kissen und flachen Tischen und alles war, wie schon zuvor in Turgutreis, aus nachhaltigen Materialien gebaut. Nirgendwo lag Müll herum und immer wieder kamen ein paar entspannte junge Menschen vorbei, die gerade auf dem Weg zum Strand waren oder nach einem gemütlichen Platz suchten, um Chai zu trinken und einen Joint zu rauchen. Ich hatte immer gedacht, dass die Hippiekultur längst Vergangenheit wäre. Hier aber wurde sie gelebt und es fühlte sich an, als wäre ich einem ausgestorbenen Tier begegnet. Mein Herz tat vor Freude einen kleinen Sprung.

Nachdem ich das Zelt aufgebaut hatte, machte ich mich auf den Weg zum Strand. Obwohl er fast zum Greifen nah schien, lag ein etwa 30-minütiger Fußmarsch vor mir. Ich musste mich also beeilen, wenn ich vor Sonnenuntergang wieder zurück sein wollte.

Ich war erst ein paar Meter weit den Hang hinuntergelaufen, da hörte ich ein vertrautes Miauen. Als ich mich umdrehte, stand Mogli auf einem Felsen und rief aus vollem Halse nach mir. Das hatte sie so vorher noch nie gemacht und ich überlegte, was sie mir wohl sagen wollte. Ich rief zurück und ging ein Stückchen auf sie zu. Schon kam sie mir freudig entgegen und ich fragte sie, ob sie vorhabe, mich zu begleiten. »Miau!«, antwortete sie wie aus der Pistole geschossen und so setzten wir unseren Weg gemeinsam fort.

Ich freute mich riesig über den Ausflug, machte mir aber auch ein wenig Sorgen, weil ich die Leine nicht dabeihatte. Schließlich kannte ich die Gegend nicht und wusste nicht, ob irgendwelche Gefahren auf Mogli lauerten. Wenn sie hier verloren ginge, würde sie vielleicht nicht mehr zurück zum Zelt finden.

Meine Befürchtungen bestätigten sich, als kurz vor dem Strand zwei Hunde aus einem Hof geschossen kamen und Mogli nachstellten. Ich konnte sie zwar verscheuchen, aber Mogli war weg. Ich wurde ein wenig nervös. Zum Glück musste ich nur kurz suchen, bis ich sie auf einer Mauer in einem anderen Privatgrundstück sitzen sah. Sie zu rufen oder gar auf sie zu warten war sinnlos und weiterzulaufen, in der Hoffnung, sie würde mir folgen, zu gefährlich. Es blieb mir also nichts anderes übrig, als selbst die Mauer zu erklimmen und sie zu holen. Zum Glück kann ich gut klettern – und dank Mogli hatte ich auch genug Übung darin. Zuerst versuchte ich, sie in meine Tasche zu stecken. Aber darin hatte sie es noch nie lange ausgehalten und auch dieses Mal kletterte sie gleich wieder heraus und auf meine Schulter.

Den nächsten Hund sah Mogli früher kommen, sodass sie sich rechtzeitig unter einem Wassertank verkriechen konnte. Dort war sie zwar sicher, allerdings hatte ich keine Chance, an sie heranzukommen. Der Hund hatte Mogli natürlich bald bemerkt und schnüffelte aufgeregt an dem Tank. Ich wusste, dass es eine Weile dauern würde, bis wir uns auf den Rückweg machen könnten. Alles, was mir übrig blieb, war, abzuwarten und ein Bier zu trinken. Nur zu essen gab es nichts, und als der Hund weit nach Sonnenuntergang endlich das Interesse verlor und Mogli sich sicher genug fühlte herauszukommen, hatte ich vor lauter Hunger schon Magenschmerzen. Statt hinab ans Meer machten wir uns deswegen auf den Rückweg. Bevor wir zu der Stelle kamen, an der Mogli das erste Mal angegriffen wurde, nahm ich sie sicherheitshalber auf den Arm. Jetzt musste ich nur noch das Camp wiederfinden.

Von oben ließen sich mögliche Gefahren immer gut abschätzen – und aussitzen.

Auf dem Hinweg waren wir immer den Hügel hinunter Richtung Strand gelaufen. Jetzt aber war es dunkel, ein Trampelpfad sah aus wie der nächste und ich verlor bereits nach ein paar Hundert Metern die Orientierung. Aber wenn wir erst einmal oben wären, dachte ich, würde ich mich schon wieder irgendwie zurechtfinden. Und deshalb lief ich einfach mal weiter.

An einer Weggabelung blieb Mogli, die mir mit ein paar Metern Abstand folgte, jedoch plötzlich stehen, miaute kurz und schaute mich mit großen Augen an. Alles Rufen war vergebens und ich ging zu ihr zurück, um sie auf meine Schulter zu nehmen. Leichtfüßig und mit dem kleinen Schwänzchen in der Höh' hüpfte sie jedoch stattdessen den anderen Weg entlang, drehte sich nach mir um und wartete erneut, bis ich wieder aufgeschlossen hatte. Wusste sie etwa, wo es langging? Es gab nichts zu verlieren und so drehten wir den Spieß um und ich folgte zur Abwechslung Mogli. Die schien sich sicher und hielt zwischendurch nur an, um auf mich warten, und als ich bekannte Stellen wiederentdeckte, wusste ich, dass wir nicht auf dem Holzweg waren. Woran sie sich orientiert hat, weiß ich bis heute nicht, aber nach einer knappen halben Stunde waren wir zurück beim Zelt. Mogli schien sichtlich stolz auf sich zu sein. Und ich? Ich war mindestens genauso stolz auf sie und belohnte sie mit einem ihrer Lieblingsleckerlis. Ich konnte immer noch nicht fassen, was gerade passiert war, aber ich war froh, wieder zurück zu sein, und stürzte mich hungrig auf das Buffet.

Zufrieden und mit vollem Magen kehrte ich nach dem üppigen Abendessen zu unserem Zelt zurück und blieb dort noch eine Weile draußen sitzen, um die Erlebnisse des Tages zu verarbeiten. Dann legte ich mich hin. Mogli kam kurz darauf auch herein, machte es sich neben meinem Kopf in ihrer Tasche gemütlich und wir schliefen Seite an Seite ein.

Zzzzzz … Zzzzzz … Batsch! … Zzzzzz … Zzzzzz … Batsch! Irgendwie hatten es Mücken in unser Zelt geschafft und in der Hoffnung, sie zu erwischen, ohrfeigte ich mich ein paarmal selbst, bevor ich schließlich doch meine Lampe anknipste und in die Schlacht zog. Ich erinnerte mich an einen Spruch, den ich mal irgendwo gelesen hatte: »Wenn du glaubst, dass du zu klein bist, um etwas zu bewirken, dann versuch mal zu schlafen, wenn eine Mücke im Raum ist.« Wie recht der Urheber doch hatte!

Der restlichen Plagegeister entledigte ich mich mit einem Grinsen im Gesicht und wir schliefen den Schlaf der Gerechten, bis uns um vier Uhr morgens ein mächtiges Gewitter weckte. Blitze ließen unser Zelt taghell aufflackern und der darauf folgende grollende Donner, der nicht lang auf sich warten ließ, war so kräftig, dass unsere kleine Plattform zu beben begann. Es fühlte sich an, als hätten wir unsere eigene kleine Disko, und ich öffnete das Zelt, um dem Spektakel eine Weile beizuwohnen.

EIN TRAUM GEHT IN ERFÜLLUNG

Am Morgen schien alles wie ein ferner Traum. Der Himmel erstrahlte in einem kräftigen Blau, als hätte er nie etwas anderes gemacht. Es war unvorstellbar, dass nur ein paar Stunden zuvor die Welt noch unterzugehen drohte.

Es war Zeit für das Morgenbuffet – und das konnte sich wirklich sehen lassen. Meterlang reichten die prall gefüllten Tabletts, Töpfe und Schüsseln von einem Ende des Esszimmers bis ans andere. Es gab wirklich alles, was das Herz begehrt. Schon der Anblick genügte, um mir das Wasser im Mund zusammenlaufen zu lassen.

Mogli fühlte sich in der Anlage pudelwohl und stellte sorglos allem nach, was sich bewegte und kleiner war als sie. Sogar eine kleine Schlange brachte sie an. Als diese schließlich zu kaputt für einen weiteren Fluchtversuch war, wurde Mogli unvorsichtig und blickte, die Schlange noch immer zwischen ihren Pfoten, sorglos ins Weite. Was, wenn die Schlange giftig war? Wusste Mogli instinktiv Bescheid oder setzte sie ihr Leben leichtfertig aufs Spiel? Sollte ich ihr die Beute wegnehmen oder ihren Instinkten vertrauen? Ich entschied mich für Letzteres, auch wenn mir nicht ganz wohl dabei war. Ich konnte Mogli nicht immer beschützen, vor allem nicht vor ihrer eigenen Beute. Außerdem hätte sie es mir garantiert übel genommen, wenn ich die Schlange für mich »beansprucht« hätte.

Wir hatten einen neuen Nachbarn: Serhat war in den Bungalow neben uns eingezogen, und da er bisher noch nie in anderen Ländern und ich noch nie im Nordosten der Türkei war, gab es viel zu erzählen. Ich überredete ihn noch am selben Abend dazu, am nächsten Morgen mit mir gemeinsam das Gleitschirmfliegen auszuprobieren. Das war nämlich eine der Sachen, die ich wenigstens einmal im Leben gemacht haben wollte, und hier kostete ein Flug (nach ausgiebigem Feilschen) nur 40 Euro. Serhat hatte tatsächlich Lust.

Wir brachen früh auf, und als unser Bus die kleinen abschüssigen Straßen zum Startplatz hinauffuhr, hatte ich mindestens genauso viel Angst wie beim Absprung selbst. Der kleinste Fehler des Fahrers hätte gereicht und der Bus wäre den Hang hinuntergestürzt. Als Passagiere waren wir unserem Schicksal hilflos ausgeliefert.

Kurz vor dem Absprung verhedderte sich dann auch noch unser Schirm, was meine Nervosität nicht gerade minderte. Mein Pilot aber entwirrte unbesorgt die Leinen und bereitete den zweiten Versuch vor. Durch seine Gelassenheit beruhigte auch ich mich ein wenig.

Wir rannten, bis wir keinen Boden mehr unter den Füßen hatten, und zogen dann die Beine ein. Ein Kribbeln machte sich in meinem Magenbereich breit, als wir kurz abfielen. Dann aber fing uns der Schirm auf und wir tauchten in ein Meer von Wolken. Als wir wieder herauskamen, sah ich zum ersten Mal die traumhaften Strände, Buchten und Berge von oben. Es war atemberaubend schön. Doch gerade als ich mich an den Flug gewöhnt hatte und mein verkrampfter Körper sich langsam entspannte, fragte mich mein Pilot, ob ich ein wenig Aufregung wollte. Ohne meine Antwort abzuwarten, begann er in der Luft Saltos zu schlagen und der eben noch so entspannte Flug ähnelte von einer Sekunde auf die nächste einer wilden Achterbahnfahrt. Ich war froh, als ich endlich wieder festen Boden unter den Füßen hatte.

Nachdem auch Serhat gelandet war, tranken wir einen Chai, um unsere Mägen zu beruhigen, und fuhren dann zurück zum Camp. Wir waren bereits ein paar Stunden unterwegs und ich wollte unbedingt nach Mogli sehen. Ich rief nach ihr und dachte, dass sie sicher gleich freudig angehüpft käme, aber nichts rührte sich. Also machte ich mich daran, alle mir bekannten Unterschlüpfe abzusuchen – leider erfolglos. Langsam fing ich an, mir Sorgen zu machen, vor allem als ich sah, dass wir noch einmal neue Nachbarn bekommen hatten und dort nebenan auch zwei kleine Hunde eingezogen waren. Vermutlich waren sie auch der Grund für Moglis Verschwinden. Ich unterbrach meine Suche, um mit Serhat noch einen Chai zu trinken und mit ihm die Bilder und Clips vom Vormittag anzuschauen, als auf einmal Mogli zwischen den Steinen hervorkam. Sie begrüßte mich kurz und stolzierte dann erwartungsvoll zum Zelt, wo auch ihr Futter lagerte. Alles war wieder gut und ich war erleichtert.

Es war an der Zeit, meine Sachen zu packen, am nächsten Morgen sollte es weitergehen. Serhat, der noch nie einen »westlichen« Freund hatte, signierte, damit ich ihn nicht vergaß, sein kleines Ledertäschchen und übergab es mir als Abschiedsgeschenk. Nach vier erholsamen Nächten verließen wir diesen magischen Ort, mit einem lachenden und einem weinenden Auge.

Es sollten nur ein paar Minuten vergehen, bis ich am Straßenrand schon wieder ein vertrautes Gesicht entdeckte. Es war Demir, der »Pirat« mit der Augenklappe, der es inzwischen auch nach Kabak Koyu geschafft hatte und gerade auf der Suche nach einer Unterkunft war. Wir freuten uns beide über das Wiedersehen und ich fing langsam an, mich in der Türkei zu Hause zu fühlen, weil ich doch immer wieder »alten« Freunden über den Weg lief oder neue Freundschaften schloss. Da wir in der prallen Sonne standen und unsere Wege in verschiedene Richtungen führten, trennten wir uns diesmal nach nur einem kurzen Gespräch und es ging weiter.

Mogli und ich erreichten Kaş im Handumdrehen, doch genauso schnell zerschlug sich auch meine Hoffnung, noch einmal so einen Ort zu finden wie Kabak Koyu. Kaş war zwar auch schön, aber viel schicker. Von der gemütlichen Atmosphäre fehlte jede Spur. Stattdessen tummelten sich teure Yachten in den Häfen und die Innenstadt war übersät mit Restaurants und Läden, die für viel Geld nutzlosen Krimskrams verkauften.

Ich traf mich mit Aynur, die bereits am Campingplatz auf mich wartete. Als mir der Manager dort jedoch mitteilte, dass der Zeltplatz 15 Euro kostete und ich das Motorrad noch dazu draußen parken müsste, drehte ich wieder um. Den Preis fand ich unverschämt. Ich fühlte mich, trotz der schönen Anlage, ganz und gar nicht wohl.

Doch es half alles nichts: Aus Mangel an Alternativen und weil Aynur auf mich wartete, gab ich mich eine halbe Stunde später geschlagen und fuhr doch zurück zum Campingplatz. Ich baute das Zelt auf, während Mogli schon einmal das Terrain erkundete, und dann ging ich mit Aynur in die Stadt. Zuerst wollte ich Mogli in Aynurs sicherem Bungalow einsperren, aber sie wollte wieder mitkommen und lief uns hinterher. Als wir den Campingplatz verließen, wurde sie jedoch unsicher und blieb schließlich stehen. Ich war ein bisschen traurig, sie einfach so zurückzulassen. Aber hätte sie gewusst, was wir vorhatten, wäre sie ohnehin freiwillig geblieben. Aynur hatte nämlich tatsächlich leicht gepackt und nutzte dies nun als Vorwand für eine ausgedehnte Shoppingtour. Ihr schien der Glamour der kleinen Stadt ganz offensichtlich gut zu gefallen. Ich hingegen fühlte mich in dieser künstlichen Welt nicht wohl.

Als Aynur alles gefunden hatte, gingen wir zum Hafen und buchten für den nächsten Tag zwei Tauchgänge. Kaş war berühmt dafür und die Preise waren erschwinglich. Nur Mogli durfte nicht mit aufs Boot, wie man mir auf Nachfrage mitteilte – und ich hatte ein schlechtes Gewissen, dass ich sie auch am nächsten Tag allein lassen musste. Hoffentlich würde ihr nichts passieren.

Das Tauchen hatte ich zwar zweieinhalb Jahre zuvor in Thailand gelernt, aber seitdem nicht viele Tauchgänge absolviert. Daher war ich ein wenig nervös, als es so weit war. Ich ließ mich sicherheitshalber noch einmal einweisen, aber es dauerte zum Glück nicht lange, bis sich mein Körper erinnerte und ich abtauchen konnte.

Ein Panzer parkt im Mittelmeer – das war mal ein ungewöhnlicher Anblick.

Die Tauchgänge selbst waren dann wenig spektakulär. Wir sahen ein paar Fische und Korallen, Höhepunkt war ein alter Panzer, den man als Attraktion für Taucher hier versenkt hatte. Ich genoss dennoch die ruhige und friedliche Atmosphäre unter Wasser, wo sich die Erde irgendwie immer etwas langsamer zu drehen scheint.

Es war schon Abend, als wir wieder am Camp und bei der hungrigen Prinzessin ankamen. Sie hatte den ganzen Tag draußen verbracht und war sichtlich glücklich darüber, uns wiederzusehen.

ZU ZWEIT IST VIELES LEICHTER

Bevor es am nächsten Morgen weitergehen sollte, brachte ich die Königin noch zum Mechaniker. Der Lenker schlackerte, wenn ich ihn losließ, und ich tippte auf die Lenkkopflager. Ich hatte keinen

Ersatz dabei, aber zum Glück brauchte ich den auch gar nicht, denn die Lager waren nicht kaputt, sondern hatten sich auf den holprigen Strecken nur lose gerüttelt. Wir hatten schließlich schon jetzt über 5000 Kilometer zurückgelegt, sprichwörtlich über Stock und Stein. Trotzdem war es das erste Mal, dass es »Probleme« gab. Die alte Königin hatte sich ihren Ruf, eines der zuverlässigsten Motorräder der Welt zu sein, redlich verdient.

Dafür zeigte sich eine Schwäche ganz deutlich: Von allen Versionen der »Africa Twin« wurde bei meinem Modell das schwächste Federbein verbaut und wegen des zusätzlichen Gewichts von Aynur, setzten wir nun ständig mit dem Hauptständer auf. Vor allem in Kurven musste ich vorsichtig sein. Fahrvergnügen bedeutete etwas anderes, aber zumindest waren die Straßen bis kurz vor Olympos groß und meistens gerade.

Dafür konnte ich meine Erlebnisse jetzt mit jemandem teilen. Und auch sonst wurde vieles einfacher. Ich konnte beispielsweise auf die Toilette gehen, ohne mich um Mogli oder meine Sachen sorgen zu müssen. Ich hatte eine Übersetzerin. Und Aynur hatte sogar eine Idee, wo wir übernachten konnten – und die Suche nach geeigneten Unterkünften stand auf meiner Liste an unangenehmen, aber unvermeidbaren Aufgaben neben dem Tanken, Packen und Wäschewaschen ganz weit oben.

Von Olympos hatte ich vor meiner Reise noch nie etwas gehört, daher hatte ich dieses Mal auch keine Erwartungen. Umso überraschter war ich, als ich das Hostel sah, das Aynur ausgewählt hatte. Überall hingen bunte Wegweiser, die den Weg zu den Baumhäusern, einem Pizzahaus, der Bar, dem Volleyballfeld und der Rezeption zeigten. Viele Wände waren mit Malereien verziert – von Tieren über Pflanzen bis hin zu abstrakten Kunstwerken–, und egal, wo ich hinsah, gab es was zu entdecken. Das Zentrum der Anlage war eine große gemütliche Lagerfeuerstelle und ich war richtig aufgeregt, diese kleine heile Welt zu betreten und dort zu übernachten. Wir bekamen die »Cupcake Cabin« zugeteilt, ein kleines gemütliches Zimmer mit eigenem Bad.

Aynur und ich besuchten noch am gleichen Abend die »Ewigen Feuer der Chimaera«. An einem steinigen Hang ganz in der Nähe des Hostels schlagen seit Jahrtausenden Flammen aus dem Boden, die Stoff für zahlreiche Mythen und Geschichten lieferten. Einst soll dort die Feuer speiende Chimaera, eine Mischung aus Löwe, Ziege und Drache, gelebt haben, bis sie vom griechischen Helden Bellerophon mithilfe des geflügelten Pferdes Pegasos getötet wurde. Überlieferungen zufolge waren die Flammen früher so groß, dass Seefahrer sie zur Orientierung nutzten. Heute sind sie kaum mehr einen halben Meter hoch und dienen hauptsächlich dazu, Marshmallows über ihnen zu rösten. Trotzdem umgab diesen Platz immer noch eine einzigartige Energie. Ich starrte eine Weile in die Flammen. Wie viele Geschichten hatten sie wohl schon gehört? Wie vielen Schutz vor Kälte geboten? Wie viele Gerichte wurden über ihnen gekocht?

Am nächsten Tag wollte ich mein Lenkkopflager noch einmal von einem Fachmann anschauen lassen, denn der Lenker schlackerte immer noch ein wenig. Antalya, eine Großstadt mit fast 2,5 Millionen Einwohnern, lag nur 85 Kilometer entfernt. Dort hoffte ich, eine Honda-Werkstatt zu finden und, sollte es nötig sein, auch neue Teile bestellen zu können. Mogli konnte ich zwar nicht mitnehmen und wegen des garstigen Katers auch nicht einfach draußen lassen. Aber ich ging davon aus, dass wir etwa fünf Stunden brauchen würden, und die sollte sie locker aushalten.

Aynur begleitete mich und alles lief wie am Schnürchen. Wir erreichten Antalya zügig und fanden auch recht schnell einen Honda-Händler. Das Beste aber war, dass mir der dortige Mechaniker nach einem kurzen Test versicherte, dass alles in Ordnung wäre, und nur noch einmal meinen Lenkkopf festzog. Ich war erleichtert, kaufte mir noch ein Paar fingerlose Handschuhe und war wieder startklar. Aber ich hatte die Rechnung ohne Aynur gemacht, die unbedingt noch eine Runde shoppen wollte. Von da an zog sich alles in die Länge, und bis ich wieder bei Mogli war, waren anstelle der geplanten fünf ganze neun Stunden verstrichen. Zum Dank hatte uns Mogli ins Bett gemacht.

Die nächsten Tage verliefen zum Glück etwas entspannter, auch weil der aggressive Kater, der Mogli regelrecht auflauerte, um sie aus dem Hinterhalt anzugreifen, in ein neues Zuhause umziehen musste. Zwar nicht wegen Mogli, sondern weil er die Küken der Hühner und Gänse fraß, aber weg war weg. Mogli ahnte davon erst mal nichts, weshalb es noch einen weiteren Tag dauerte, bis sie sich wieder aus dem Zimmer traute. Endlich konnte sie ihre überschüssige Energie abbauen.

EIN BISSCHEN BERLIN FINDET MAN ÜBERALL

Am Morgen der Abfahrt lernte ich Hasan kennen. Er war schon viel in der Türkei gereist, auch im Südosten, und bot an, mir nach dem Frühstück noch ein paar Tipps für die bevorstehende Route zu geben. Er war der Erste, dem ich auf unserer Reise begegnete, der mir aus erster Hand aktuelle Informationen liefern konnte.

Ursprünglich hatte ich geplant, allmählich in den Norden, ans Schwarze Meer, zu fahren und die Gegend um die syrische Grenze zu meiden. Ich wusste zwar nicht um die aktuelle Lage, aber ich wusste, dass das deutsche Auswärtige Amt dringendst dazu riet, alle »nicht zwingend erforderlichen Reisen« in dieses Gebiet zu vermeiden. Ich hätte dort nicht einmal einen Versicherungsschutz gehabt, denn Gebiete, für die Reisewarnungen ausgesprochen wurden, sind davon ausgeschlossen. Hasan jedoch meinte, es wäre alles halb so wild. Es gebe lediglich verstärkte Polizeikontrollen, eine erhöhte Militärpräsenz und ab und zu würden Ausgangssperren verhängt. Doch solang ich auf der großen Straße bleiben und mich nach Sonnenuntergang in einer der Städte aufhalten würde, müsste ich mir keine großen Gedanken machen. Er schwärmte von Gaziantep, wo es die weltbesten Baklava gebe, und dem uralten Mardin, das bereits in der Bronzezeit gegründet wurde. Im Norden würde es hingegen zu dieser Jahreszeit, es war immerhin schon Mitte Oktober, vermutlich regnen – und überhaupt wäre der Weg dorthin beschwerlich.

Mit über zwei Stunden Verspätung und nach einer herzlichen Verabschiedung von Aynur und meinen neuen Freunden machten Mogli und ich uns endlich auf den Weg. Ich hatte mich entschlossen, Hasans Ratschlägen zu folgen und die südliche Route einzuschlagen. Allerdings hatte ich an diesem Tag ein flaues Gefühl im Magen, so als ob uns bald etwas Schlimmes zustoßen würde, weshalb ich besonders vorsichtig fuhr. Konnte ich wirklich ein Unheil erahnen oder lag es vielleicht doch nur an dem letzten Glas Wein vom Vorabend? Ich hatte gelernt, mehr auf mein Bauchgefühl zu vertrauen, und es jetzt zu ignorieren gefiel mir eigentlich gar nicht. Andererseits waren wir schon vier Nächte lang in Olympos, und wenn mein Budget bis Dubai reichen sollte, mussten wir weiter.

In Antalya verloren wir weitere zwei Stunden damit, meine SIM-Karte aufzuladen. Verzweifelt und ratlos fragte ich mich von einem Shop zum nächsten durch, bis ich Hakan kennenlernte. Er erfuhr zufällig von meinem Problem und bot an, mich zu einem großen Einkaufszentrum zu bringen. Kreuz und quer und ohne viel Rücksicht auf Verkehrsregeln, Ampeln, Absperrungen oder Gegenverkehr fuhr er auf seiner alten Vespa so schnell voraus, dass ich ihm kaum folgen konnte. Wir erreichten das Einkaufszentrum in null Komma nichts, aber als wir es betreten wollten, wurde ich vom Sicherheitspersonal angehalten. Tiere waren drinnen nicht erlaubt, ich musste Mogli in einem kleinen Käfig am Eingang zurücklassen. Zum Glück wurde ich diesmal schnell fündig, sodass wir unsere Reise bald fortsetzen konnten.

Es war schon lang dunkel, als wir endlich einen Schlafplatz fanden. Am Straßenrand gab es irgendwie keine guten Stellen zum Wildzelten und die wenigen Campingplätze, die auf unserem Weg lagen, hatten entweder unglaublich schlechte Bewertungen oder akzeptierten nur Wohnmobile. Die Ortschaften wiederum, die wir passierten, waren entweder zu klein für Gasthäuser oder übersät mit teuren Urlaubsdomizilen für reiche Touristen aus Russland. Es war zum Verzweifeln! Alles, was ich machen konnte, war weiterfahren und hoffen. Ich erinnerte mich wieder an mein flaues Gefühl, das ich bei der Abfahrt hatte, versuchte aber, nicht daran zu denken. Hätte ich mich darauf konzentriert, wäre es womöglich nur zu einer sich selbst erfüllenden Prophezeiung geworden.

Plötzlich entdeckte ich am Waldrand ein altes Schild, doch bevor ich es richtig wahrgenommen hatte, waren wir auch schon vorbeigefahren. Ich wendete und las den Namen einer Pension. Nun sah ich auch den kleinen Schotterweg, der einen Hang hinunter ins Dunkel führte. »Genau so würden in einem Horrorfilm Leute ums Leben kommen«, dachte ich mir noch, während ich dem Weg folgte. In Kombination mit meiner Vorahnung vom Vormittag schien es tatsächlich keine allzu gute Idee zu sein. Aber hatte ich wirklich eine Wahl?

Endlich am Ziel angekommen musste ich feststellen, dass die Pension geschlossen war und mir als einzige »Gastgeber« zwei Hunde entgegenkamen. Auch das noch. Dann aber sah ich durch ein Fenster den Fernseher flackern und gab ein paarmal ein Signal mit der Lichthupe. Mit Erfolg! Hallit, der Eigentümer, bemerkte mich. Er war bereits im Schlafanzug, und als ich versuchte, ihm auf Englisch meine Situation zu erklären, stellte sich heraus, dass er lange Zeit in Berlin gelebt hatte und zwar kein Englisch, dafür aber nahezu perfekt Deutsch sprach. Wir einigten uns darauf, dass ich mein Zelt in seinem Carport aufstellen konnte, und er brachte mir sogar ein kühles Bier. Ich war heilfroh, dass sich meine Vorahnungen nicht bestätigt und wir stattdessen doch noch einen Platz zum Übernachten gefunden hatten. Mogli aber floh sofort vor den Hunden und kletterte auf den nächsten Baum.

Übermüdet und erschöpft baute ich alles auf und machte mich daran, mir etwas zu kochen. Meine Vorräte waren zwar weitestgehend aufgebraucht, aber zum Glück hatte ich noch Reis und ein paar Päckchen Proteinsuppe, die mir Aynur vor der Abfahrt gegeben hatte. Die Hunde, die das ganze Jahr über Tag und Nacht draußen wohnten, waren scheinbar froh über meine Gesellschaft und wichen mir nicht von der Seite – was leider auch hieß, dass sich die Prinzessin den ganzen Abend lang nicht vom Baum traute und keine

Chance hatte, ihr Geschäft zu verrichten, ehe wir uns schlafen legten. Ich kletterte auf den Baum und fing mir bei dem Versuch, sie herunterzuholen, ein paar böse Kratzer ein. Doch es klappte. Ich legte Mogli ihre Leine an, nahm sie auf meine Schulter und ging zum Strand hinunter. Wieder folgten uns die Hunde. Meine Versuche, sie zu verscheuchen, waren ganz offensichtlich zu zaghaft. Ich konnte einfach nicht böse genug zu ihnen sein. Es dauerte über eine halbe Stunde, bis sich Mogli endlich beruhigt hatte und ihre Notdurft verrichtete. Als wir schließlich im Zelt lagen, war es bereits zwei Uhr nachts. Was für ein Tag!

Nur zwei Stunden später weckte mich Mogli wieder und ich ließ sie raus. Und um acht Uhr »klopfte« Hallit. Er musste weg und bat mich, das Tor hinter mir zu schließen – und um Geld für die Übernachtung und das Bier.

Von Mogli aber fehlte jede Spur. Ich hatte keinen blassen Schimmer, wo sie stecken konnte, vermutete aber, dass sie in Richtung Strand gelaufen war. Diesmal gelang es mir nach etwa 200 Metern, die Hunde abzuhängen. Das Dumme war nur, dass ich so mit ziemlicher Wahrscheinlichkeit nicht mehr in dem Areal war, in dem sich Mogli versteckte. Dafür erkannte ich, an was für einem herrlichen Platz wir hier gelandet waren: Bananenplantagen säumten den kleinen Weg und die Aussicht auf den Strand und die Klippen war einfach atemberaubend. Hin und wieder dachte ich, ich hätte Mogli gehört, doch vermutlich bildete ich mir das nur ein. Bevor ich umdrehte, gönnte ich mir noch einen Sprung ins kühle Nass.

Auch in der anderen Richtung blieb die Suche nach Mogli erfolglos und daher war ich mittlerweile nicht nur hungrig, sondern auch richtig nervös. Gerade als ich nicht mehr weiterwusste, hörte ich es miauen. Bildete ich mir das wieder nur ein? Nein! Diesmal hatte ich definitiv etwas gehört und kurz darauf konnte ich meine kleine Prinzessin auch sehen. Sie stand in sicherer Entfernung von den Hunden und rief nach mir, so laut sie konnte. Eine ganze Ladung Steine fiel mir vom Herzen, und nachdem wir wieder glücklich vereint waren, ging es endlich los.

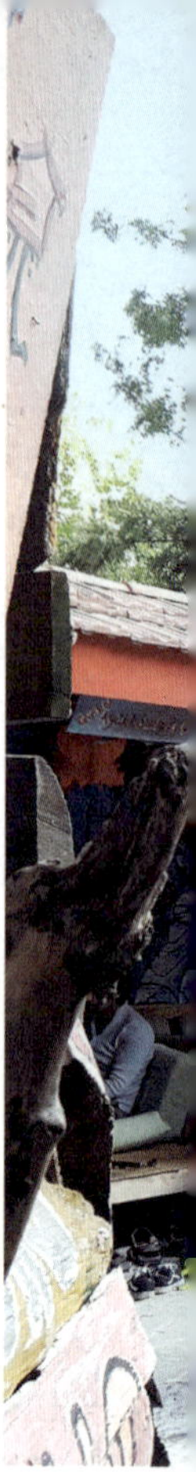

IDYLLE

Immer wieder kam ich in der Türkei in Camps unter, die anmuteten wie Überbleibsel der guten alten Hippie-Ära. Solche Ferienresorts könnte es meiner Meinung nach noch viel öfter geben, denn man lebt mitten in der Natur – Überraschungsbesuche wie die kleine Schlange inklusive –, findet schnell Kontakt zu den anderen Gästen und zahlt nicht einmal besonders viel.

AUF UMWEGEN

Unser nächstes Ziel war Kappadokien, über das ich nicht viel mehr wusste, als dass wir einen 500 Kilometer weiten Umweg machen mussten, um dorthin zu gelangen. Aber die Region war mir mittlerweile von so vielen Leuten empfohlen worden, dass ich sie mir unmöglich entgehen lassen konnte.

Wir kamen auf den großen Straßen gut voran und erreichten nach fast 300 Kilometern bei Einbruch der Dunkelheit Mersin. Ab hier würden wir uns von der Küste entfernen und Richtung Norden in das Mittlere Taurusgebirge fahren. Leider gab es wieder keine Stellen, um das Zelt aufzustellen, und in der Stadt waren die Unterkünfte zu teuer für uns. Ich entschloss mich daher, noch ein Stückchen weiterzufahren und am Rande der Berge nach einem geeigneten Schlafplatz zu suchen. Ich hatte meine Rechnung jedoch ohne die türkischen Straßenplaner gemacht, weshalb wir uns auf einmal auf einem mautpflichtigen Highway ohne Ausfahrten wiederfanden. Ich hatte keine Ahnung, wie das Mautsystem funktionierte: Es gab keinerlei Hinweise darauf, die Mautstellen, die wir alle paar Kilometer passierten, waren unbesetzt und piepten nur, wenn wir an ihnen vorbeifuhren, und die Informationen auf den Schildern bestanden lediglich aus zwei bis drei Buchstaben – Abkürzungen, die ich nicht entschlüsseln konnte. Noch mehr aber ärgerte es mich, dass es nirgendwo eine Ausfahrt gab. Was, wenn man aus Versehen die falsche Abfahrt nahm, es ein technisches Problem gab oder das Benzin ausging – wie mir bald?

Es war dunkel, als wir endlich von dem Highway abfahren konnten, und, weil wir bereits auf 1300 Metern Höhe waren, bitterkalt. Zelten fiel aufgrund der Temperaturen und aus Mangel an Vorräten flach, umdrehen wollte ich nicht und in den kleinen Ortschaften, die ich auf meiner Karte erkennen konnte, waren nirgends Unterkünfte eingezeichnet. So fuhr ich einfach weiter und hoffte, bald zumindest an einer Tankstelle vorbeizukommen. Es wurde von Minute zu Minute kälter, und weil mein Visier staubig und auch schon ein wenig verkratzt war, hatte ich mit zunehmender Dunkelheit Schwierigkeiten, auf der unbeleuchteten Straße irgendetwas zu erkennen. Immer wieder liefen offensichtlich lebensmüde Hunde bellend auf uns zu, einmal konnte ich gerade noch ausweichen. Ich will gar nicht daran denken, was passiert wäre, hätten wir an diesem Abend einen Unfall gehabt. Wer weiß, wann uns jemand nach einem Sturz entdeckt hätte. Im Dunkeln weiterzufahren war definitiv keine gute Idee, aber stehen bleiben konnte ich auch nicht einfach.

Ungefähr eine Stunde später tauchte, in der Nähe einer Stadt, ein junger Mann auf einem Motorrad auf und fragte, ob ich etwas bräuchte. Ich rief ihm »Hotel« zu, woraufhin er mir, ohne zu zögern, deutete, ihm zu folgen. Er führte uns zum nächsten Hotel und klärte dort sogar noch für mich, ob Mogli ein Problem wäre. Das war sie zum Glück nicht. Heilfroh, dass alles gut gegangen war und wir endlich ins Warme konnten, bedankte ich mich bei unserem Helfer und machte mich dann daran, das Motorrad komplett abzupacken. Denn im Gegensatz zur Prinzessin musste die Königin draußen bleiben und auf der Straße »schlafen«.

Ich hatte nur zu Mittag gegessen und mein Magen knurrte schon seit geraumer Zeit. Die Restaurants hatten aber schon geschlossen und alles, was ich an diesem Abend zum Essen finden sollte, waren ein paar Snacks. Besser als nichts! Ich gönnte mir noch eine heiße Dusche und fiel erschöpft, aber höchst zufrieden ins Bett.

Wir waren am Morgen gerade wieder abfahrbereit, als mich eine Mitarbeiterin des Hotels fragte, ob ich denn nichts frühstücken wollte. Ich war etwas verblüfft, denn davon, dass das Frühstück inklusive war, war beim Einchecken nie die Rede. Aber selbstverständlich ließ ich mir die Gelegenheit nicht entgehen. Sogar Mogli bekam, bevor ich die Kellnerin davon abhalten konnte, einen Teller mit Rührei vorgesetzt. Meine Prinzessin hatte schon gefrühstückt, und da sie zudem recht wählerisch ist, war mir klar, dass man das Ei vermutlich wegwerfen müsste. Dennoch freute es mich zu sehen, wie lieb die Leute zu ihr waren. Sogar die Küche durfte sie auf eigene Faust erkunden.

Ausreichend gestärkt und nach ein paar Tassen Kaffee machten wir uns an die letzten 200 Kilometer nach Kappadokien. Wir fuhren nun durch das anatolische Hochland, eine schier endlos wirkende trockene Steppe. Obwohl mir mein Handy anzeigte, dass wir uns ganze 1300 Meter über dem Meeresspiegel befänden, und obwohl es deutlich kälter war als zuvor, konnte ich am weiten Horizont nirgendwo Berge sehen.

Eine Polizeikontrolle riss mich aus den Gedanken. Die Beamten verlangten nach meinen Papieren. Wirklich überprüft haben sie sie dann aber nicht, denn kurz darauf krabbelte Mogli heraus und zog alle in ihren Bann. Als mir die Männer meine Papiere zurückgaben, hielt mir einer von ihnen sein Handy vor die Nase: »This is you?« Er hatte uns auf Instagram entdeckt und auf »Folgen« gedrückt. Ich musste schmunzeln und fragte mich, wie deutsche Ordnungshüter wohl reagiert hätten.

Wir erreichten Kappadokien am frühen Nachmittag. Schon auf dem letzten Stück des Weges hatte ich Schilder gesehen, die den Weg zu einer unterirdischen Stadt wiesen, und mich gefragt, was es wohl damit auf sich hatte. Doch als wir in Uçisar einfuhren, hätte ich vor lauter Staunen fast einen Unfall gebaut: Die kleinen Hügel waren alle ausgehöhlt und das ehemalige Schloss, der größte dieser Hügel, erweckte den Eindruck eines überdimensionalen Termitenhügels. Es war ein wahrhaft unwirklicher Anblick, als wären wir in einer Märchenwelt angekommen. Ich hätte mir nie träumen lassen, dass wir nach so viel Nichts einen derart faszinierenden Ort finden würden. Später erfuhr ich, dass die Vulkane Hasan Daği und Erciyes Daği das etwa 10 000 Quadratkilometer große Gebiet in den letzten 20 Millionen Jahren wiederholt mit Vulkanasche bedeckt hatten und dass diese sich langsam zu einem mehr oder weniger festen Tuffgestein verdichtet hatte.

Ich fuhr eine Runde, um mich zu orientieren. Als ich die vielen Reisebüros, Restaurants und schicken Hotels sah, oft direkt in die alten Höhlen gebaut, war mir klar, dass es nicht einfach werden würde, hier eine günstige Unterkunft zu finden. Ich fand zwar ein

Hostel, das ich mir leisten konnte. Doch dort waren Katzen unerwünscht. Und aus meinem Plan, in einer der gemütlichen Höhlen zu übernachten, wurde leider auch nichts. Also machten wir uns auf den Weg zum nächsten Campingplatz. Dick eingemummt würde ich den kalten Nächten schon trotzen können, außerdem wollte ich ohnehin meine Grenzen austesten und herausfinden, ab wann es zu kalt zum Zelten wäre. Am Zeltplatz bot mir der Inhaber jedoch einen Bungalow an. Die Vorteile einer festen Behausung, vor allem mit Mogli, die sich im Zelt nicht sicher fühlte, lagen klar auf der Hand. Und da ich einen scheinbar guten Deal aushandeln konnte, nahm ich das Angebot an, ohne hineingeschaut zu haben. Von außen sahen die Bungalows auch wirklich nett aus und so hatte ich keine Sekunde daran gezweifelt, dass sie gemütlich wären. Doch weit gefehlt! Und dazu kam, dass, als ich den ersten Wäschestapel vom Bett hob, eine schwarze Spinne hervorkrabbelte und ich einen Riesenschreck bekam. Ich kannte diese unansehnlichen Mitbewohner natürlich von zu Hause, aus Kellern und Holzstapeln, und wusste, dass sie nicht giftig waren. Trotzdem stellten sich mir die Haare im Nacken auf und ich bekam eine Gänsehaut. Um mich zu beruhigen, ging ich im Kopf alle logischen Argumente durch: Die Tierchen könnten mir nichts anhaben und sie würden lästige Insekten fressen. Mogli hätte etwas zum »Spielen« und die Spinnen hätten ganz sicher mehr Angst vor mir als ich vor ihnen – wobei ich mir bei Letzterem nicht ganz sicher war. Außerdem hatte ich schon gezahlt und damit angefangen, mich einzurichten. Mein Sturkopf ließ es nicht zu, wegen so einer »Kleinigkeit« jetzt einen Rückzieher zu machen. Schließlich waren nicht die Spinnen das Problem, sondern ich. Je eher ich lernen würde, damit umzugehen, desto besser.

Als ich von meiner ersten Erkundungstour in mein Zuhause auf Zeit zurückkehrte, war es bereits dunkel und ohne die wärmenden Sonnenstrahlen wurde es schlagartig wieder kalt. Ich war nun mehr als froh um meinen Bungalow und den Heizstrahler darin. Selbst für Mogli, die noch ihr Sommerfell trug, war es zu kalt. Sie kuschelte sich an mich und schlief erst ein, nachdem ich sie zugedeckt hatte. Am frühen Morgen weckte sie mich dafür aber umso eher. Ein Glück! Denn als wir rausgingen, um uns den Sonnenaufgang anzusehen, sah ich Dutzende Heißluftballons aufsteigen. Das möchte ich trotz Platz- und Höhenangst eines Tages gerne auch einmal ausprobieren, dachte ich mit großen Augen bei mir. Mogli stellte derweil unbesorgt ein paar Tauben nach und verschwendete keine Gedanken an so unsinnige Sachen wie Fliegen.

Ich wollte das Frühstück einnehmen, das ich am Vortag erfolgreich ausgehandelt hatte. Aber beim Anblick der schmuddeligen Küche verging mir der Appetit und erst recht, als ich das »Frühstück« sah: ein Teller mit zwei Scheiben rohem Toastbrot, je einem Päckchen Konfitüre und Butter, einem Stück angeschimmelten Käse und altem Gemüse.

ABWECHSLUNGSREICHE TAGE IN KAPPADOKIEN

Das Angebot, auch abends im Haus zu essen, lehnte ich dankend ab und ging zurück zum Bungalow. Die Sonne hatte es noch nicht geschafft, den Boden aufzuwärmen, und während ich selbst in Schal und Mütze unterwegs war, sah ich einen Mann, der draußen unter einem Eimer kalten Wassers duschte. Es schüttelte mich beim bloßen Gedanken daran. Ich bot Ildar, dem harten und nun auch sauberen jungen Mann aus Russland, einen heißen Kaffee und meine Jacke an. Er erzählte mir von Tuz Gölü, einem Salzsee, den er gerne besuchen würde. Ich wurde hellhörig. Seitdem ich im Internet einmal ein Motorrad durch so einen See fahren gesehen hatte, wollte ich das unbedingt auch einmal ausprobieren. Und so entschlossen wir uns kurzerhand, zusammen hinzufahren. Dass Ildar keinen Helm und keine dicke Jacke besaß, schien ihn nicht weiter zu stören, auch wenn 200 eisige Kilometer vor uns lagen. Für Mogli hätte der Trip nur unnötigen Stress bedeutet und so entschloss ich mich, sie derweil im Bungalow zurückzulassen. Ich ließ ein kleines Fenster offen, damit sie raus- und reinkonnte.

Ein tolles Erlebnis: Meine »Rallye« auf Tuz Gölü, einem trockenen Salzsee.

Wir erreichten Tuz Gölü nach nur drei Stunden Fahrt und fanden eine geeignete Stelle, an der ich mich fast zwei Stunden lang austoben konnte. Die ersten Meter tastete ich mich noch vorsichtig voran, denn ich sank immer wieder an Stellen ein, wo das Salz noch nicht trocken war. Als ich aber nach einer Weile wusste, wo es sicher war, brauste ich vergnügt den weiten See auf und ab und versuchte mich sogar, mehr oder weniger erfolgreich, im Driften. Selbstverständlich bekam die Königin im Anschluss eine gründliche Wäsche, denn Salz ist gar nicht gut für sie.

Ich brachte Ildar zur nächsten Stadt und machte mich alleine wieder auf den Rückweg. Im Bungalow fand ich Mogli völlig verschreckt unter meiner Bettdecke. Mein Blick fiel auf das offene Fenster und von da aus auf ihren leeren Napf. Jetzt war mir alles klar. Der weiße Kater hatte sich vermutlich in meiner Abwesenheit durchs Fenster gequetscht, ihr Futter gefressen und vielleicht hatten sie sogar gekämpft. Mogli fühlte sich in dem Bungalow jedenfalls ganz offensichtlich nicht mehr sicher. Dass das passierte, hätte ich eigentlich ahnen sollen … Ich ärgerte mich über mich selbst, schloss das Fenster und öffnete der Prinzessin zur Wiedergutmachung eine Dose Thunfisch. Und als »Nachtisch« gab es dazu noch ein paar Extra-Streicheleinheiten.

Danach ging ich wieder raus, um selbst etwas zu essen. Dabei traf ich Bahri. Er war der Besitzer eines Teppichladens und lud mich, wie es an touristischen Orten üblich war, auf ein Glas Tee in seinen Laden ein. Er sprach Türkisch und Französisch, und da er wohl meinte, dass Letzteres dem Deutschen ähnlicher sei als Erstes, versuchte er es immer wieder damit. Die Kommunikation war alles andere als einfach, aber ich schaffte es, ihm zu erklären, dass ich auf dem Motorrad keine Souvenirs und erst recht keinen Teppich mitnehmen könnte. Das schien ihn aber nicht weiter zu stören. Es sah aus, als würde er sich einfach nur über meine Gesellschaft freuen. Er bestand darauf, dass ich zumindest auf einen Chai blieb, und so setzte ich mich eine Weile zu ihm und zeigte ihm Bilder von fernen Ländern, mir und Mogli – und er zeigte mir Bilder von hübschen Frauen, mit denen er ein Selfie gemacht hatte.

Als ich Bahri nach einer Weile zu verstehen gab, dass ich gehen und etwas essen müsste, lud er mich in dem Restaurant nebenan ein. Er selbst musste zwar einen Bus erwischen, davor aber bestellte er mir noch Pide (türkisches Fladenbrot), Käse und Chai und zahlte die Rechnung. Während ich mich über das Essen hermachte, rätselte ich, was wohl Bahris Motivation war. Er hatte weder versucht, mir etwas zu verkaufen, noch mich um andere Gefälligkeiten gebeten. Und sosehr ich mich auch darauf konzentrierte, konnte ich keine negativen Energien bei ihm spüren. Ich besuchte ihn an den darauffolgenden Tagen immer wieder und er freute sich jedes Mal, mich zu sehen. Er lud mich sogar zum Essen zu sich nach Hause ein, was ich jedoch ablehnte. Es gab so viel zu erkunden, zu sehen und zu erleben, dass ich ständig unterwegs war. Ich wollte die Prinzessin nicht auch noch am Abend alleine im Bungalow lassen.

Meine Familie und Freunde hielt ich während der Reise über eine eigens dafür erstellte Gruppe in einem Messenger auf dem Laufenden. Als einer meiner Freunde die Bilder von den Ballons sah und mich fragte, ob ich da nicht »mitfeuern wolle«, antwortete ich ihm scherzhaft, dass ich schließlich nicht im Lotto gewonnen hätte. Er fragte mich daraufhin nach meiner Kontonummer und überwies mir einfach so 250 Euro. Ein paar andere Freunde schlossen sich ihm an und schenkten mir ebenfalls etwas Geld, und da meine Mum vermutlich nicht tatenlos zusehen wollte, erhielt ich auch von ihr eine Spende. Schnell kam so eine beträchtliche Summe zusammen. Ich war sprachlos und grübelte noch lange darüber nach, womit ich das verdient hatte. Vor allem aber schätzte ich mich glücklich, dass ich so gute Freunde hatte. Ich wusste, dass ich mich im Ernstfall immer auf sie und meine Familie verlassen konnte. Egal, wo ich war: Ich war nie wirklich alleine.

Bahri half mir dabei, eine Ballonfahrt zu buchen. Es lief alles so gut, dass ich mich ernsthaft fragte, welche Schwierigkeiten uns noch bevorstehen würden. Aber eins nach dem anderen, erst einmal wollte ich die traumhafte Ballonfahrt genießen.

Als wir in der Luft waren und ich diese einzigartige Landschaft von oben bewundern konnte, vergaß ich sogar meine Höhenangst. Neben der atemberaubenden Aussicht entdeckte ich vom Ballon aus viele unerreichbare Höhlen und fragte mich, wer wohl einmal in ihnen gelebt und wie derjenige Vorräte dorthin transportiert hatte.

Nach dem Flug machte ich mich als Erstes wieder auf zu Mogli, denn die hatte sich dazu entschieden, draußen zu bleiben, und ich machte mir ein wenig Sorgen um sie.

Während Mogli einen ausgedehnten Mittagsschlaf nahm, machte ich mich auf den Weg zur unterirdischen Stadt Kaymaklı. Acht Stockwerke tief reicht die alte Stadt, die Schätzungen zufolge schon im dritten Jahrtausend vor Christus angelegt und später weiter ausgebaut wurde, in den Erdboden und mit jedem Meter, den ich in diesem unterirdischen Irrgarten zurücklegte, wurde mir mulmiger. Ich hatte nun richtig mit meiner Platzangst zu kämpfen und nahm die langen schmalen Gänge mit Anlauf – und nur, wenn ich keine anderen Besucher sehen konnte. Jedes Mal hoffte ich, in einen Raum zu gelangen, in dem ich zumindest aufrecht stehen konnte. Doch je weiter ich mich nach unten vorkämpfte, desto enger wurden die Wege. An einem besonders langen und schmalen Gang entschied ich mich daher umzudrehen und machte mich, doppelt so schnell, wie ich gekommen war, auf den Weg zurück zur Erdoberfläche – dorthin, wo wir Menschen hingehören. Selten zuvor war ich so froh darüber, das Tageslicht zu sehen.

Bevor ich zu Mogli zurückfuhr, gönnte ich mir noch eine Portion Testi Kebabı, eine meiner neuen Leibspeisen. Für dieses relativ einfache Gericht werden Fleisch und Gemüse über offenem Feuer in einem Tontopf gegart. Der Geschmack ist unübertrefflich, das wirklich Besondere aber ist, dass der Topf mit Teig versiegelt wird und man mit einem kleinen Hammer erst vorsichtig den Deckel abschlagen muss, um an den Inhalt zu gelangen. Ich freute mich darauf jedes Mal wie ein kleiner Bub.

ZUZANA

Mogli und ich machten uns auf den Weg ins 300 Kilometer entfernte Adana. Sosehr ich die Zeit in Kappadokien auch genossen hatte, so froh war ich doch, wieder auf der Straße zu sein. Der Südosten der Türkei schwebte seit Olympos wie eine unheilvolle Gewitterwolke vor uns. Und obwohl Hasan mir versichert hatte, dass es dort längst nicht so gefährlich war, wie man gemeinhin zu hören bekam, machte ich mir doch Sorgen. Ich wollte diesen Teil unserer Reise endlich hinter mich bringen – oder zumindest herausfinden, was es damit auf sich hätte.

Die ersten 100 Kilometer in der Kälte waren sehr unangenehm, zumal meine Socken und die Unterwäsche vom Waschen noch recht feucht waren. Ich war froh, als wir endlich wieder an der Küste waren, zurück im Warmen.

Adana entpuppte sich als große, moderne Stadt, und gerade als ich dachte, dass es sicher wieder schwierig werden würde, ein Hotel zu finden, überholte uns eine alte BMW R27, ein wunderschönes Motorrad mit 250 Kubik aus den 1960er-Jahren.

Es gehörte Kemal, der lange Zeit in Deutschland gelebt hatte, und uns anhielt, als er mein Kennzeichen sah. Wir unterhielten uns kurz, und als er mir stolz von seiner schönen Wohnung erzählte, rätselte ich, ob das eine Einladung war. Ich war mir nicht sicher, sah aber auch keinen Grund, warum er mir sonst davon erzählen sollte. Daher fragte ich ihn einfach direkt. Mogli und ich brauchten auf alle Fälle eine Unterkunft und der Zufall, Gott oder das Universum hatte uns zu Kemal geführt. Er zögerte kurz, sagte dann aber zu, und bevor wir uns auf den Weg zu ihm machten, kauften wir noch etwas fürs Abendessen ein.

Seine Wohnung war tatsächlich sehr schön und Mogli und ich wurden mit der üblichen türkischen Gastfreundschaft aufgenommen. Aber irgendwie fühlte es sich nicht »richtig« an, sogar ein wenig verklemmt, und ich war froh, als ich mit Mogli Gassi gehen musste und dass es danach bald an der Zeit war, ins Bett zu gehen.

Am nächsten Morgen schien Kemal zu meiner Überraschung wie ausgewechselt. Die Atmosphäre war gut und von der Verklemmtheit am Vorabend nichts mehr zu spüren. Er nahm mich sogar mit zu seiner kleinen Datsche und half mir dort, die Königin kurz durchzuchecken. Während Mogli, die leider in einen Kampf mit einer jungen Katzenmama geraten war, im sicheren Nebenzimmer wartete, prüften wir den Luftdruck und alle Flüssigkeiten, fetteten und spannten die Kette … Bevor wir abfuhren, gab mir Kemal noch eine ganze Ladung frisches Obst aus seinem Garten mit. Ich war nun froh über meine Dreistigkeit am Vorabend und hoffte, dass Kemal im Nachhinein ähnlich fühlte.

Für Mogli und mich ging es nach der Verabschiedung weiter nach Gaziantep – und damit in dasjenige Gebiet, für das Reisewarnungen ausgesprochen waren. Außer den Polizeikontrollen konnte ich auf dem Weg allerdings nichts Besonderes erkennen und auch in Antep, wie Gaziantep von den Einwohnern liebevoll genannt wird, schien niemand um die lauernden Gefahren zu wissen. Der Alltag dort nahm seinen üblichen Lauf. Eine günstige Unterkunft zu finden schien aber schier unmöglich, und so quartierten wir uns kurzerhand in einem schicken Hotel ein. Es war schon dunkel, und da ich müde war, beschloss ich, zwei Nächte zu bleiben, die Erkundungstour auf den nächsten Tag zu verschieben und zeitig schlafen zu gehen.

Unsere Morgenrunde am nächsten Tag führte uns auf Moglis »Wunsch« in eine Art Einkaufs- und Bürokomplex. Schnurstracks zog sie mich, sehr zur Verwunderung der Leute, zum ersten der unzähligen Büros, und als ich sie nicht hineinließ, zum nächsten, dann zum übernächsten und so weiter. Sie verstand nicht, dass sie nicht einfach in fremde Büros wandern konnte, und da sie jeden Eingang unvoreingenommen als neue Chance sah, zog sie mich unbeirrt von einer Tür zur nächsten. Ich wusste natürlich, dass es hoffnungslos war, aber Katzen sind ja bekanntlich äußerst beharrlich. Und wenn mich Mogli eins gelehrt hat, dann, dass sich Hartnäckigkeit irgendwann auszahlt, selbst wenn die Situation aussichtslos erscheint.

Auch dieses Mal sollte mein Kätzchen damit recht behalten: In einem Anwaltsbüro im zweiten Stock trafen wir auf Zuzana. Im Gegensatz zu ihrer Kollegin, die sich vor süßen Prinzessinnen fürchtete, liebte sie Katzen und lud uns, als sie uns sah, sofort auf einen Chai ein. Aus ihrem Versuch, Mogli zu knuddeln, wurde trotzdem nichts, denn die befreite sich schnell aus ihren Armen und war glücklich, endlich eines der Büros von innen erkunden zu dürfen.

Wir hielten alle eine Weile von der Arbeit ab, und als wir uns wieder auf den Weg machen wollten, bot Zuzana an, mir am Abend die Stadt zu zeigen. Ich nahm dankend an, brachte Mogli zurück ins Hotel und nutzte die Zeit davor, um mich um die wichtigen Sachen zu kümmern. Als endlich alles erledigt war, gönnte ich mir als Belohnung für meine harte Arbeit die berühmten Anteper Baklava. Ich kann mich nicht erinnern, je wieder so gute Exemplare dieses süßen, mit Pistazien gefüllten Gebäcks gegessen zu haben. Gestärkt und glücklich kehrte ich ins Hotel zurück und nach einem weiteren »geschäftlichen« Ausflug mit Mogli traf ich mich mit Zuzana.

Unser erstes Ziel war der alte Bazar. Bisher hatte sich Gaziantep, ja eigentlich die ganze Türkei, eher mediterran-europäisch angefühlt. Das sollte sich nun schlagartig ändern. Der Duft orientalischer Gewürze lag in der Luft und an den zahlreichen kleinen Läden, in denen man von Küchenzutaten über Haushaltsgegenstände bis hin zu Elektronikwaren, Kleidern, Schmuck und Snacks alles bekam, feilschten die Leute – sprichwörtlich wie auf einem türkischen Bazar – um jede Lira. Das ständige Klopfen der vielen Kupferschmiede, die mit ihren Hämmern in mühsamer Handarbeit wunderschöne Gefäße, Geschirr und kleine Skulpturen herstellten, bestimmte den Herzschlag dieses Ortes, und wo ich auch hinsah, gab es etwas Spannendes zu entdecken. Ich fühlte mich plötzlich wie im Märchen von 1001 Nacht.

Mogli beim Shoppen. Gut, dass sie diesmal keiner bemerkt hat.

Zu gern hätte ich ein paar Sachen eingekauft, aber bei genauerer Betrachtung musste ich immer wieder feststellen, dass ich nichts davon wirklich brauchen konnte. Und Platz für unnötige Sachen hatte ich auf der überladenen Königin definitiv nicht. Das machte es bedeutend einfacher, Nein zu sagen!

Zuzana führte mich durch das Gewusel zu einem urgemütlichen alten Teehaus, das versteckt in einem Innenhof lag. Sich für einen der Tees zu entscheiden fiel uns bei der riesigen Auswahl nicht leicht. Nie hätte ich gedacht, dass es für ein so einfaches Getränk so viele Rezepte gab. Wir beschlossen, so viel wie möglich zu probieren, während mir Zuzana mehr über das Leben der Kurden in der Türkei erzählte. Sie war die erste Kurdin, der ich begegnete, und ich musste zugeben, dass ich eigentlich nichts über ihr Volk wusste.

Als wir das Teehaus wieder verließen, war es bereits Abend. Per Anhalter fuhren wir mit einem wildfremden Mann zurück und den restlichen Abend verbrachte ich mit Mogli über mein Telefon gebeugt, um mehr über die Menschen dieser Gegend herauszufinden, Instagram upzudaten und Nachrichten zu beantworten.

IM GRENZGEBIET

Bis nach Mardin, dem nächsten Ziel unserer Reise, lagen 350 Kilometer vor uns und auf den großen, geraden Straßen hörte ich zum ersten Mal seit der Abreise unter der Fahrt Musik. Ein überwältigendes Gefühl! Die Lieder weckten verschiedene Emotionen in mir: Ich steckte mitten im größten Abenteuer meines Lebens und war für einen Moment der glücklichste und freieste Mensch auf der Welt.

Ich war selbst ein wenig überrascht, was für eine Wirkung Musik plötzlich auf mich hatte. Zu Hause lief immer irgendetwas im Hintergrund und manchmal nervte es mich sogar. Doch seit zwei Monaten hatte ich außer den bezaubernden Melodien der Straßenmusiker fast keine Musik gehört – und sie dadurch offensichtlich wieder zu schätzen gelernt. Wie beeindruckend ein Konzert von

Beethoven, Smetana oder anderen großen Komponisten gewirkt haben muss, als es noch keine Radios, CDs und mp3-Player gab.

Je weiter wir in das Gebiet der Kurden vordrangen, umso mehr verbarrikadierte Polizeistationen sah ich. Offenbar ging die Regierung vom Schlimmsten aus. 500 Meter vor und nach jeder Station wurde der Verkehr auf die entferntere Fahrbahn geleitet und der Bereich um die Gebäude war erst mit Sandhügeln, dann mit Panzersperren und Stacheldraht und schließlich mit dicken Betonplatten gegen Angreifer gesichert. Schwer bewaffnete Soldaten oder Polizisten hielten auf den Wachtürmen Ausschau nach verdächtigen Aktivitäten. Hin und wieder wurde die Straße auch einfach mit Betonblöcken gesperrt und Soldaten mit Maschinengewehren führten Personenkontrollen durch. Aber selbst diesen hartgesottenen Kerlen zauberte Mogli ein Lächeln ins Gesicht, wenn sie verschlafen aus ihrer Tasche hervorkam. Ich freute mich, dass wir den angespannten Alltag dieser Männer zumindest ein wenig aufheitern konnten. Die armen Kerle waren oft jünger als ich und hätten wir uns unter anderen Umständen getroffen, wären wir vielleicht Freunde geworden. Ihre Familien waren sicher krank vor Sorge.

Als ich an einer Tankstelle hielt, um die zahllosen Fliegen von meinem Visier zu entfernen, die sich uns auf unserer Reise angeschlossen hatten, wurde ich von neugierigen Leuten umzingelt. Sie wollten wissen, ob ich mich in Kurdistan wohlfühlte, wie meine Route aussah, wie viel Hubraum die Königin hatte, welchem Fußballteam ich folgte … Als ich Mogli, die es sich in einem Regal hinter ein paar Snacks gemütlich gemacht hatte, hervorholte und zurück aufs Motorrad setzte, waren sie aber fassungslos und schüttelten immer wieder ungläubig ihre Köpfe.

Die Straße verlief nur wenige Kilometer von der syrischen Grenze entfernt, und auch wenn ich keine Kämpfe sah, spürte ich doch deutlich die Spannung, die in der Luft lag. Mardin selbst lag ebenfalls gerade einmal 20 Kilometer von der Grenze entfernt, es gab daher natürlich auch für dort Reisewarnungen. Ich fragte mich, ob es dort wohl genauso friedlich wäre wie in Antep.

Stolz ragte die uralte Stadt, einst zur besseren Verteidigung auf einem Berg gebaut, aus der mesopotamischen Ebene hervor. Ich hatte das Gefühl, auf eine große Festung zuzufahren und folgte der Straße, die sich zur Stadt hinaufschlängelte. Ich hoffte, mir von oben einen besseren Überblick verschaffen zu können und eventuell auf dem Weg auch gleich noch ein Hotel zu finden. Zunächst aber hielt ich an einer Tankstelle. Obwohl er gerade dabei war, mit seinen Kollegen zu essen, eilte sofort ein Mann herbei, um mir zu helfen. Die unerwartete Unterbrechung schien seiner guten Laune keinen Abbruch zu tun. Ganz im Gegenteil: Kaum hatte er die Königin fertig betankt, stand auch schon ein Teller für mich mit am Tisch und seine Kollegen waren dabei, ihn mit Reis und Hühnchen zu beladen. Ich lehnte zunächst dankend ab. Doch alle Versuche schlugen fehl, und wenn ich es mir recht überlegte, hatte ich außer dem Frühstück noch nicht viel gegessen und war daher hungriger, als ich dachte. Zudem sagte mir mein Bauchgefühl, dass die Jungs in Ordnung waren, auch wenn wir uns leider nur in sehr einfachem Englisch und mithilfe eines Übersetzers aus dem Internet verständigen konnten.

Als ich mich nach einer günstigen Bleibe erkundigte, verschwand Fethullah, der zuvor mein Motorrad betankt hatte, kurz. Als er an den Tisch zurückkam, erklärte er mir freudig, dass Mogli und ich bei ihm übernachten könnten. Er hätte eben seinen Vater um Erlaubnis gebeten. Ich war sprachlos, war ich doch eigentlich nur zum Tanken hierhergekommen.

Damit Mogli und ich nicht so lange warten mussten, durfte Fethullah ausnahmsweise früher nach Hause. Ich stellte die Königin in den sicheren Innenhof und Fethullah ließ es sich nicht nehmen, den größten Teil meines Gepäcks für mich zu tragen. Wir bekamen das Gästezimmer, und nachdem wir uns eingerichtet hatten, ging es auch schon wieder raus, denn Mogli wollte Gassi gehen.

Fethullahs Vater hatte derweil bereits angefangen, das Abendessen vorzubereiten, und mein neu gewonnener Freund machte sich daran, ihm zu helfen, während ich die Prinzessin mit einer Papierkugel dabei unterstützte, überschüssige Energie loszuwerden. Es war schon vier Tage her, seit sie das letzte Mal die Außenwelt erkunden konnte, und dementsprechend quengelig war sie. Hoffentlich fand ich bald einen Ort, an dem ich sie auch mal hinauslassen konnte.

Am nächsten Morgen frühstückte ich in Ruhe, ging mit Mogli spazieren und packte dann unsere Sachen zusammen. Fethullah musste, im Gegenzug für die verpasste Nachtschicht, an diesem Tag gleich zwei Schichten arbeiten und verließ das Haus deshalb schon vor Sonnenaufgang. Seiner guten Laune konnte das nichts anhaben, und als wir wieder zurück an der Tankstelle waren und er die schmutzige Königin sah, machte er sich daran, sie zu waschen – natürlich kostenlos. Ich konnte einfach nicht fassen, wie gastfreundlich und genügsam die Menschen in diesem Teil der Erde waren, und schämte mich fast schon ein wenig bei dem Gedanken, wie es ihnen wohl bei uns ergehen würde.

Da Fethullah arbeiten musste, hatte er seinen Freund Mehmet angerufen. Er sollte uns bei der Suche nach einer Unterkunft unterstützen und mir die Stadt zeigen. Die Verständigung mit ihm gestaltete sich leider bedeutend schwieriger als gedacht, und da ich es nicht schaffte, ihm zu erklären, dass wir zuerst eine Unterkunft für Mogli bräuchten, fuhren wir eben mit der Prinzessin zum Sightseeing zur Zinciriye Medresse, einer wunderschönen Koranschule aus dem Jahr 1935. Mardin wird wegen seiner Vielzahl an historischen Gebäuden – alte Klöster, Kirchen, Moscheen, Medressen und Paläste – oft als »Freilichtmuseum« bezeichnet und tatsächlich schien zumindest in der Altstadt die Geschichte auch heute noch lebendig. Mogli interessierte das allerdings wenig. Sie strotzte nur so vor Energie und wollte die Medresse auf eigene Faust erkunden. Während sie an der Leine zog, um das Schuhregal und den Gebetsraum zu beschnuppern, schaffte ich es gerade so, die angebrachten Informationstafeln zu überfliegen und ein paar wenige Fotos zu schießen. Dann gab ich mich geschlagen.

Mehmet verstand nun von alleine, dass wir zuerst eine Unterkunft brauchten, und brachte uns zu einer kleinen, versteckten Pension mit familiärer Atmosphäre. Es gefiel mir dort auf Anhieb, die

Besitzerin war nett, sprach gut Englisch und es gab sogar einen großen Innenhof. Endlich konnte Mogli wieder raus!

Während die Prinzessin vorsichtig alles erkundete, tranken Mehmet und ich mit der Inhaberin einen Chai. Es dauerte nicht lange, bis wir auf die Politik zu sprechen kamen. Der Sohn der Frau saß eine lebenslange Haftstrafe wegen Hochverrats ab, er war als Soldat 2016 an dem Putschversuch gegen den Präsidenten beteiligt. Dabei, so meinte sie, hätten er und seine Kameraden zu jener Zeit gar keine andere Wahl gehabt, als ihre Befehle auszuführen. Schließlich war es ja genau das, wozu Soldaten erzogen wurden. Jetzt wäre ihr Sohn eingesperrt, und solange die Regierung an der Macht blieb, hätte er keine Aussicht darauf, je wieder entlassen zu werden. Sein junges Leben schien wertlos und vergeudet und langsam, aber sicher würde auch sie an der schieren Verzweiflung, der Angst und ihrem schmerzenden Herzen zerbrechen. Ihre Worte hallten noch lang in meinem Kopf nach.

Gedankenversunken machte ich mich auf den Weg zur Burg, doch als ich näher kam, sah ich immer mehr Stacheldraht – und bald auch bewaffnete Soldaten. Die Burg war zum Armeecamp umfunktioniert worden. Ich setzte mich und dachte, während der Muezzin zu Sonnenuntergang das Maghrib-Gebet ausrief, über das Leben nach. Nur noch einmal würde der Adhān, der Aufruf zum gemeinschaftlichen Gebet im Islam, heute über die mesopotamische Ebene hallen und die Menschen in Andacht versetzen. Wenn es das nächste Mal so weit wäre, müsste ich schon wieder aus den Federn, denn ich wollte unser Glück nicht herausfordern und mich nicht unnötig lang in dieser Gegend aufhalten.

DER DOPPELTE MOUNT NEMRUT

Am nächsten Tag plante ich, den 300 Kilometer entfernten Vansee zu erreichen. Von dort aus hätten wir die Möglichkeit, noch ein paar andere Städte zu erkunden – oder direkt in den Iran zu fahren.

Obwohl wir zügig vorankamen, wurde es schon wieder dunkel, als wir nach gut zwei Dritteln der Strecke das südöstliche Taurusgebirge erreichten. Die Sonne war zwar noch nicht ganz verschwunden, aber sie versteckte sich bereits oft hinter den Bergen und da, wo ihre wärmenden Strahlen den Boden nicht mehr erreichten, wurde es schlagartig frisch. Der Herbst hatte Einzug gehalten und die immer kürzer werdenden Tage machten es für uns zunehmend schwierig voranzukommen. Im Dunkeln wollte ich nicht mehr fahren, ich hatte meine Lektion gelernt. Früh abzufahren gelang mir aber trotzdem nur selten, egal, wie oft ich es mir vornahm. Ein Dilemma.

Ich wusste, dass es im Gebirge schwierig werden würde, eine Unterkunft zu finden, und zum Zelten war es zu kalt und zu gefährlich. Es blieb mir daher nichts anderes übrig, als die Berge noch am selben Abend zu überqueren. Ironischerweise waren es am Ende weder Terroristen noch Soldaten, die beinahe das Ende unserer Reise besiegelten, sondern eine Mischung aus Eile und Unerfahrenheit: Wir waren gerade aus dem Flachland heraus, schon zuckelten wir einem LKW nach dem anderen hinterher. Als ich endlich eine Chance zum Überholen sah, stand auf einmal eine Kuh auf unserer Spur. Innerlich war ich schon auf den Zusammenstoß gefasst, auch meine Muskeln verkrampften sich schlagartig. Doch wie durch ein Wunder verpassten wir das arme Tier um Haaresbreite. Mir wurde wieder einmal bewusst, wie zerbrechlich das Leben doch war.

Nur wenige Kilometer vor unserem Tagesziel kletterte die Straße zu allem Überfluss auf eisig kalte 1800 Höhenmeter, und als wir endlich Tatvan erreicht hatten, war ich bis auf die Knochen durchgefroren. Ich hatte eigentlich keinen Nerv mehr, uns eine Bleibe zu suchen, aber es blieb mir ja nichts anderes übrig. Keines der billigen Hotels hatte einen sicheren Stellplatz für die Königin und die Campingplätze hatten bereits geschlossen. Noch dazu wurden wir jedes Mal, wenn ich anhielt, sofort von neugierigen Kindern umzingelt. Sie waren völlig außer sich, weil sie doch noch nie so ein großes Motorrad gesehen hatten. Und als dann noch die Prinzessin herauskam …

Es war unmöglich, die Maschine kurz abzustellen, um mir ein Zimmer anzusehen. Und dabei wollte ich doch nur eins: schlafen! Ich entschloss mich für die teuerste, dafür aber einfachste Lösung und quartierte uns in einem der schicken Hotels ein. Die Königin durfte im sicheren Hof »übernachten« und ich konnte endlich vor den energiegeladenen Kindern fliehen.

Mogli war zum Glück auch kein Problem. Ich ging noch kurz mit ihr Gassi und fiel dann todmüde und ohne Abendessen ins Bett. Die Fahrt in der Kälte hatte mir all meine Energie geraubt. Beim Morgenbuffet mit Blick auf den Vansee machte ich die versäumte Mahlzeit aber wieder wett.

Ich hatte die Idee, unsere Morgenrunde diesmal mit einem Ausflug an den See zu verbinden, und dachte, dass ich Mogli dort frei laufen lassen könnte. Aber natürlich wollte sie nicht wie ich am unterschlupflosen Ufer entlangspazieren, sondern lief stattdessen schnurstracks in das nächste Café, wo sie aber bald von ein paar Kindern entdeckt wurde, die versuchten, sie einzufangen. Mogli verkroch sich ängstlich in einer Nische – und ich musste den Spaziergang als Fehlschlag verbuchen.

Jemand hatte mir vom Mount Nemrut erzählt, einem Berg gleich in der Nähe, und eine kurze Bildersuche im Internet verriet mir, dass es dort etliche alte Steinskulpturen zu sehen gab. So etwas Ähnliches hatte ich schon einmal in einem Dokumentarfilm über den Pazifik gesehen und so konnte ich mein Glück kaum fassen. Aufgeregt und voller Vorfreude machte ich mich auf, mir die Götterstatuen anzusehen und herauszufinden, was es mit ihnen auf sich hatte. Mount Nemrut ragte zudem stolze 1000 Meter über dem Armenischen Hochland empor und würde daher gleich noch eine gute Aussicht auf den Vansee bieten. Ich sollte nicht enttäuscht werden: Allein die Kopfsteinpflasterstraße, die zum Gipfel führte, war schon einen Ausflug wert. Als ich dann aber oben angelangt den Bergrücken überquerte, bot sich mir eine noch weitaus spektakulärere Aussicht. Zu meinem Erstaunen fand ich einen riesigen Vulkankrater vor und weiter unten konnte ich sogar einen See erspä-

Blick vom Mount Nemrut auf den Kratersee.

hen. Als ich sah, dass die kleine gepflasterte Straße in seine Richtung führte, machte mein Herz einen kleinen Freudensprung, denn eine Wanderung dorthin wäre wegen Mogli nicht möglich gewesen und die Skulpturen hätte ich nur ungern verpasst. Ich genoss jeden Meter, den ich durch diesen unwirklichen Ort fahren durfte. Nur die Statuen oder irgendwelche Wegweiser zu ihnen konnte ich nirgends sehen. Also machte ich mich auf, um herauszufinden, wo sie sich versteckten. Vermutlich hatte ich vor lauter Aufregung etwas übersehen. Es konnte ja nicht so schwer, sie zu finden. Doch die Straße endete schließlich einfach an dem riesengroßen Kratersee.

Die Verständigung mit dem alten Mann, der aus einer kleinen spartanisch eingerichteten Küche heraus Tee und Butterkekse servierte, war alles andere als einfach. Er schien mir jedoch sagen zu wollen, dass es hier keine Skulpturen gab. Das konnte nur ein Irrtum sein! Ich sprach eine Gruppe junger Leute an, die gerade ihren Tee abholen wollte. Auf Englisch klappte es diesmal problemlos, doch es sah aus, als ob ich den alten Mann richtig verstanden hätte. Ich erfuhr, dass es zwei »Nemrut Dağı« gab und dass dieser hier für einen der größten Kraterseen der Welt und seine heißen Quellen berühmt war. Den anderen Mount Nemrut, den mit den Götterstatuen, hätte ich ein paar Tage zuvor von Gaziantep aus leicht erreichen können. Aber als wir dort waren, wusste ich noch nichts von seiner Existenz. Beim nächsten Mal dann! Die Türkei war eines der interessantesten Länder, die ich je bereist hatte, und ich war sicher, dass ich irgendwann noch einmal wiederkommen würde. Bis dahin machten die faszinierende Energie und Schönheit des Ortes, an dem ich hier gelandet war, die fehlenden Statuen locker wett.

Am Abend versuchte mir ein Mann etwas auf Kurdisch und mithilfe von Zeichensprache zu erklären. Er zeigte auf die Prinzessin beziehungsweise ihre Augen, sagte ein paar Worte und schaute mich dann wieder fragend an. Ich erinnerte mich, dass die Mitarbeiter des Hotels am Abend unserer Ankunft ähnliche Gebärden gemacht hatten, und fragte mich, was es damit wohl auf sich hatte. Erst später erfuhr ich von den sogenannten Vankatzen, einer Rasse, die der Legende nach mit der Arche Noah, die nur unweit vom Vansee am Berg Ararat gestrandet sein soll, in diese Region gelangt war und sich über Jahrtausende an die harschen Bedingungen dieser Gegend angepasst hatte. Diese Katzen hatten oft verschiedenfarbige Augen. Da verstand ich, was man mir hatte sagen wollen.

Ihre unterschiedlichen Augen waren aber nicht das einzig Besondere an den Vankatzen. Ihr seidiges Fell war wasserabweisend und die Katzen gingen angeblich gerne baden. Sie hatten gelernt, im kalten Vansee Fische zu jagen.

Leider waren diese besonderen Tiere mittlerweile fast ausgestorben, dennoch schaute ich von da an jeder Straßenkatze, der ich begegnete, tief in die Augen. Doch ich hoffte vergebens darauf, ein wildes Exemplar zu entdecken. Mogli war das vermutlich nur recht. Sie zog es vor, möglichst wenig Kontakt zu anderen Katzen zu haben.

Spätabends machte ich mich noch einmal auf die durchlöcherten Socken, um diese zu ersetzen und eine Kleinigkeit zu essen. Ich hielt an einem Laden, in dem es neben Anzügen und schicken Schuhen auch Socken gab, und wurde sofort von dem jungen Verkäufer angesprochen. Vermutlich hoffte er, gutes Geld an mir verdienen zu können. Doch auch nachdem ich ihm zu verstehen gegeben hatte, dass ich nur ein Paar Socken brauchte, bestand er darauf, dass ich mich eine Weile zu ihm setzte, und bestellte nebenan drei Gläser Chai. Der dritte Tee war für seinen Bruder. Jahid und Emreh, wie die beiden hießen, verbrachten jeden Tag von früh bis spät in ihrem kleinen Laden. Es war nicht Geld, das sie sich von mir erhofften, sondern einfach ein wenig Abwechslung. Wir unterhielten uns eine Weile, doch als ich gerade wieder gehen wollte, um etwas zu essen, hielten sie mich wieder auf. Sie hatten nämlich in der Zwischenzeit längst etwas bestellt – und ich war ihr Gast. Mir fehlten die Worte, aber selbstverständlich nahm ich ihre Einladung dankend an.

Ein wenig später gesellte sich Ruşen zu uns, ein Verwandter oder Freund der Brüder, wie ich zunächst vermutete. In Wirklichkeit wollte er sich aber nur nach einem Anzug umschauen und blieb, genau wie ich, in dem kleinen Laden mit der familiären Atmosphäre hängen. Ich freute mich darüber, einen unverfälschten Einblick in den Alltag der Menschen gewinnen zu dürfen – und darüber, dass ich wieder so unglaublich lieben Menschen begegnet war.

Als es an der Zeit war, den Laden zu schließen, lud mich Ruşen in sein Büro ein. Dort könnten wir, wenn ich wollte, noch einen Wein trinken und es wäre ihm eine Ehre, mir eine Zigarre anzubieten. Den Wein müssten wir, genauer gesagt ich, vorher nur noch kaufen. Denn so beliebt Alkohol auch war, so verpönt war wegen des muslimischen Glaubens auch sein Genuss. Nicht selten fuhren die Menschen in die nächste Stadt, um ihn zu kaufen, in der Hoffnung, dass sie dort niemand erkannte.

Wir fuhren zusammen zu einem der wenigen Läden der Stadt, die Alkohol verkauften. Vielleicht war dieser auch der einzige. Ruşen ließ mich nur schnell aussteigen, bevor er sein Auto ein paar

Meter weiter an einer dunklen Stelle parkte. Nervös vergewisserte er sich, dass uns niemand beobachtete, und es fühlte sich fast ein wenig an, als wollten wir Drogen kaufen. Ich ging in den Laden und kaufte eine Flasche. Als ich zurückkam, grinste mich Ruşen schelmisch an. Es war nicht üblich, sich in einem dieser »verruchten« Läden blicken zu lassen, und er bewunderte die Leichtfertigkeit, mit der ich hineingegangen war und dass ich mir drinnen die Zeit genommen hatte, einen guten Wein auszusuchen.

Es wurde ein langer Abend, und als die ausgeschlafene Prinzessin mich am nächsten Morgen um sechs Uhr wecken wollte, war ich noch viel zu müde, um aufzustehen, und ignorierte sie ausnahmsweise einfach. Zum Glück gab sie nach einer Weile wieder Ruhe und ich konnte weiterschlafen.

Auf dem Weg zum Frühstücksraum machte ich einen Umweg über die Rezeption. Das letzte Glas Wein hing mir noch ein wenig nach, und obwohl ich es mir zumutete, fahren zu können, wäre ich doch lieber noch eine Nacht geblieben, um am nächsten Morgen frisch und munter zu starten. Ich entschloss mich, die Entscheidung einfach dem Zufall oder, wie in diesem Fall, dem Hotelmanager zu überlassen: Wenn wir die dritte Nacht zum halben Preis bekommen würden, wollte ich bleiben. Andernfalls müsste ich mich mit dem Frühstück beeilen, unsere Sachen packen und irgendwo unterwegs mit Mogli Gassi gehen. Doch so weit kam es nicht, denn der Mann willigte zum Glück schnell ein.

Also nahm ich mir den Tag »frei«, um endlich einmal meinen Helm gründlich zu putzen, das Motorrad durchzuchecken, meine Sachen zu waschen und lange mit Mogli rauszugehen. Den Nachmittag verbrachte ich mit meinen neuen Freunden und abends spielte ich noch eine Stunde mit Mogli auf dem Hotelflur, damit sie ihre überschüssige Energie abbauen konnte. Zur Belohnung kam sie danach auf meinen Schoß, was sie nicht mehr getan hatte, seit sie ein Babykätzchen war. Genau genommen war sie eigentlich noch nie besonders verschmust. Umso mehr freute ich mich jetzt über ihre ungewohnte Zuneigung.

AĞRI

Am Morgen verabschiedete ich mich bei Ruşen, ließ mich noch zu einem letzten Chai im Büro überreden und machte mich dann auf den Weg nach Ağrı – eine Empfehlung von Hasan, den wir in Olympos getroffen hatten. Wir kamen zügig voran, erst kurz vor der Ankunft wurden wir wieder vom Militär kontrolliert. Zum Glück war ich als Deutscher nicht in die Konflikte vor Ort verwickelt und so durften wir auch dieses Mal unsere Reise nach einer kurzen Unterbrechung unbehelligt fortsetzen – nicht ohne dass Mogli vorher noch ein Lächeln auf die Gesichter der Soldaten gezaubert hatte.

Ich fuhr einmal durch ganz Ağrı und musste dabei feststellen, dass vermutlich keines der Hotels einen sicheren Stellplatz anbieten konnte. Die Suche würde wohl eine Weile dauern, dachte ich und hielt deshalb zuerst an einem Sandhaufen an, damit Mogli ihr Geschäft verrichten konnte. Doch innerhalb von kurzer Zeit waren wir von etlichen Kindern umzingelt. Wir mussten uns bald geschlagen geben und fuhren wieder ab. Zu meiner eigenen Überraschung fanden wir dann doch recht schnell ein Hotel. Das Problem mit dem Stellplatz löste sich ebenfalls kurzerhand, denn die Königin durfte im Foyer »übernachten«. Und sogar Mogli war herzlich willkommen. Nachdem ich sie mit Wasser und Futter versorgt hatte, machte ich mich auf den Weg zum nahe gelegenen Markt, um mich nach einer Lösung für unser Gassiproblem umzusehen. Als ich an einem Schuhladen vorbeikam, schien die Lösung so offensichtlich, dass ich mich fragte, warum ich nicht schon viel früher darauf gekommen war. Ich bat den Besitzer um einen leeren Karton, versicherte ihm, dass ich wirklich keine neuen Schuhe bräuchte, und machte mich auf den Weg zu dem Sandhaufen, den ich auf dem Hinweg erspäht hatte. Die Leute warfen mir zwar fragende Blicke zu, als ich am Straßenrand kauernd mit den Händen Sand zusammenscharrte, aber ich hatte mich längst daran gewöhnt, angestarrt zu werden, und schmunzelte bei dem Gedanken, wie sonderbar ich auf sie wirken musste.

Ein wahrhaft königliches Quartier für ein Motorrad: das Hotelfoyer.

Mogli schien sich wie eine Schneekönigin über ihre eigene Toilette zu freuen. Sie schnüffelte nur kurz am Sand und dann fing sie auch schon an, mit den Pfoten zu scharren und ein Loch zu buddeln. Dabei verteilte sie die Hälfte des Sandes im Zimmer. Ich hatte die Größe des Kartons völlig falsch eingeschätzt. Noch vor ein paar Monaten passte die kleine Prinzessin locker in meine Hand, aber nun war sie eindeutig zu groß für einen Schuhkarton. Wenn sie noch ein bisschen mehr wuchs, würde sie nicht einmal mehr in den Tankrucksack passen. Beim nächsten Mal müsste ich wohl eine größere Schachtel suchen. Fürs Erste aber musste diese genügen.

Nachdem Mogli ihr Geschäft verrichtet, gefressen, getrunken, sich geputzt und ein Nickerchen gehalten hatte, war es an der Zeit für eine königliche Erkundungstour. Wir liefen auf drei Stockwerken jeden Gang und jedes offene Zimmer ab. Alles wurde genauestens beschnuppert, aber weil Mogli nichts fand, um sich auszutoben, spielten wir anschließend noch eine Runde mit einem zerknüllten Papierball. Von der Stadt hatte ich vor lauter Katzen-Beschäftigen zwar noch nichts gesehen, aber das konnte ja auch noch bis zum nächsten Morgen warten.

Wir schliefen hervoragend und nach einem ausgiebigen Frühstück machte ich mich mit der munteren Prinzessin auf herauszufinden, warum mir Hasan diese Stadt empfohlen hatte. Wir kamen allerdings nicht weit, denn in einer nahe gelegenen Schreinerei lernte ich Mustafa kennen. Er machte gerade eine Pause, lud mich auf einen Chai ein und so setzte ich mich eine Weile zu ihm und seinen Kollegen. Weil wir uns gut verstanden, schlug er kurzerhand vor, seine Pause auszuweiten und mich durch die Stadt zu führen.

Ich brachte Mogli schnell zurück aufs Hotelzimmer und machte mich dann mit Mustafa auf den Weg zu einem Schneider. Ich wollte Moglis Geschirr, das allmählich zu klein für sie wurde, vergrößern lassen und Mustafa bat an, mir den Weg zu zeigen. Unterwegs fragte er beiläufig, ob ich überhaupt genug Bargeld dabeihätte, um in den Iran zu reisen. Der war nämlich wegen des Finanzembargos nicht an das internationale Finanzsystem angeschlossen. Blank erwischt! Natürlich hatte ich daran nicht gedacht. Sogleich machten wir uns auf den Weg zu einer Bank. Wie viel Geld würde ich wohl in einem Monat brauchen? Ich wollte sicherheitshalber 1200 Euro mitnehmen. Leider war es jedoch Sonntag, die Banken hatten geschlossen und die Geldautomaten spuckten entweder nichts aus oder nur türkische Lira, die ich wiederum in Euro oder US-Dollar hätte tauschen müssen. Denn ob Lira im Iran akzeptiert würden, wusste ich nicht. Erst am nächsten Morgen zahlte man mir in der dritten Bank endlich Euro aus. So viel zum Thema Stadtbesichtigung.

Als ich ins Hotel zurückkam, posierten im Foyer ein paar Mitarbeiter für Fotos vor und auf der Königin. Als sie fertig waren, fing ich an, meine Maschine für die Abfahrt vorzubereiten. Ağrı war zwar gut zu uns, aber unsere Unterkunft auch zu teuer und außerdem wurde Mogli in dem kleinen Zimmer langsam unruhig. Vielleicht hatten wir in Doğubayzit mehr Erfolg.

DIE LETZTEN TAGE

Je weiter wir uns der Grenze näherten, umso mehr Militär und Polizei konnte ich sehen – mit gepanzerten Fahrzeugen und bis an die Zähne bewaffnet. Es lag Spannung in der Luft, die Atmosphäre wurde immer bedrückender, und als wir in Doğubayzit nach einem Hotel Ausschau hielten, stürzte ich fast, weil ich ein ungesichertes Nagelband der Polizei erst in letzter Sekunde entdeckte. Ich entschied mich für ein etwas schäbiges, aber akzeptables Hotel und parkte die Königin auf der Straße.

Ich machte mich auf, um noch vor Sonnenuntergang den über 300 Jahre alten İshak-Paşa-Palast anzusehen, von dem mir der Hotelmanager erzählt hatte. Zum Glück, denn der Palast war nicht nur wunderschön und einzigartig in seiner Architektur, sondern im Gegensatz zu den vielen Städten der letzten Tage war es dort auch unheimlich ruhig. Für ein paar Minuten starrte ich in die Ferne und träumte einfach so vor mich hin. Eine Einladung zum Chai brachte mich zurück in die Realität und bald war auch die Sonne untergegangen – und ich wieder zurück bei Mogli. Deren Toilettenroutine war übrigens nicht das Einzige, was sich verändert hatte. Denn ab hier gab es auch für mich keine westlichen Toiletten mehr – und kein Klopapier. In Asien kauert man sich über eine im Boden eingelassene Keramikschüssel mit Abfluss. Wenn man Glück hat, gibt es daneben eine »Bum Gun«, einen kleinen Duschkopf. In deren Benutzung hatte ich zum Glück schon Übung und auch beim Kauern kippte ich nicht, wie viele andere, nach hinten. Ich erinnerte mich an eine Diskussion über Klopapier, die ich vor langer Zeit einmal hatte. Mein Kumpel beendete sie damals mit einer Frage: »Wenn du Sche*** an der Hand hast, wischst du sie mit Papier ab oder wäschst du sie mit Wasser?« Schachmatt! Ich persönlich bevorzugte die asiatischen Toiletten aber vor allem aus einem Grund: Es gab keinen dreckigen Rand, auf den ich mich setzen musste.

Immer wieder hörte ich bis spät in die Nacht hinein Leute auf der Straße – und jedes Mal lehnte ich mich aus dem Fenster, um nachzusehen, ob mein Motorrad noch da war. Selbst nachts wachte ich ein paarmal auf. Am nächsten Morgen war ich dementsprechend hundemüde, außerdem tat mein Magen weh und ich hatte Durchfall. Weil ich aber nicht länger bleiben wollte, machte ich mich trotzdem auf den Weg in die Stadt, um zu frühstücken. Eigentlich war mir nicht danach zumute, aber ich wusste, dass ich Energie brauchen würde, und zwang mich daher, einen Börek zu essen, auch wenn ich ihn eher herunterwürgen musste. Jede Bewegung fiel mir schwer und es dauerte viel zu lange, bis ich endlich wieder alles auf der Königin verstaut hatte. Dass ich dabei ständig darauf achten musste, dass mir keines der vielen Kinder, die sich um uns versammelt hatten, etwas stibitzte, machte es nicht leichter. Als ich endlich die Zündung anmachte, um den Motor zu starten, sprang er nicht an. Dafür blinkten die Blinker, das Fernlicht war eingeschaltet und nun fiel mir auch auf, dass der Notausschalter auf »Off« stand. Als ich später ungewöhnlich viel Benzin tankte, bemerkte ich, dass auch mein Benzinhahn bereits auf »Reserve« stand. Man hatte mir wohl über Nacht etwas Benzin entwendet. Aber jetzt schnurrte die Königin wieder zufrieden, Mogli lag gelassen in ihrer Tasche und ich war froh, dass wir endlich aufbrechen konnten.

Wir fuhren am Berg Ararat vorbei, dem höchsten Berg der Türkei, einem ruhenden Vulkan, auf dem einst die Arche Noah auf Grund gelaufen sein soll, und erreichten nach wenigen Kilometern die Grenze zum Iran. Dort herrschte Chaos und mir war gar nicht wohl dabei, mein Motorrad unbeaufsichtigt draußen stehen zu lassen. Aber hatte ich eine andere Wahl, als mir meine Wertsachen und Mogli zu schnappen und reinzugehen? Zum Glück bot mir ein Mann seine Hilfe an. Wir eilten von Schalter zu Schalter, dann wieder hinaus, um die Königin zu röntgen, dann wieder zurück … Ich war immer noch sehr schlapp und alles war unglaublich anstrengend. Nach etwa eineinhalb Stunden waren wir offiziell aus der Türkei ausgereist, endlich. Am Ende wollte unser »Helfer« 15 Euro – und wenn ich mir überlege, dass ich ohne ihn vermutlich noch immer in der ersten Schlange stünde, war es mir das wert.

OKYABALLOONS.COM
KAPADOKYABALLOONS.COM

SCHWERELOS

Ich wollte schon immer fliegen – trotz Höhenangst. Und diese Landschaft von oben zu sehen war wirklich atemberaubend. Wie viele Menschen waren wohl schon vor mir durch diese endlosen Weiten gereist? Und wer würde sie nach mir noch alles entdecken?

IRAN

Ich hatte gehofft, im Iran meine Magenverstimmung auszukurieren und dann entlang des Kaspischen Meers gemütlich in die Hauptstadt zu reisen, um Land und Leute kennenzulernen. Doch es kam wieder einmal anders …

UNBEKANNTES LAND

Ein Eisentor öffnete sich und ein freundlich lächelnder iranischer Grenzbeamter begrüßte mich mit »Salaam Aleikum« – Friede sei mit dir. Er fragte mich, ob ich Alkohol bei mir hätte, und warf einen kurzen Blick in meine Koffer. Dann wurde das erste Mal während dieser Reise mein Carnet de Passage abgestempelt, ein Zolldokument für die vorübergehende, zollfreie Einfuhr von Fahrzeugen. Mogli zeigte sich die ganze Zeit über von ihrer besten Seite, eine echte Prinzessin. Ihre Papiere wollte niemand sehen und so waren wir nach nur zwei Stunden offiziell in den Iran eingereist. Es gab nur ein Problem: Mein Visum lief in wenigen Tagen ab. Ich hatte es mir noch in Deutschland ausstellen lassen und damals hatte man mir versichert, dass ich lediglich vor Ablauf der Frist einreisen müsste, mich dann aber noch einen Monat im Iran aufhalten dürfte. Der Grenzbeamte jedoch war da anderer Meinung. Und weil ich weder wusste, wer nun recht hatte, noch im Internet etwas dazu fand, gab es nur einen Weg: Ich musste so schnell wie möglich in die deutsche Botschaft nach Teheran.

EIN UNBEQUEMER START

Unser erstes Ziel war Maku, das nur 20 Kilometer hinter der Grenze lag. Dort wollte ich Geld tauschen, eine SIM-Karte kaufen, würde hoffentlich etwas zu essen finden und dann in ein Bett fallen können. Als ich an einer Seitenstraße für eine längst überfällige Pinkelpause anhielt, blieb ein Auto neben uns stehen. »Chai?«, tönte es aus dem geöffneten Fenster und der Fahrer deutete mir, ihm zu folgen.

Einfach unglaublich! Weil ich in meiner momentanen Verfassung aber sicher kein guter Gast gewesen wäre, lehnte ich das Angebot ab. Das Hotel in Maku, zu dem mich ein paar junge Leute brachten, schien hingegen perfekt. Es war nicht zu nobel, sah sehr gemütlich aus und die Zimmer schienen im Erdgeschoss zu liegen, sodass Mogli einfach durchs Fenster huschen könnte, um sich draußen auszutoben und auf Toilette zu gehen.

Aber ich freute mich zu früh. Noch bevor wir es überhaupt ins Gebäude schafften, kam der Manager auf uns zu und gab mir zu verstehen, dass wir hier nicht übernachten konnten. Sein Englisch war nicht besonders gut, weshalb ich trotz mehrmaligen Nachfragens nicht verstand, woran es lag. Was tun? Ein anderes Hotel hatte ich nicht gesehen und auch auf der Karte war keines eingezeichnet. Marand, die nächste größere Stadt, war 190 Kilometer entfernt und Zelten die allerletzte Notlösung. Es war kalt, ich hatte immer noch Magenschmerzen und vor allem keine Vorräte. Außerdem konnte ich mich vom Zelt aus nicht um SIM-Karte und Geld kümmern. Entmutigt durchquerte ich die Stadt, wobei ich diesmal nicht nur nach Hotels, sondern auch nach Supermärkten Ausschau hielt. Wieder dauerte es nicht lange, bis uns Hilfe angeboten wurde: Ein junger Mann wusste von einem neu errichteten Hotel und zeigte uns den Weg dorthin. Es stand gleich an der Hauptstraße, lag mit 25 Euro pro Nacht deutlich über unserem Budget und Mogli konnte auch nicht nach draußen. Aber immerhin hatten wir ein Bett. Sogar die Königin konnte im sicheren Foyer parken. Ich besorgte Mogli einen Karton und Sand und belohnte sie mit einer Dose Thunfisch dafür, dass sie die ganze Zeit über so lieb und verständnisvoll gewesen war und keine Mätzchen gemacht hatte.

Außer dem Börek am Morgen hatte ich den ganzen Tag nichts gegessen, und während ich auf meinen Kebab wartete, machte ich mich über die Kanne Schwarztee her, die man mir gebracht hatte. So hatte ich zumindest schon mal etwas Warmes im Magen und der Zucker gab mir ein wenig Energie. Trotzdem fielen mir, während ich vor dem Zubettgehen auf dem Handy noch eine E-Mail ans Konsulat in Teheran schrieb, immer wieder die Augen zu.

Mogli weckte mich am nächsten Morgen, weil sie meine Füße unter der Bettdecke attackierte. Sie war aufgeregt wie ein Sack Flöhe und wollte wissen, was es außerhalb unseres Zimmers alles zu erkunden gab. Also zog ich mich an und ging eine Runde mit ihr durchs Hotel. Weil dieses gerade erst eröffnet hatte, gab es noch keinen Koch. Die beiden freundlichen Mitarbeiter luden mich stattdessen ein, mit ihnen im Aufenthaltsraum zu frühstücken, der gleichzeitig Küche und Schlafzimmer zu sein schien. Es gab Fladenbrot, Honig, Eier und natürlich Chai – und ich war froh über die nette Gesellschaft. Verständigen konnten wir uns zwar fast nur mit Zeichensprache und der Hilfe des Übersetzers auf meinem Telefon. Aber immerhin erfuhr ich, dass ich im iranischen Teil Kurdistans war, dass ich in Maku kein Geld tauschen könnte, sie mir aber zumindest helfen wollten, eine SIM-Karte zu organisieren. Immerhin! Ich packte zusammen, setzte Mogli in den Tankrucksack und wir zogen los.

Die Karte gab es im Postamt, das ich ohne die Hilfe meiner neuen Freunde wohl nie gefunden hätte, und wegen der unzähligen Formalitäten dauerte es fast zwei Stunden, bis ich sie endlich in Händen hielt. Eigentlich war schon längst wieder Zeit fürs Mittagessen. Aber mein Magen war schlimmer als zuvor und ich hatte keinen Hunger. Also verabschiedete ich mich und fuhr weiter.

Die Straßen waren schnurgerade und die trockene, meist flache Landschaft nicht gerade abwechslungsreich. Zu allem Überdruss mussten wir viele lange LKW-Konvois überholen und nach ein paar Stunden hatte ich so viel Ruß eingeatmet, dass ich Kopfweh bekam. Dafür aber war die Reaktion der Leute einfach herrlich. Viele Fahrer gaben uns Lichthupe und grüßten uns, andere riefen beim Überholen »Salaam Aleikum!« oder »How are you?« aus dem Fenster. Als wir für einen Tankstopp hielten, versammelte sich gleich eine Traube von Menschen um uns und fragte mir Löcher in den wehen Bauch. Mit Mogli konnten sie eher wenig anfangen, aber es schien, als wirkte ich auf dem großen Motorrad mindestens genauso bizarr auf sie wie eine reisende Katze – wenn nicht noch mehr. 15 Selfies später setzten wir unsere Reise fort.

Nach knapp 300 Kilometern erreichten wir die Metropole Tabriz, deren über 1,5 Millionen Einwohner es irgendwie schafften, den scheinbar widrigen Verhältnissen des iranischen Hochlands zu trotzen. Weil wir mitten in den Berufsverkehr kamen, ging es nur sehr langsam voran. Zudem waren die Schilder an den Abfahrten des Highways nur persisch beschriftet, weshalb ich mich oft ganz woanders wiederfand als dort, wo ich hinwollte.

Als ich endlich ein schönes Hotel in unserer Preisklasse gefunden hatte, wurden wir erneut abgefangen, ehe wir überhaupt eintreten konnten. Diesmal sprach der Mann zum Glück sehr gut Englisch. Er entschuldigte sich und erklärte mir, dass es im Iran illegal wäre, ein Haustier in ein Hotelzimmer zu lassen, und es deshalb hoffnungslos wäre, weiter nach Hotels zu suchen. Stattdessen schlug er mir vor, in einem der Parks zu campen. Das wäre kein Problem. Ich wollte nicht glauben, was ich gerade gehört hatte, und klapperte noch ein paar weitere Adressen ab. Einmal wären wir sogar untergekommen, doch leider waren selbst die hart verhandelten 45 Euro pro Nacht noch zu teuer.

Als ich mich endlich dazu entschloss aufzugeben, nur noch schnell etwas zu essen und dann nach einem Platz zum Zelten zu suchen, war es schon dunkel. Ich kaufte in einem Supermarkt Wasser und eine Dose Fertigessen und machte mich auf zu einem der zahlreichen Parks. Weil man jedoch nur zu Fuß hineinkam und ich die Königin unbewacht auf der Straße hätte stehen lassen müssen – und weil ich vermutete, dass es in den anderen Parks ähnlich aussah –, fuhr ich schließlich doch an den Stadtrand.

Ich war gerade dabei, das Zelt aufzubauen, als eine Polizeistreife vorbeikam. Anderswo hätte es vielleicht Ärger gegeben. Hier aber wollte man uns weder verscheuchen noch durchsuchen oder unsere Papiere sehen. Die Polizisten wollten sich einfach nur vergewissern, ob alles in Ordnung war.

Mein Abendessen aus der Dose schmeckte fürchterlich, und nachdem ich mir noch einen Tee gemacht hatte, legte ich mich schlafen. Hundeelend, wie mir war, schlief ich sofort ein. Allerdings wachte ich, weil es so kalt war, immer wieder frierend auf.

Mogli war die ganze Nacht über nicht im Zelt und auch meine Hoffnung, sie würde am Morgen einfach wieder neben mir liegen, erfüllte sich nicht. Nachdem ich in der Botschaft angerufen hatte, machte ich mich daher auf die Suche nach ihr. Zunächst erfolglos. Dann aber hatte ich eine Idee: Ich wusste, dass sich die Prinzessin in Gebäuden sicher fühlte. Vielleicht hatte sie sich ja in einem der Toilettenhäuschen versteckt? Sie lagen zwar recht weit von unserem Zelt entfernt, aber einen Versuch war es wert. Und tatsächlich: Als ich rufend näher kam, war ein verzweifeltes, lautes Miauen zu hören. Ich hatte die Prinzessin wiedergefunden! Sie war in der letzten Kabine eingesperrt, die als Besenkammer genutzt wurde. Wie sie dort hineingekommen war, erfuhr ich nie. Aber sie war heilfroh, als ich über die Tür geklettert kam und sie befreite. Zur Abwechslung schnurrte sie auf dem Rückweg sogar leise auf meinem Arm. Vielleicht bildete ich mir das aber auch nur ein.

Während ich unsere Sachen zusammenpackte, telefonierte ich noch einmal mit der Botschaft. Doch scheinbar hatte man dort keine Zeit, sich um mein Anliegen zu kümmern. Stattdessen erfuhr ich nur, dass die Beamten an der Grenze vermutlich schon wüssten, was sie täten. Dazu erhielt ich noch eine Adresse der Ausländerpolizei in Teheran. Dort sollte ich mich um eine Verlängerung meines Visums bemühen.

Ich machte noch einen Beitrag auf Instagram fertig und fragte in die Runde, ob uns jemand an unserem nächsten Ziel, Zanjan, eine warme Unterkunft bieten könnte, dann brachen wir auf.

Die zahlreichen LKW zu überholen war, da die Straßen immer größer wurden, zum Glück kein Problem mehr. Deswegen kamen wir schneller voran als erwartet.

Der Wind, der uns schon den ganzen Tag über begleitet hatte, wurde immer stärker. Die letzten 100 Kilometer musste ich das

Motorrad schräg stellen, um überhaupt noch geradeaus zu fahren. Es war wirklich keine Kaffeefahrt. Aber wollte ich nicht genau das? Ein Abenteuer erleben?

DIE SACHE MIT DEM VISUM

Als wir endlich in Zanjan ankamen, streifte uns fast ein unachtsamer Autofahrer, der gerade, ohne auf den Verkehr zu achten, aus einer Parkbucht fuhr. Zum Glück konnte ich gerade noch ausweichen.

Unsere Suche nach einer Unterkunft verlief weniger erfolgreich. Ich hatte auf meinen Instagram-Beitrag zwar jede Menge Antworten und auch Einladungen erhalten, aber gerade hier in Zanjan konnte uns niemand helfen. Ich erinnerte mich, dass Couchsurfing im Iran sehr beliebt war, aber die Website war von der Regierung gesperrt worden. Die Bevölkerung war angehalten, Kontakt mit Ausländern möglichst zu meiden. Und Reisende zu sich einzuladen war sogar verboten. Zum Glück schienen die Iraner ihre Gesetze aber nicht so ernst zu nehmen und die meisten jungen Iranerinnen und Iraner umgingen die Internetblockade, die auch Seiten wie Facebook betraf, mit einem sogenannten Proxy, also einem Computer in einem anderen Land, über den die Daten geleitet wurden. Weil ich jedoch noch keinen Proxy installiert hatte, blieb mir nichts anderes übrig, als wieder ein paar Vorräte einzukaufen und den nächsten Park zu suchen. Zum Glück hatte ich ein Zelt dabei!

Als ich gerade aufs Motorrad steigen wollte, sprachen mich ein paar Jungs an und luden mich auf ein Eis ein. Ehe ich ablehnen konnte, hatte ich auch schon eine Portion in der Hand. Zwei Mädchen beobachteten das Geschehen gespannt von einer nahen Bank aus, und als ich bemerkte, wie sie uns verstohlen anstarrten und kicherten, wollte ich zu ihnen und ihnen die Prinzessin vorstellen. Als wir uns ihnen jedoch näherten, bekamen sie es scheinbar mit der Angst zu tun. Die Furcht einflößende Tigerin auf meiner Schulter war ihnen offensichtlich nicht geheuer.

Einen Zeltplatz zu finden war zum Glück kein Problem und es sah sogar aus, als wären wir diesmal nicht alleine. Nachdem alles aufgebaut und die Dosensuppe aufgewärmt war, machte ich mich daran, die zahlreichen Nachrichten auf Instagram zu beantworten. Anya, die wir in Kappadokien kennengelernt hatten, hatte von unserer Situation erfahren und einen Beitrag auf Instagram veröffentlicht. Daraufhin wurde ich mit Nachrichten hilfsbereiter Iranerinnen und Iraner förmlich überhäuft. Sie luden uns zu sich ein oder schickten ihre Nummern, damit ich sie kontaktieren konnte. Es war überwältigend! Eine dieser Nachrichten stammte sogar von einem jungen Mann aus Zanjan. Doch weil es bereits spätabends war und ich mich nur noch ins gemachte Bett legen musste, lehnte ich seine Einladung dankend ab.

In kalten Nächten kam immer mal wieder meine Rettungsdecke zum Einsatz.

Auf knapp 1700 Metern sanken die Temperaturen in der Nacht zu dieser Jahreszeit bis fast auf den Gefrierpunkt. Ich trotzte der Kälte, indem ich mir die Rettungsdecke aus meiner Verbandstasche über den Schlafsack legte, und Mogli, die irgendwann in der Nacht ins Zelt kam, kuschelte sich immer wieder mal zu mir, um sich aufzuwärmen. Morgens um vier Uhr, zu ihrer üblichen Zeit, ließ ich sie raus, und als ich gegen halb neun aufstand, war sie noch nicht zurück.

Als ich rufend an einem der anderen Zelte vorbeikam, wurde ich gleich auf einen Chai und Butterkekse eingeladen. Um der Familie zu erklären, wonach ich suchte, musste ich, obwohl ich das persische Wort für Katze, Gorbe, bereits gelernt hatte, erst ein paar Bilder von Mogli zeigen. Das ging mir oft so, denn selbst wenn die Leute mich verstanden, konnten sie sich nicht vorstellen, dass ich mit einer Katze auf dem Motorrad unterwegs war.

Kurz darauf hallte es in jede Himmelsrichtung: »Mogli … Mooogli …« Ich wusste, dass Mogli nicht auf die Rufe Fremder reagieren würde, aber die Kinder freuten sich sichtlich, Teil dieses ungewöhnlichen Suchtrupps zu sein.

Auch die Gärtner hatten Mogli nicht gesehen. Doch nachdem meine neuen Freunde ihnen die Situation erklärt hatten, sperrten sie ein kleines Gartenhäuschen für uns auf. Ich musste nur ein Mal nach Mogli rufen, da kam auch schon ihre Antwort – und sie auf mich zugeschossen. Wir waren wieder vereint und jeder der Beteiligten freute sich darüber.

Wir fuhren dem aufkommenden Sturm gerade noch so davon und legten die 350 Kilometer bis nach Teheran auf großen, meist schnurgeraden Straßen in kurzer Zeit zurück. Diesmal mussten wir nicht nach einer Unterkunft suchen. Milad, ein Bekannter von Anya aus Russland, hatte seinen Freund Saeed um Hilfe gebeten und der wiederum seinen Cousin Amir gefragt, bei dem wir nun übernachten durften.

Je näher wir Teheran kamen, desto dichter wurde der Verkehr, und da viele Autofahrer einfach zum Überholen ansetzten, wenn sie eine Lücke sahen, musste ich ziemlich aufpassen. In Teheran selbst war es noch schlimmer: Entweder staute sich der Verkehr und die Autofahrer machten aus den vorhandenen vier Spuren sieben, sodass man selbst mit dem Motorrad nicht mehr vorbeikam. Oder es ging Stoßstange an Stoßstange voran – aber nicht im Schritttempo, sondern mit bis zu 70 Sachen. Einmal touchierte mich sogar ein Auto.

Amir, sein Cousin Saeed und sein Kumpel Omid warteten schon gespannt auf unsere Ankunft. Sie begrüßten uns herzlich und jeder schnappte sich eine meiner Taschen. Nachdem ich geduscht und die Prinzessin verpflegt hatte, fuhren wir alle zusammen zu einem edlen Restaurant in der Stadt. Erneut quetschten wir uns, nun zum Glück im Auto, durch den Verkehr, und da ich nicht auf die Straße achten musste, sah ich diesmal auch ein wenig von der

Stadt. Abgesehen von den vielen chinesischen Motorrädern und den mir unbekannten Automarken fühlte ich mich erstaunlicherweise fast wie in einer westlichen Großstadt.

In dem Restaurant bestellten meine neuen Freunde Tschelo Kebab, gegrilltes Lammfleisch am Spieß, das iranische Nationalgericht. Dazu gab es Tomaten, Zwiebeln und Reis. Ich dachte erst, dieser wäre angebacken, doch Saeed erklärte mir, dass die Kruste beabsichtigt war und als Delikatesse galt. Stimmt! Es schmeckte herrlich. Zum Nachtisch servierte man uns noch allerlei Süßes und Chai, den man hier mit Ghand, einer Art Kandiszucker am Spieß, trank.

Nachdem wir etliche Erinnerungsfotos geschossen hatten, zu denen sich auch der Kellner gesellte, machten wir einen Verdauungsspaziergang in einen wunderschönen Park. Als wir gerade wieder zum Auto zurückkehren wollten, wurde ich von drei jungen Mädchen aufgehalten. Sie trugen ihre Kopftücher keck so weit hinten, dass sie kaum etwas verhüllten, und drückten sich kichernd an mich heran, um für ein Foto zu posieren. Ihre Mutter, die das Foto machte, hatte offensichtlich kein Problem damit und fragte mich sogar, welche ihrer Töchter mir am besten gefiele. Ich zog mich geschickt aus der Affäre, indem ich antwortete, dass alle drei sehr hübsch wären und ich mich nicht entscheiden könnte. Das war nicht einmal gelogen. Mir war die Situation ein wenig unangenehm, denn ich wusste damals noch nicht, wie ich in einem Land, in dem strenge Gesetze den Umgang zwischen Männern und Frauen regeln, mit Mädchen und Frauen umgehen durfte. Würden die Frauen Probleme bekommen? Und wie war das mit dem Kontakt zu Ausländern, der sich doch nur auf das Nötigste beschränken sollte?

Zu Hause rollte sich Omid eine dünne Matratze auf dem Boden aus und Amir bot Mogli und mir ganz selbstverständlich sein Bett an. Er müsste eh früh raus und würde die paar Stunden auf der Couch schlafen. Einmal mehr war ich verwundert darüber, wie gastfreundlich all die Menschen waren, denen ich begegnete.

Am nächsten Tag wurde es ernst: Es sollte sich entscheiden, ob mein Visum verlängert würde oder nicht. Ich machte mich nach dem

Frühstück auf den Weg zur Ausländerpolizei und setzte mich ins Wartezimmer. Doch als ich endlich an der Reihe war, meinte der Mann am Schalter nur kurz angebunden, dass ich bei ihm falsch und er nicht für mich zuständig wäre. Bevor er mich weiterschickte, kritzelte er mir noch die Adresse einer anderen Ausländerpolizei auf einen Fetzen Papier. Auf Farsi. Wie ich dorthin kam, konnte er mir allerdings nicht erklären. Weil ich die Adresse nicht entziffern konnte, fragte ich einen Pizzaboten nach dem Weg. Er deutete mir an, ihm zu folgen. Allerdings dachte er wohl, er wäre mit seinem kleinen Motorrad zu langsam für meine Königin, und flitzte deswegen so schnell davon, dass ich richtig Gas geben musste, um ihn nicht aus den Augen zu verlieren. Natürlich filmte ich die rasante Fahrt mit meiner Helmkamera – und genau das wurde mir nur wenig später fast zum Verhängnis. Ich vergaß nämlich bei der Ausländerpolizei, die Kamera wieder auszuschalten. Zum Glück bemerkte der Beamte das erst, nachdem er mir bestätigt hatte, dass mein Visum tatsächlich ab dem Zeitpunkt der Einreise 30 Tage gültig war. An eine schriftliche Bestätigung war aber nicht mehr zu denken. Es war im Iran kein Kavaliersdelikt und ich konnte mich glücklich schätzen, ungeschoren davongekommen zu sein.

TEHERAN

Omid hatte sich in meiner Abwesenheit mit Mogli angefreundet und wartete nun schon mit Kebab und Dugh, einem salzigen Joghurtgetränk, das ähnlich schmeckte wie türkischer Ayran, auf meine Rückkehr. Obwohl Mogli das Apartment nicht alleine verlassen konnte, war ihr trotzdem nicht langweilig geworden. Grund dafür war Amirs junge Hündin Lexie. Zentimeter für Zentimeter wagte meine Prinzessin sich an sie heran, doch bei der kleinsten Bewegung und bei jedem unerwarteten Geräusch flitzte sie sofort zurück in unser sicheres Zimmer. Irgendwann verstand sie, dass Lexie an der Leine war, und nachdem sie ausgetestet hatte, wie weit die

Hündin sich bewegen konnte, positionierte sie sich genau vor ihr und starrte sie neugierig an. Arme Lexie! Sicher war sie nur wegen Mogli an der Leine. Als Wiedergutmachung gingen Amir und ich ein paarmal mit ihr in den Park und spielten Frisbee. Wir ließen sie auch kurz frei, aber obwohl sie noch ein verspielter Welpe war, fürchteten sich die meisten Kinder vor ihr und rannten kreischend davon. Amir erklärte mir, dass es im Iran bis vor Kurzem noch verboten war, Haustiere in der Wohnung zu halten. Daher hätten die Menschen keinen Bezug zu Tieren. Das erklärte vermutlich auch, warum sich hier so viele Leute vor Mogli fürchteten.

Wir hatten seit unserer Abfahrt bereits 9000 Kilometer zurückgelegt. Alles in diesem Land war mir fremd. Die Fahrzeuge, vor allem die LKW waren meist uralt und völlig heruntergewirtschaftet. Als ich dann auch noch sah, wie die Ladung »gesichert« war, wurde mir erst recht schwindelig. Da wurden tonnenschwere Eisenrohre nur mit ein paar Steinen am Wegrollen gehindert …

An einer Ampel sah ich einen Mann, der durch die wartenden Autos ging und sie mit einer qualmenden Dose einnebelte, die er an einer Schnur herumwirbelte. Das wäre gegen die bösen Gedanken und Energien von Neidern, erklärte mir Amir.

Selbst die Zeitrechnung war hier anders: Weil die Jahre nicht ab der Geburt Christi gezählt wurden, sondern ab Mohammeds Flucht nach Medina, der sogenannten Hidschra, schrieb man das Jahr 1396. Samstag und Sonntag waren gewöhnliche Tage, dafür war der Freitag der Tag des heiligsten Gebets.

Am vorletzten Tag vor unserer Abreise nahm sich Milad frei, um mir zusammen mit seiner Frau die Stadt zu zeigen. Zuerst fuhren wir zum Großen Basar, einem der größten Basare der Welt, von dem es heißt, man könnte dort von Hühnermilch bis zu einem Menschenleben alles kaufen. Er war wirklich unfassbar. Egal, wie lange wir den zahllosen Korridoren folgten, vorbei an unzähligen Geschäften, Banken und Moscheen: Sie wollten kein Ende nehmen.

Danach ging es zum prächtigen Golestan Palast, und als es Zeit für das Nachmittagsgebet war, fuhren wir zum Schrein von Imam

Unglaublich schön: die Spiegelwände im Imam-Zadeh-Zeid-Schrein.

Zadeh Zeid, der sich in einer wunderschönen, unbeschreiblich aufwendig verzierten Moschee befand. Millionen winziger Spiegel bedeckten die Innenwände und Decken und reflektierten das weiße Licht der überdimensionalen Kristallleuchter.

Als Milad und seine Frau vom Gebet zurückkamen, luden sie mich auf eine Portion Ash ein, eine dicke Gemüsesuppe mit Bohnen und Nudeln. In dem kleinen, überfüllten Restaurant, das sie dafür auswählten, schmeckte dieses traditionelle iranische Gericht besonders gut. Milad hatte mich den ganzen Tag eingeladen und selbst die nicht immer günstigen Eintrittskarten bezahlt. Doch auch jetzt ließ er es sich nicht nehmen zu bezahlen. Überhaupt hatte ich seit unserer Ankunft in Teheran keinen noch so kleinen Cent ausgeben dürfen. Immer war ich Gast. Die Menschen in diesem Land waren unfassbar großzügig. Noch nie zuvor wurde ich so herzlich willkommen geheißen und aufgenommen.

Zurück bei Amir ging ich eine Weile mit der energiegeladenen Prinzessin spazieren. Danach versuchte ich Omid in Takhte Nard zu schlagen. Diese Art iranisches Backgammon war übrigens auch verboten. Aber weil in diesem Land so viele alltägliche Dinge verboten waren, verstieß jeder gegen irgendwelche Gesetze. Die Menschen hatten gelernt, selbst zu entscheiden, was Sinn machte und was nicht. So gesehen war jeder Iraner ein kleiner Rebell. Omid spielte übrigens offensichtlich nicht zum ersten Mal und nach ein paar verheerenden Niederlagen musste ich mich geschlagen geben.

AUF ANS KASPISCHE MEER

Nach fünf Tagen in Teheran hatte ich alles geschafft, was ich mir vorgenommen hatte: Ich hatte mich auskuriert, erholt und das Problem mit dem Visum geklärt, hatte neue Freunde gewonnen, etwas von der Stadt gesehen und eine Menge über das Land gelernt, die Königin durchgecheckt, alle Nachrichten beantwortet und ein Instagram Update geschrieben. Gerne wäre ich noch eine Weile geblieben. Aber auch wenn der Iran das letzte Land vor den Vereinigten Arabischen Emiraten war, unserem ersten großen Ziel, lag doch noch ein weiter Weg vor uns. Außerdem würde ich bestimmt noch andere Orte entdecken, an denen ich kurz verweilen wollte. Deshalb war es an der Zeit, uns wieder auf den Weg zu machen.

Das Schwarze Meer hatten wir, nachdem wir die Route durch die Türkei geändert hatten, bereits verpasst. Das Kaspische Meer aber, den größten See der Erde, wollte ich mir nicht entgehen lassen. Daher entschloss ich mich, entgegen unserer eigentlichen Richtung, zuerst nach Norden zu fahren.

Unser erstes Etappenziel war das 200 Kilometer entfernte Amol, auf der anderen Seite des Elburs-Gebirges. Ich wollte so viele Kilometer wie möglich im Hellen zurücklegen und wollte noch über den höchsten Pass kommen, bevor die Sonne unterging. Anfangs sah es ganz so aus, als ob das zu schaffen wäre. Aber bereits nach 60 Kilometern fuhren wir in einen langen Stau. Ich konnte mich mit dem Motorrad zwar bis ganz nach vorne durchschlängeln, aber dort erfuhr ich von einem Polizisten, der ein paar Brocken Englisch sprach, dass die Straße nach Amol gesperrt war. Warum das so war und ob ich mit dem Motorrad vielleicht doch vorbeikäme (wie es so oft der Fall ist), konnte ich allerdings nicht herausfinden. Aber weil die alternative Route einen Umweg von 110 Kilometern bedeutet hätte, entschloss ich mich, es einfach zu probieren. 20 Kilometer ging es auf winzigen Straßen tatsächlich noch weiter, dann war wirklich Schluss. Mehr noch: Wir verloren eine weitere halbe Stunde, weil ich versuchte, die Blockade zu umfahren.

Es wurde langsam dunkel, und obwohl wir bereits eine Strecke von 120 Kilometern hinter uns hatten, waren wir doch nur gerade einmal 70 Kilometer weit gekommen. Weitere 240 lagen wegen der Umleitung noch vor uns. Jetzt hieß es, den Schaden zu begrenzen und Gas zu geben.

Nach einer Weile sah ich in den trockenen Schluchten Dunst aufsteigen und nur wenige Minuten später fuhren wir auch schon in eine dichte Nebelwand. Stellenweise konnte ich nicht einmal mehr die Autos vor uns erkennen und jedes Mal, wenn sie überholten, hoffte ich, sie täten es auf der anderen Spur. Schließlich konnten sie uns genauso wenig sehen wie ich sie.

Kurz nach 20 Uhr kamen wir endlich in Amol an, wo wir nach einigen Verständigungsproblemen Mammad trafen, einen Freund Saeeds, der uns zu sich eingeladen hatte. Aber bevor es zu ihm nach Hause ging, zeigte er mir stolz den »Dschungel«: Da es die Regenwolken vom Kaspischen Meer nicht über das Elburs-Gebirge schafften, mussten sie sich davor abregnen, und so fand ich mich auf einmal, völlig unerwartet, mitten im Grünen wieder.

Als wir um zehn endlich seine Wohnung erreichten, war ich fix und fertig. Ich freute mich auf das Essen und vor allem freute ich mich darauf, bald schlafen zu können. Doch plötzlich gab es ein Problem: Ich durfte Mogli nicht mit in die Wohnung nehmen. Sie sollte in einem Hänger auf der Straße schlafen. Ich war geschockt.

Doch weil Mammads Familie bereits mit dem Essen auf uns wartete, musste ich sie wohl oder übel erst einmal darin einsperren. Ich gab ihr etwas Futter und Wasser und zog geknickt von dannen.

Obwohl ich hungrig und die Ente vorzüglich war, wollte sie ohne Mogli nicht so richtig schmecken. Während sich die Frauen um den Abwasch kümmerten, sprach ich das Problem daher vorsichtig noch einmal an. Ich bedankte mich für die Gastfreundschaft und dafür, dass sie mir einen Schlafplatz angeboten hatten. Aber ich sagte ihm auch, dass es keine Option für mich wäre, Mogli alleine zu lassen, und dass ich deshalb wieder aufbrechen und mir einen Schlafplatz im Freien suchen würde. Ich wollte nirgendwo übernachten, wo wir nicht beide willkommen waren.

Mammad brachte ich mit meinem Vorschlag allerdings in die Zwickmühle. Einerseits war für seine Familie eine Katze im Haus offensichtlich tabu. Andererseits war ich ihr Gast und mich mitten in der Nacht gehen zu lassen schien wiederum für ihn keine Option zu sein. Er hielt also mit seiner Familie Rücksprache – und nachdem ich allen versichert hatte, dass Mogli auf keinen Fall auf den Teppich machen würde, durfte sie doch mit ins Gästezimmer.

Wir schliefen kurz, aber gut und nach einem ausgiebigen Frühstück machten wir uns am nächsten Morgen wieder auf den Weg. Als Erstes wollte ich zum Kaspischen Meer, dann unbedingt noch ein wenig die Gegend erkunden, Vorräte und Katzenfutter einkaufen und einen schönen Platz zum Zelten finden. Gesagt, getan.

Das Kaspische Meer war, zumindest vom Strand aus gesehen, recht unspektakulär. Mogli versteckte sich in ihrer Tasche, ich kostete das Wasser (es schmeckte leicht salzig), machte ein Selfie, auf dem ich blöd schaute und noch eins, auf dem die Prinzessin wegschaute, und dann ging es auch schon weiter.

Ich nahm eine der vielen kleinen Straßen, die in die bergigen Wälder führten, und folgte ihr entlang eines kleinen Flusses bis zum Ende. Es war einfach herrlich! Seit Langem hatte ich nicht mehr so viel Grün gesehen. Ich genoss mit jedem Atemzug den Duft des Waldes und fühlte mich wie zu Hause. Nur einen wirklich guten Platz zum Zelten entdeckte ich nicht. Also entschloss ich mich, noch ein wenig tiefer in die Berge zu fahren, zu einem Platz, den mir Milad empfohlen hatte. Dieser Platz entpuppte sich als Park, was angesichts der vielen wilden Tiere, von denen ich zu dem Zeitpunkt allerdings noch nichts wusste, vermutlich das Beste für uns war. Denn in den unberührten Urwäldern der »Hyrkanischen Wälder«, einem schmalen Streifen entlang des Kaspischen Meeres und gerade einmal um die 55 000 Quadratkilometer groß, fand sich eine Flora und Fauna wie nirgendwo sonst auf der Welt. Auch wenn der Kaspische Tiger, der bis zu 240 Kilo wiegen konnte, leider als ausgerottet galt, lebte dort noch immer jede Menge Braunbären, Leoparden, Wölfe, Wildschweine, Schakale, Luchse und andere Tiere, die uns in freier Wildbahn durchaus gefährlich hätten werden können.

Ich sah mich nach einer geeigneten Stelle für unser Zelt um, als mich ein junger Mann ansprach. Fian war der Besitzer des Parks und gerade dabei, ein paar Bäumchen zu pflanzen. Als er hörte, dass wir dort übernachten wollten, zog er einen Schlüssel aus seiner Tasche und deutete auf einen kleinen, abschließbaren Unterstand, wo wir kostenlos übernachten durften. Ich freute mich riesig über sein Angebot und verbog ihm zum Dank den Schlüssel, als ich versuchte, die dicke Königin durch die Tür zu bringen. Mogli war offensichtlich überglücklich, endlich wieder in einem Wald zu sein. Sie kletterte sofort auf alle umliegenden Bäume, stellte kleineren Tieren nach, und als ich zum nahe gelegenen Fluss ging, begleitete sie mich fröhlich. In dieser Nacht konnten wir seit langer Zeit tatsächlich wieder zum Rauschen des Wassers einschlafen.

Ich wusste, dass wir lange Zeit keinen Wald mehr zu Gesicht bekommen würden, nachdem wir diesen zauberhaften Ort verlassen würden. Der Iran war trocken, Dubai lag mitten in der Wüste, und falls wir es schaffen sollten, weiter Richtung Indien zu fahren, müssten wir ebenfalls erst wieder die iranischen, dann die pakistanischen Wüsten durchqueren. Der bloße Gedanke daran stimmte mich sentimental und ich gönnte uns noch einen Tag Auszeit, bevor wir wieder aufbrachen. Während sich Mogli draußen vergnügte, machte ich auf den herrlichen kurvigen Straßen eine kleine Ausfahrt und knackte, nachdem wir nun fast zweinhalb Monate unterwegs waren, die 10 000-Kilometer-Marke. Meine flauschige Gefährtin bekam zur Feier des Tages eine Dose Thunfisch.

Über den 2860 Meter hohen, kalten Kandevān-Pass ging es am nächsten Tag wieder zurück nach Teheran, und da wir diesmal rechtzeitig abfuhren, konnte ich die Fahrt in vollen Zügen genießen.

Wir quartierten uns für eine weitere Nacht bei Amir ein und ließen den Abend mit Shisha, Süßigkeiten, Chai und einer Runde Takhte Nard ausklingen. Am nächsten Morgen machten wir uns dann auf den Weg ins 250 Kilometer entfernte Kashan.

NEUE FREUNDE

Ich hatte es mithilfe meines Freundes Tino, der mich am ersten Tag unserer Reise ein Stück begleitet hatte, endlich geschafft, auch einen Proxy auf meinem Telefon zu installieren, sodass ich die vielen Internetblockaden endlich umgehen konnte. Auch die Couchsurfing-App funktionierte jetzt wieder und so schickte ich ein paar Anfragen nach Kashan. Diesmal informierte ich potenzielle Gastgeber gleich über Mogli. Vermutlich lag es daran, dass wir keine Angebote erhielten, und so änderte ich den Plan und fuhr einen Fluss in der Nähe von Qom an. Dieser schien allerdings schon seit Langem ausgetrocknet. Stattdessen verlief parallel zum Flussbett nur noch ein kleiner Kanal, über den eine selbst gebaute, marode Brücke führte. Ich hüpfte ein paarmal darauf herum, um ihre Stabilität zu testen, und entschloss mich dann, sie mit Schwung zu überqueren. Sie hielt.

Es war mittlerweile dunkel und ein Fleck sah so gut aus wie der nächste. Dennoch hielt ich erst ein, zwei Kilometer weiter, als ich kein Hundegebell mehr vernehmen konnte. Mogli machte sich gleich daran, in der schützenden Dunkelheit die Gegend zu erkunden, und ich baute unser Zelt auf, zündete ein Lagerfeuer an und machte mir etwas zu essen. Da ich ohne Mobilfunkempfang nichts erledigen konnte, legte ich mich nach dem Essen einfach eine Weile auf den Boden, lauschte dem Knistern des Feuers und starrte gedankenversunken in den klaren Sternenhimmel.

Wir befanden uns nur noch auf etwa 850 Meter Höhe, fast 1000 Meter tiefer als das Armenische Hochland, und die Temperaturen in der Nacht waren damit deutlich angenehmer. Allerdings hieß das auch, dass es am Tage und in der prallen Sonne schnell zu heiß wurde – auch wenn es bereits Anfang November war. Entlang des trocknen Flussbetts gab es keinen Schatten, und um abfahrbereit zu sein, bevor die Sonne wieder erbarmungslos auf uns hinunterbrannte, ging ich früh schlafen. Mogli blieb noch eine Weile draußen und gesellte sich erst mitten in der Nacht zu mir. Morgens fühlte sie sich in der offenen Landschaft, in der es weder Verstecke noch Aussichtspunkte gab, ganz und gar nicht wohl. Sie verkroch sich trotz der Hitze ins unterste Ende meines Schlafsacks. Zumindest musste ich sie so nicht suchen und wir konnten früh abfahren.

Wir erreichten Kashan im in null Komma nichts, weil ich aber immer noch keinen Gastgeber ausfindig machen konnte und wir noch den ganzen Tag vor uns hatten, entschied ich mich, direkt nach Isfahan weiterzufahren. Saeed hatte dort einen Bekannten, bei dem wir möglicherweise unterkommen konnten.

An einer Tankstelle in Natanz traf ich auf Anna aus Slowenien und Rateb aus Frankreich, die beide in Isfahan Farsi studierten und mit dem Bus gerade auf dem Weg dorthin zurück waren. Sie konnten es kaum glauben, dass Mogli und ich den weiten Weg mit dem Motorrad gekommen waren, und so kamen wir sofort ins Gespräch. Am Ende luden sie uns ein, die Nacht bei ihnen im Studentenwohnheim zu verbringen. Das war unser Glück, denn Saeeds Bekannter war gerade nicht in der Stadt und mit Mogli kurzfristig einen Couchsurfing-Gastgeber zu finden war schwierig. Wir machten einen Treffpunkt in Isfahan aus und verabschiedeten uns.

Kurz nach 17 Uhr würde es bereits dunkel werden, doch zwischen uns und Isfahan lagen noch 140 Kilometer – und das Kuhrud-Gebirge. Wo der Gebirgspass genau war und wie hoch er lag, wusste ich nicht. Am Ende führte uns die Straße auf 2100 Meter hinauf und ich war froh, auf das Mittagessen verzichtet zu haben.

Wir erreichten Isfahan kurz vor Sonnenuntergang und ich hielt am erstbesten Restaurant. Dass es dort nur Fast Food gab, war mir inzwischen egal. Ich brauchte einfach schleunigst etwas zu essen. Der Mitarbeiter in dem kleinen Restaurant staunte nicht schlecht, als er Mogli und die Königin sah. Und als er von unserer Reise erfuhr, lud er mich kurzerhand ein. Egal, wie oft ich es versuchte: Er weigerte sich schlichtweg, mein Geld anzunehmen.

Da ich schneller als Annas und Ratebs Bus war, fuhr ich erst einmal zu einem Park in der Nähe des Wohnheims und wartete dort auf die beiden, während sich Mogli im Gras austobte. Wie gern wäre ich einfach in ein Bett gefallen. Es dauerte jedoch noch eineinhalb Stunden, bis mein Telefon klingelte und ich zum Wohnheim kommen konnte. Ich wusste von Rateb, dass es den Studenten nicht erlaubt war, jemanden mitzubringen, und wir uns deshalb irgendwie am Pförtner vorbeischleichen mussten. Auch das noch! Wie sollte ich das mit der dicken Königin bewerkstelligen? Sie war vermutlich die einzige Africa Twin im ganzen Iran, und obwohl sie leiser war als die meisten Mopeds, zogen wir sofort jedermanns Aufmerksamkeit auf uns. Zum Glück war der Pförtner aber gerade gar nicht in seinem Häuschen, als wir die Schranke passierten. Und so ging wider Erwarten alles gut.

Selbstverständlich lebten die Studenten strikt nach Geschlechtern getrennt. Doch Anna schlich sich, um uns Gesellschaft zu leisten, nachts in Ratebs Zimmer. Sie erzählte von ihren Erfahrungen im Iran und schnell stellte ich fest, dass sie es als alleinstehende Frau nicht so leicht hatte wie Rateb und ich. Am meisten störte sie der Hijab, der Schleier, den sie in der Öffentlichkeit immer tragen musste. Er schränkte sie im Alltag ein und gerade im Sommer war es darunter unerträglich heiß. Auch dass sie oft nicht für voll genommen wurde, nervte sie. Sie wurde zwar akzeptiert und auch respektiert, aber offensichtlich hatten Frauen in dieser streng patriarchalischen Gesellschaft einfach einen anderen Stellenwert als Männer.

Obwohl wir uns alle viel zu erzählen gehabt hätten, wurden wir an diesem Abend nicht mehr alt. Rateb wollte am nächsten Morgen früh aufbrechen und ich war müde von der langen Fahrt. Ein paar Stunden später klingelte auch schon der Wecker. Ratebs Kumpel wartete schon unten vor der Tür. Gern hätte ich sein Angebot, die beiden auf ihrem Ausflug zu begleiten, angenommen. Aber wir waren gerade erst in Isfahan angekommen und ich hatte das Gefühl, es würde sich lohnen, diese Stadt zu erkunden. Dafür jedoch brauchten wir erst einmal eine Unterkunft – und davor Kaffee und Frühstück. Rateb empfahl das ansässige Studentencafé.

Moji und Mori, die beiden Brüder, denen das Café gehörte, schauten mich zwar verwundert an, als ich mit Mogli auf der Schulter durch die Tür spazierte. Aber sie mussten erkannt haben, dass sie eine Prinzessin war, und so durfte sie ausnahmsweise mit hinein. Tatsächlich zeigte sich Mogli von ihrer besten Seite, und nachdem sie alles erkundet hatte, legte sie sich auf einen der weichen Stühle schlafen. Ich dagegen bestellte meinen zweiten Kaffee und versuchte weiterhin, eine Bleibe aufzutreiben.

Da die Brüder merkten, dass ich ein Problem hatte, selbst aber fast kein Englisch verstanden, riefen sie einen Kollegen an, Ali. Seine Schicht begann eigentlich erst am Nachmittag. Trotzdem stand er nur ein paar Minuten später auf der Matte und war bereit, uns zu helfen. Da sein Internet etwas besser funktionierte als meines, checkte ich zuerst einmal meine Nachrichten. Wieder hatte ich, nebst Bildern von Leuten, die uns auf der Straße oder beim Essen fotografiert hatten, ein paar Einladungen bekommen. Leider aber war keine davon aus Isfahan.

Vermutlich hatten Mori und Moji irgendwann einfach Mitleid mit mir. Vielleicht fühlten sie sich aus irgendeinem Grund ja auch verpflichtet, Mogli und mir zu helfen. Auf alle Fälle entschieden sie, dass wir am Abend einfach mit zu ihnen kommen und dort übernachten sollten. Ihre Eltern – anders als bei uns in Deutschland wohnte man im Iran bis zur eigenen Hochzeit traditionell im Elternhaus – hatten sie bereits um Erlaubnis gefragt.

Das unerwartete Angebot war allerdings noch nicht alles. Nun kam auch noch Mohamad, der vierte Kollege, mit dem Mittagessen und hatte ganz selbstverständlich für mich ebenfalls eine Portion dabei. Zahlen ließ er mich natürlich nicht dafür, und während wir uns alle über unsere Burger hermachten, erfuhr ich, dass Ali den Nachmittag freibekommen hatte, damit er mir die Stadt zeigen konnte. Und als ob das alles noch nicht genug gewesen wäre, brachte uns Mohamad sogar mit seinem Auto in die Stadt. Mir fehlten wirklich die Worte. Um zu verstehen, wie weit die berühmte iranische Gastfreundschaft reicht, muss man sie einfach selbst erlebt haben.

Die Königin durfte vor dem Café stehen bleiben und meine Sachen waren drinnen sicher verstaut. Mogli jedoch musste uns an diesem Tag begleiten – und als ich an den letzten Versuch in Mostar zurückdachte, fragte ich mich, ob das wohl gut gehen würde.

Mohamad ließ uns in der Nähe der 400 Jahre alten Si-o-se-Pol-Brücke, einem der vielen architektonischen Meisterwerke dieser wunderbaren Stadt, aussteigen und wir machten uns durch das ausgetrocknete Flussbett auf den Weg. Der Zayandeh Rud, was übersetzt so viel heißt wie »Leben spendender Fluss«, war einmal der wasserreichste Fluss in Zentraliran. Isfahan wurde in seinen einst fruchtbaren Tälern in einer Flussoase erbaut. Die Si-o-se-Pol-Brücke mit ihren 33 Bögen war die größte der elf Brücken über den Fluss und diente damals zugleich als Staudamm.

Als wir durch wunderschöne Parkanlagen und an prachtvollen Gebäuden vorbei weiter Richtung Basar gingen, versuchte ich mir vorzustellen, wie herrlich diese Stadt einst gewesen sein musste. Sie war zwar immer noch beeindruckend mit ihrer ganz besonderen Energie. Aber das Wichtigste fehlte: Wasser – und damit Leben.

Am Basar angekommen schafften wir es gerade, eine Portion getrocknete Granatapfelsamen und Nüsse zu kaufen, bevor wir von einer Schar Menschen umzingelt wurden. Erst waren es nur wenige Leute, aber die Gruppe wuchs schnell, und bevor wir es uns versahen, standen über 20 Personen um uns herum. Erst waren sie zurückhaltend und wollten nur wissen, wo wir herkamen, beziehungsweise ein paar Selfies mit uns schießen. Aber dann griff jemand nach der Prinzessin und öffnete damit die Büchse der Pandora. Jetzt versuchten auch andere sie anzufassen und bald wollte jeder, der sich nicht vor ihr fürchtete, einmal über ihr Fell streichen. Mogli wusste gar nicht, wie ihr geschah, denn natürlich gab ihr niemand die Zeit, erst einmal seine Hand zu beschnüffeln. Das war ganz und gar nicht gut! Einerseits musste ich sicherstellen, dass sie sich auf meiner Schulter weiterhin in Sicherheit wägen konnte, andererseits konnte es, wenn sie sich verteidigte, schnell ins Auge gehen. Ich wich drei Schritte zurück und bat die Leute Abstand zu halten, ein paar musste ich aber regelrecht abwehren. Mogli, für die der Tag sowieso schon anstrengend war, war nun auch noch aufgebracht und verängstigt und so entschied ich mich zurückzufahren.

Mojis und Moris Eltern waren, wie ihre Söhne, herzensgute Menschen und wir wurden mit offenen Armen empfangen. Mogli

Mit am besten gefielen mir auf den Basaren immer die Gewürzstände.

durfte sich frei im Haus und draußen bewegen und alles erkunden, bevor sie es sich in ihrem Bett gemütlich machte – ein kleiner Karton mit einer Decke, den die Eltern extra vorbereitet hatten.

Ich grübelte, ob es zu viel des Guten war, zu bitten, eine weitere Nacht bleiben zu können. Weil ich jedoch unbedingt noch mehr von der Stadt sehen wollte und es ein guter Platz war, um Mogli ein paar Stunden alleine zu lassen, fragte ich am nächsten Morgen einfach. Selbstverständlich sagten die Eltern, dass sie sich darüber freuen würden. Ob das »Taroof« war, also reine Höflichkeit, oder wir wirklich gern gesehene Gäste waren, werde ich wohl nie herausfinden. Ich hoffe aber, dass wir unseren lieben Gastgebern nicht zur Last gefallen sind.

Nach dem leckeren Frühstück, das die Mutter vorbereitet hatte, fuhr ich, diesmal ohne königliche Begleitung, im Auto der Brüder mit zum Café. Gerade als ich mich von dort aus auf den Weg machen wollte, kam Ali um die Ecke. Er hatte eigentlich Frühschicht, aber nach einer kurzen Unterhaltung mit den Brüdern verkündete er fröhlich, dass Moji für ihn einsprang, damit wir noch einmal zusammen in die Stadt gehen konnten. Es war einfach nicht zu fassen, wie gut diese Menschen zu mir waren. Dabei kannten sie mich erst seit einem Tag und konnten mich, außer Ali, nicht einmal verstehen.

Diesmal war unser Ausflug deutlich entspannter, weil wir den ganzen Tag Zeit hatten und ich keine Rücksicht auf Mogli nehmen musste. Und so bummelten wir durch die Stadt, besuchten den Vogelgarten und den Basar, probierten lokale Süßigkeiten, aßen in einem traditionellen Restaurant Kebab und tranken Dugh. Erst am Abend ging es zurück zu meiner sehnsüchtig wartenden Prinzessin.

Obwohl ich gerne noch eine Nacht geblieben wäre, packte ich am nächsten Morgen wirklich unsere Sachen. Ich hatte in der Zwischenzeit Saeeds Bekannte, Hajar und Mohamad, erreicht, die vor Kurzem unweit von Isfahan das Café Lingo eröffnet hatten: ein Sprachcafé. Die beiden wollten den kulturellen Austausch zwischen Einheimischen und Ausländern fördern beziehungsweise überhaupt ermöglichen. Und natürlich hofften sie auch, irgendwie davon leben zu können. Ihre Idee: Sie luden Reisende ein, kostenlos in ihrem zum Gästezimmer umgebauten Keller zu übernachten, und erwarteten im Gegenzug, dass man sich mit anderen Iranerinnen und Iranern austauschte. Ein brillantes Konzept! Schließlich gab es zum einen jede Menge interessierte Einheimische, die keine Möglichkeit hatten, eine erlernte Fremdsprache auch anzuwenden. Zum anderen gab es für Reisende wie mich einen Anlaufpunkt, an dem man neue Leute kennenlernen konnte und Unterstützung bekam. Außerdem konnte man sich bei Hajar und Mohamad wie zu Hause fühlen und sich ein wenig erholen.

Nachdem ich ein letztes Mal mit den Jungs aus dem Studentencafé zu Mittag gegessen und mich verabschiedet hatte, machten wir uns also auf den Weg. Von dem schweren Erdbeben, das sich an diesem Morgen nur 400 Kilometer von uns entfernt in Kermānschāh ereignete, erfuhr ich übrigens nur durch die Nachrichten von Menschen, die sich um uns sorgten.

Hajar kam kurz nach Hause, um uns zu begrüßen und die Prinzessin zu knuddeln. Nachdem ich mich frisch gemacht hatte, begleiteten wir sie ins Café Lingo. Als wir es uns gerade gemütlich machen wollten, betrat eine junge Iranerin den Raum. Sie entdeckte Mogli, bekam wohl den Schreck ihres Lebens und rannte panisch wieder ins Freie. Ich war mir nicht sicher, was sie in Mogli gesehen hatte, aber ganz sicher keine kleine, süße, schüchterne Prinzessin.

Weil ich nicht noch weitere Gäste vergraulen wollte, brachte ich Mogli zurück in unser Zimmer. Als ich wieder ins Café kam, hatten sich bereits kleine Gruppen gebildet. An einem Tisch wurde besonders hitzig diskutiert. Anton, gerade mal 19 und aus Berlin, versuchte die Gesprächsführung zu übernehmen und ein paar Regeln aufzustellen. Das war durchaus eine gute Idee, weil alle etwas sagen wollten – und zwar alle auf einmal. Trotzdem musste ich über seine typisch deutsche Herangehensweise schmunzeln. Er war auch nicht sehr erfolgreich und so blieb es bei einer turbulenten Diskussion. Antworten fanden wir an diesem Abend zwar keine, doch im Sinne des kulturellen Austauschs war das Gespräch ein voller Erfolg.

Anton, der ebenfalls bei Hajar gewohnt hatte, war einer jungen, bildhübschen Iranerin verfallen und ging bald wieder seiner eigenen Wege, während ich mit David, meinem anderen Zimmerkollegen, und einem Mann, den wir an diesem Abend kennengelernt hatten, zu dritt auf dessen chinesischer »125er-Honda« zur Freitagsmoschee fuhren. Dort wurde ein kostenloses Abendmahl ausgegeben und dieses Ereignis wollten wir uns natürlich nicht entgehen lassen.

Der Gebetsraum war voller Männer, die sich in langen Reihen auf einer auf dem Boden ausgerollten Plastikfolie gegenübersaßen. Ich fragte mich, wie so oft, wo sich eigentlich die Frauen versammelten. Oder war dieses Ereignis ausschließlich Männern vorbehalten?

Mehrere Männer gingen mit riesigen Tabletts mit jeweils zehn Tellern durch die Reihen. Es gab Reis mit Bohnen und Fladenbrot, Zwiebeln, Minz- und Zitronengrasblätter, Kohl und Datteln. Weil David und ich seltene Gäste waren, bekamen wir jeder zwei Portionen. Ich war erleichtert, als ich sah, dass sich andere später ebenfalls Nachschlag holten.

Als wir spätabends wieder bei Hajar, Mohamad und der ausgeruhten Prinzessin ankamen, lernte ich unsere neue Mitbewohnerin kennen: Angel aus Sydney. Wie wir alle war auch sie alleine aufgebrochen, doch als alleinstehende Frau hatte sie Probleme, sich in dieser von Männern dominierten Gesellschaft zu behaupten.

Am nächsten Tag waren wir bei Hajars altem Englischlehrer Daryoosh und seiner Familie zum Essen eingeladen. Daryoosh hatte 20 Jahre lang in der amerikanischen Armee gedient und kannte beide Seiten – den hier verpönten westlichen Lebensstil und den konservativen Weg, an dem die iranische Regierung festhielt. Er sprach außerdem perfekt Englisch, sodass wir viel von ihm erfuhren und lernten. Nachdem er uns einen Crashkurs in iranischer Geschichte gegeben hatte, gingen wir zum Glück zu leichteren Themen über. Wir sprachen über unsere Reisen und über seine Familie. Ehe wir es uns versahen, war es Nachmittag geworden und für Hajar schon wieder an der Zeit, das Café zu öffnen. Also verabschiedeten wir uns und fuhren zurück.

Den Abend verbrachten wir im Café, und weil wir am nächsten Tag alle weiterziehen wollten, gab es danach noch eine Abschiedsparty bei Hajar und Mohamad. Vielleicht war das der Grund, warum wir wieder erst viel später loskamen als geplant …

VERSUMPFT

Bis nach Yazd, unserem nächsten Ziel, waren es fast 400 Kilometer und mein Visum war noch zehn Tage gültig. Als ich auf meiner Karte auf ungefähr halber Strecke einen großen See entdeckte, entschloss ich mich daher, dort einen Zwischenstopp einzulegen und zu campen. Wie sich später zeigen sollte, war das keine sehr gute Entscheidung. Aber das ahnte ich noch nicht.

Ich hielt noch an zwei Läden, um Vorräte zu kaufen, und versuchte dann so schnell wie möglich, aus dem Isfahaner Stadtgebiet herauszukommen. Als wir endlich auf den schnurgeraden Straßen Kilometer machen konnten, musste ich bei einem Blick auf die Karte allerdings feststellen, dass zwischen uns und Yazd keine größere Ortschaft mehr lag. Vermutlich gab es damit auch keine Tankstellen. Ich überlegte kurz und hätte fast die zweite schlechte Entscheidung an diesem Tag getroffen und es darauf angelegt. Dann aber entschied ich mich doch anders und drehte wieder um.

Wie so oft, wenn man in Eile ist und nach etwas sucht, sollte es eine Weile dauern, bis wir danach wieder an derselben Stelle zurück waren. Doch weil die Landschaft der Straße keine Hindernisse in den Weg stellte, kamen wir zügig voran. Nur hin und wieder musste ich abbremsen, um einer Schafs- oder Ziegenherde auszuweichen. Trotzdem wurde es langsam dunkel – und wir waren mitten in der Wüste. Auf einer langen und einsamen Straße. Nur in der Nähe von kleinen Dörfern kamen uns gelegentlich noch einzelne Mopeds entgegen. Wenn uns etwas zugestoßen wäre, hätte uns frühestens am nächsten Morgen jemand gefunden. Doch daran wollte ich in dem Moment nicht denken.

Nach Sonnenuntergang, wurde es schlagartig kälter. Doch weil wir nur noch 60 Kilometer bis zum See vor uns hatten, wollte ich nicht stehen bleiben und meine dicken Sachen raussuchen. Also biss ich die Zähne zusammen, gab Gas und betete, dass nicht doch noch ein Hindernis auftauchte oder die Straße zu einem Sandweg wurde.

Endlich kamen wir auf Höhe des Sees an und ich versuchte angestrengt, irgendwo ein paar Bäume oder zumindest Büsche oder Gras zu erkennen. Aber alles sah genauso aus, wie es das schon eine ganze Weile lang tat: trocken und trist. Ich bog in Richtung See ab und tatsächlich konnte ich nur einen Kilometer später im Scheinwerferlicht etwas Wasser erkennen. Es sah aber leider eher nach einem Rinnsal aus. Und Pflanzen wuchsen auch hier nicht. Ich fragte mich, ob es eine kluge Entscheidung wäre, durch das Rinnsal zu fahren, entschloss mich aber schnell dazu, nicht noch mehr zu riskieren, als ich es ohnehin schon getan hatte. Zu spät! Als ich umdrehen wollte, musste ich feststellen, dass wir bereits bis zum Ritzel im nassen Lehmboden eingesunken waren.

Ich ärgerte mich über meine eigene Dummheit und ließ einen lauten, verzweifelten Schrei in die Wildnis hinaus. Nur zu gern hätte ich in dem Moment alles hingeworfen, der Wüste den Mittelfinger gezeigt und mich mit einem kalten Bier auf die Couch geworfen. Aber ich hatte keine andere Wahl, als irgendwie selbst aus dem Schlamassel herauszukommen. Ich versuchte also sanft anzufahren. Doch der Lehm hatte sich im Profil festgesetzt, weshalb ich keinerlei Traktion hatte und es nicht einmal einen Ruck gab, bevor der Reifen durchdrehte. Mogli schien zum Glück sofort zu merken, dass etwas nicht stimmte, und harrte, während ich vom Motorrad stieg und versuchte das Hinterrad aus dem Lehm zu heben, ohne einen Muckser von sich zu geben, der Dinge, die da kommen sollten. Doch sosehr ich mich auch anstrengte: Die Königin bewegte sich keinen Millimeter. Ich hatte daher keine andere Wahl, als abzupacken, damit sie leichter wurde. Nur Moglis Tasche blieb auf dem Motorrad. Ich hatte Angst, dass sich die Prinzessin sonst auch noch aus dem Staub machen würde.

Ich wurde nervös, als ich es nicht herausheben konnte – und war verzweifelt. Wir waren mitten in der Nacht mitten im Nichts, weit entfernt von jeder Siedlung und jedem Sendemast. Das Wasser um uns herum war salzig und ich bereits durchgefroren. Ich ärgerte mich so sehr über mich selbst, dass ich den nächsten lauten Schrei ausstieß, ehe ich noch einmal mit aller Kraft am Kofferträger zog. Und tatsächlich bewegte sich diesmal etwas. Allerdings sank ich dafür selbst ein und meine Kräfte verließen mich, bevor ich das Rad aus seinem Loch heben konnte. Zumindest aber steckte es jetzt nicht mehr ganz so tief fest.

Als wir uns endlich aus dem Lehm befreit hatten, war ich völlig durchgeschwitzt und so dauerte es keine fünf Minuten, bis mir wieder kalt wurde. Ich baute das Zelt auf, wickelte mich in meinen Schlafsack, vertilgte noch eine Dose Thunfisch mit Nüssen und schlief erschöpft ein. Mogli hatte ziemlich schnell festgestellt, dass es hier nichts zu erkunden gab, und kuschelte sich zu mir.

Am nächsten Morgen verkroch sie sich, aus Mangel an Verstecken wieder in meinem Schlafsack. Ich aß etwas Fladenbrot mit Honig und machte mir einen Kaffee. Als ich unsere Spuren vom letzten Abend begutachtete, stellte ich fest, dass wir nicht die ersten waren, die hier stecken geblieben waren. Ich packte alles zusammen und fuhr wieder Richtung Straße. Später las ich, dass der »See« eigentlich das Gavkhouni-Becken war, ein Salzsumpf also, und das Rinnsal, in dem wir stecken geblieben waren, war der letzte Überrest des einst Leben spendenden Zayandeh Rud.

Nur ein paar Kilometer später wurde die große asphaltierte Straße zu einem schmalen Sandweg. Ein paarmal sanken die Reifen ein oder rutschten einfach seitlich weg. Plötzlich spürte ich die Anstrengungen vom Vorabend nur zu deutlich. Mein ganzer Oberkörper tat weh, vor allem meine Arme, und ich fühlte mich kraftlos und ausgelaugt. Hoffentlich stürzten wir jetzt nicht.

Zu meiner Überraschung sah ich plötzlich ein Gebäude: quadratisch, mit hohen, dicken Mauern aus Lehmziegeln, an den Seiten große Torbögen. Im Innenhof stand eine ausgetrocknete Zisterne und ringsherum gab es mehrere Räume, die alle gleich aussahen. Wir waren über die alte Karawanserei von Khargushi gestolpert. Zu Zeiten der Seidenstraße suchten hier Händler mit ihren Kamelen Zuflucht vor der heißen Wüste. Wenn ich das nur gestern schon gewusst hätte! Ich hätte genau dasselbe gemacht. Mogli freute sich über die Abwechslung, sprang vom Motorrad und »zog« mich in einen der verlassenen Räume. Ich gönnte es ihr und ließ mich eine halbe Stunde lang durch die Ruine führen, bevor ich den Spieß wieder umdrehte.

Etwa 30 Kilometer nach der Karawanserei hatten wir dann schließlich wieder Asphalt unter den Rädern. Doch außer den Bergen, die sich hier und da aus der flachen Hochebene erhoben, und der langen, geraden Straße, die irgendwann mit dem flimmernden Horizont zu verschmelzen schien, sah ich weiter lange Zeit nichts. Es war ein unglaubliches Gefühl, durch diese ewige Leere zu fahren. Manchmal fühlte es sich fast an, als würden wir auf der Stelle fahren – obwohl wir doch mit 120 Stundenkilometern für iranische Verhältnisse regelrecht flogen. Träumen konnte ich trotzdem nicht, denn die Straße hatte zwischendurch immer wieder einmal fiese Schlaglöcher. Außerdem gab es einige überdimensionale Bodenschwellen, die, anstatt uns vor Gefahren zu schützen, schnell einmal selbst zu einer Gefahr wurden.

Wir erreichten Yazd, und obwohl ich davon ausging, dass man mich mit Mogli nicht hineinlassen würde, fuhr ich zu dem Hotel, das Anton uns empfohlen hatte. Von außen sah ich nur einen Eingang und eine große Lehmwand, dahinter aber befand sich ein wunderschöner überdachter Innenhof mit Tischen, einer Bar (alkoholfrei natürlich), Beeten und einem kleinen Goldfischteich. Die Räume waren, wie in der Karawanserei, um den Hof herum angeordnet. Das Ganze erschien mir nach unserem letzten Abenteuer wie eine kleine Oase – und zu meiner Überraschung durfte Mogli nicht nur mit ins Zimmer, sondern auch in den großen Innenhof. Sie liebte es und beobachtete natürlich sofort gespannt die Fische. Und ich? Ich verratschte mich schon, bevor ich überhaupt ausgepackt hatte.

Gleich nachdem wir angekommen waren, traf ich nämlich zwei deutsche Pärchen, eine Familie aus der Schweiz und einen Polen, die jeweils mit ihren eigenen Vans reisten, ein deutsches Pärchen, das wie wir mit dem Motorrad unterwegs war, und einen durchgeknallten Radfahrer, der die Strecke von Europa bis hierher mit reiner Muskelkraft zurückgelegt hatte. Wir saßen bis in die Nacht zusammen draußen.

Am nächsten Morgen wachte ich auf, weil es auf einmal an unserer Tür klopfte. Angel war in Yazd angekommen und im gleichen Hotel gelandet wie wir. Ich staunte nicht schlecht, einem vertrauten Gesicht zu begegnen. Nach dem Frühstück gingen wir eine Runde mit Mogli spazieren und danach machten wir uns auf, die wunderschöne Stadt zu erkunden. Mogli blieb derweil im Hof und spielte mit Mogli Nummer 2, dem Sohn der Schweizer Familie.

Yazd war die trockenste Großstadt im Iran und im Laufe der Generationen hatte sich dort eine einzigartige Architektur entwickelt. Die Windtürme, seit der Antike fester Bestandteil persischer Architektur, waren so konstruiert, dass sie noch die leichteste Brise abfangen und damit das darunterliegende Gebäude kühlen konnten. Manche funktionierten auch wie ein Schornstein, durch den die warme Luft entweichen konnte, während von unten kühlere angesogen wurde. Aber Yazd war nicht nur die »Stadt der Windtürme«. Es war auch für seine Zisternen und Kühlräume, die sogenannten Yachtschals, bekannt, in denen das ganze Jahr über Eis gelagert werden konnte. Außerdem war es berühmt für sein Netz aus unterirdischen Wasserkanälen. Der oberirdische Teil dieser aus Lehm erbauten Stadt war aber nicht weniger interessant und eindrucksvoll. Überall entdeckten wir außergewöhnliche Gebäude, imposante Moscheen und wunderschöne Kunstwerke. Bevor wir zurück zu den beiden spielenden Moglis aufbrachen, ließen wir die besondere Energie dieser Wüstenstadt noch eine Weile von einem Hausdach aus auf uns wirken. Wie gerne wäre ich noch eine Weile geblieben! Aber leider lief mein Visum bald aus und das Hotel war auch etwas zu teuer, um länger dort zu wohnen.

*»Das erste Mal ein Kamel
in freier Wildbahn. Ich wollte meinen
Augen nicht trauen.«*

WEITER NACH SHIRAZ

Unser nächstes Ziel, Shiraz, lag 440 Kilometer entfernt und diesmal hatte ich zwei Tage für die Strecke eingeplant.

Als Erstes mussten wir eine kleine Gebirgskette auf frischen 2600 Höhenmetern überqueren. Danach war die Landschaft schlagartig wieder flach. Ich hatte nicht wirklich etwas zu tun, außer am Gas zu bleiben, und so beobachtete ich den Sonnenstand im Rückspiegel und schaute mir die Karte auf meinem Telefon etwas genauer an. Zum Glück! Und zum Glück benutzte ich eine App, die mir die Topografie und Höhenlinien anzeigte. Ansonsten wäre ich vermutlich direkt ins kalte Zagros-Gebirge gefahren. Und ich musste davon ausgehen, dass wir nicht in einem Hotel übernachten konnten, wenn es auf dem Weg überhaupt eines geben sollte. Stattdessen hieß es wieder mal: zelten. Allerdings war jetzt auch die perfekte Gelegenheit, etwas zu machen, das ich schon seit Langem machen wollte: in einer Ruine übernachten. Von denen gab es hier mehr als genug und so ich fuhr gerade noch so lange weiter, bis ich wieder Mobilfunkempfang hatte, und suchte uns dann eine nette Schlafstelle.

Obwohl wir vor dem Gebirge die Notbremse gezogen hatten, wurde es draußen bereits frisch, weswegen ich mich als Erstes auf die Suche nach Feuerholz machte. Keine leichte Aufgabe, denn außer einem entfernten Dorf konnte ich weit und breit nichts sehen. Ein paar Kilometer weiter entdeckte ich zumindest die Äste von ein paar verschnittenen Sträuchern, aber richtiges Feuerholz, das länger brennen würde, gab es hier nicht. Mit Gummiseilen schnallte ich so viel Geäst wie möglich auf die Königin und fuhr wieder zurück zu Mogli, die gerade dabei war, unseren Schlafplatz zu erkunden. Bis die Sonne ganz untergegangen war, hatte ich auf diese Weise ein paar Ladungen »Brennholz« geholt.

Mogli mit ihrem flauschigen Fell freute sich über die kühleren Temperaturen und kroch die ganze Nacht lang munter in der Ruine umher. Mir dagegen wurde schnell kalt, zumal mich das kleine Feuer nur von einer Seite wärmte. Ich machte mir eine Dose

Ghorme Sabzi warm, einen iranischen Kräutereintopf, und versuchte, für den nächsten Tag eine Unterkunft in Shiraz zu organisieren. Dann mummelte ich mich in meinem Schlafsack ein und versuchte zu schlafen. Doch meine selbst aufblasende Matte hatte schon seit Kroatien ein Loch und isolierte daher nicht mehr. Wenn ich auf dem Rücken lag, kühlte ich deswegen komplett aus, und auf der Seite konnte ich aufgrund des harten Bodens kein Auge zutun. Diese Nacht gab mir den Rest, und als ich aufstand, tat mir alles weh. Meine Nase lief und ich war noch schlapper als am Vortag.

Nur ein paar Kilometer weiter führte uns die Straße auf kalte 2400 Höhenmeter und unsere Strecke sollte, bis wir endlich Shiraz erreichten, auch nicht mehr unter 2000 Meter sinken. Auch wenn wir die Nacht auf »nur« 1500 Höhenmetern verbracht hatten, war ich total durchgefroren, und obwohl die Sonne nun schien und ich alle meine dicken Sachen trug, wollte mir einfach nicht wärmer werden. Zu allem Überfluss hatten wir in Shiraz noch keine Unterkunft gefunden. Ich probierte es von unterwegs aus weiter und war irgendwann zum Glück erfolgreich: Morteza meldete sich auf eine meiner Nachrichten und bot mir an, bei ihm zu übernachten.

Gegen 18 Uhr, fast eine Stunde nach Sonnenuntergang, kamen wir endlich in Shiraz an. Ich hielt beim erstbesten Restaurant, ließ Mogli von meiner Schulter auf den Getränkeautomaten springen, bestellte mir etwas zu essen und rief Morteza an. Nur ein paar Minuten später war er auch schon da und holte uns ab. Er zeigte mir aber nur kurz sein Apartment, die Tiefgarage und wo ich etwas zu essen finden würde, dann gab er mir die Schlüssel und machte sich wieder auf, um sich um seinen kranken Vater zu kümmern. Er konnte erst am nächsten Tag vorbeikommen. Bis dahin sollten wir uns wie zu Hause fühlen. Ich konnte es nicht fassen, dass er uns einfach so seine Wohnung überließ. Ehrlich gesagt war ich aber auch froh, etwas Ruhe zu bekommen, denn der Tag im Gebirge hatte meinen Schnupfen nicht besser gemacht und in dieser Verfassung wäre ich sicher kein guter Gast gewesen. Ich versorgte also die Prinzessin und nach ein paar Tassen Kräutertee mit Honig legte ich mich schlafen.

Als Morteza mich am nächsten Tag weckte, war es bereits Zeit für das Mittagessen. Er hatte einen Beutel Shal Gham dabei und machte sich daran, diese kleinen weißen Rüben für mich zu dünsten. Sie waren ein altes Hausmittel gegen Schnupfen. Er war überzeugt, das würde mich im Nu wieder aufrichten, und tatsächlich schmeckten sie mit ein wenig Salz erstaunlich gut.

Leider hatte Morteza auch diesmal nicht viel Zeit. Doch bevor er aufbrach, versprach er, mir am Abend wieder etwas zu essen vorbeizubringen. Er entschuldigte sich mehrmals und bot an, dass wir so lange bleiben könnten, wie wir wollten. Ich versicherte ihm, dass er sich nicht zu entschuldigen bräuchte und dass ich heilfroh und dankbar war, bei ihm unterkommen zu können. Eigentlich wäre es meine Pflicht und Ehre gewesen, ihn zum Essen einzuladen. Aber er ließ sich nicht beirren: Ich war zu Gast in seiner Heimat und deshalb wollte er sich, so gut er konnte, um mich kümmern. Außer mich hundert Mal zu bedanken, wusste ich wirklich nicht, was ich sagen sollte. Die Menschen in diesem Land waren unfassbar nett!

Nach dem Essen kaufte ich Obst, Gemüse und Fladenbrot und verbrachte dann den restlichen Tag damit, Nachrichten zu beantworten, Instagram upzudaten und mich um dies und das zu kümmern. Bis nach Bandar Abbas, von wo aus es eine Fährverbindung nach Sharjah in den Vereinigten Arabischen Emiraten gab, waren es noch fast 600 Kilometer. Ich hatte aber noch von einer anderen Verbindung von Bandar Lengeh nach Dubai gehört. Außerdem hatte ich mich entschlossen, mein Visum doch noch zu verlängern. Jetzt versuchte ich herausfinden, was ich dafür tun musste. Mogli, die nicht ins Freie konnte, war ein bisschen gelangweilt. Wenn sie nicht gerade im Waschbecken lag, versuchte sie herauszufinden, wohin das Wasser der Toilettenspülung verschwand, oder attackierte meine Ladekabel. Ansonsten schlief sie.

Wie versprochen kam Morteza abends mit Essen vorbei. Und diesmal hatten wir endlich auch ein paar Stunden Zeit, uns wenigstens ein bisschen näher kennenzulernen, bevor er wieder verschwand, um nach seinem Vater zu sehen.

Am nächsten Tag ging es mir zum Glück schon besser, und da ich mir viel vorgenommen hatte, stand ich früh auf. Shiraz war eine der ältesten Städte des antiken Persiens und bekannt für seine Gärten und Blumen, die Literatur und natürlich für seinen Wein. Im 9. Jahrhundert nach Christus sollen hier die weltbesten Weine produziert worden sein. Selbst Marco Polo berichtete von ihnen. Noch vor der Islamischen Revolution 1979 gab es hier bis zu 300 Weinkellereien. Jetzt waren es null, weshalb ich wohl auf eine Kostprobe verzichten musste. Dachte ich …

Ich stellte ziemlich schnell fest, dass ich es zu Fuß vermutlich nicht rechtzeitig bis in die Altstadt schaffen würde. Dennoch genoss ich es, zur Abwechslung einmal langsam unterwegs zu sein und auf die Details achten zu können, die ich sonst übersah. Und schließlich lebten die Menschen nicht in den Sehenswürdigkeiten des Landes, sondern genau hier. Am Straßenrand. Ich war erst recht kurz unterwegs, als zwei junge Iraner in ihrem Auto neben mir anhielten und mich fragten, ob ich Hilfe bräuchte. Nachdem ich mich eine Weile mit ihnen unterhalten hatte, boten sie mir aus einer kleinen Plastikflasche selbst gemachten Wein an und wollten wissen, wie er mir schmeckte. Der Wein war zwar nicht schlecht, aber durchaus gewöhnungsbedürftig. Definitiv war die Küche dieser Männer keine der weltberühmten Kellereien. Da die beiden in die entgegengesetzte Richtung fuhren, lehnte ich ihr Angebot, mich mitzunehmen, dankend ab. Sie zeigten mir stattdessen noch, welcher Bus mich für ein paar Rial zum berühmten Vakil-Basar im historischen Zentrum der Stadt bringen würde.

Ich verbrachte den Nachmittag damit, durch den schier endlosen Basar mit seinen Karawansereien, Hamams, Moscheen und alten Läden zu schlendern, kaufte einen Laserpointer für Mogli und sah mir auf dem Weg zum Grabmal des berühmten Dichters Hafez Shirazi, die Zitadelle von Karim Khan mit ihrem schiefen Turm an. Nur der Eram-Garten hatte, als ich endlich dort ankam, leider schon geschlossen. Also rief ich Morteza an, damit er mich auf dem Rückweg von seiner Arbeit irgendwo aufgabelte. Bevor er mich wieder

»daheim« ablieferte, lud er mich in ein kleines, unscheinbares Restaurant ein, in dem es aber die vielleicht besten Burger in Shiraz gab.

Ich war im Gegensatz zur Prinzessin, die den ganzen Tag geschlafen und auf meine Rückkehr gewartet hatte, ganz schön geschafft, als ich wieder in der Wohnung ankam. Deshalb hoffte ich, sie es mit dem Laserpointer auspowern zu können. Irgendwie schaffte sie aber trotzdem, dass ich noch mit ihr rausging und mich eine Weile von ihr durch die Gassen ziehen ließ. Ich nahm mir vor, es die nächsten Tage etwas ruhiger anzugehen, meinen Schnupfen auszukurieren und mehr Zeit mit Mogli zu verbringen.

Am nächsten Morgen weckte mich der Obstverkäufer, der sich ein Megafon aufs Autodach geschnallt hatte und im Vorbeifahren lauthals seine Waren anpries. Als ich mir das Spektakel vom Balkon aus ansehen wollte, merkte ich, dass Mogli die gleiche Idee gehabt hatte und tollkühn auf dem Geländer balancierte. Eigentlich war sie ja recht gut darin, aber manchmal konnte sie auch ganz schön tollpatschig sein. Daher schloss ich, als sie »zufällig« von einem Papierknäuel abgelenkt wurde, vorsichtshalber die Balkontür.

Wir spielten noch eine Weile und nach einem gesunden Frühstück mit Fladenbrot, Eiern, Mairüben und frischem Obst machte ich mich noch einmal auf den Weg in die Stadt. Ich sah mir erst eine Moschee an, dann eine Gartenanlage mit einem prachtvollen Haus und einem Museum. Ich naschte frische Datteln, die von den Palmen gefallen waren, und auf dem Rückweg probierte ich an einem kleinen Straßenstand Faludeh, eine Art Eiscreme. Sie kostete aufgrund meiner »Restaurant«-Wahl fast nichts, war aber leider auch nicht besonders gut.

Morteza hatte an diesem Abend leider keine Zeit. Doch dafür waren Mogli und ich bei seinem Nachbarn Pejman eingeladen, den ich tagsüber auf der Straße kennengelernt hatte. Zur Begrüßung spielte er auf seiner Gitarre »Wish you were here« von Pink Floyd und fragte mich, ob ich das Lied erkannte. Natürlich tat ich das!

Pejman war ein Multitalent. Er spielte außer Gitarre auch noch Geige und Keyboard und wusste sogar, wie man Musik am Computer machte. Vielleicht beherrschte er sogar noch mehr Instrumente. Er sprach auch fließend Englisch und kannte sich gut mit der persischen Kultur und Geschichte aus – bis weit vor 1979. Die Zeit mit ihm verflog im Nu.

Am nächsten Tag holte ich den verpassten Besuch im traumhaft schönen Eram-Garten nach und erledigte ein paar Einkäufe. Morteza hatte vorgeschlagen, uns mit ein paar seiner Freunde im Auto bis zum Persischen Golf zu begleiten. Und da wir zwei Tage später abfahren wollten, nahm ich mir vor, vorher noch die 2500 Jahre alte Palaststadt Persepolis zu besuchen. Sie wurde von Dareios dem Großen gegründet und war eine der Hauptstädte des antiken Perserreichs. Fast 200 Jahre später wurde sie von Alexander dem Großen zerstört. Weil er auch gleich das Bewässerungssystem zerstörte, blieben die Ruinen, vom Wüstensand bedeckt, relativ gut erhalten.

Der Eram-Garten ist einer der ältesten botanischen Gärten in Shiraz.

Auf dem Weg sah ich zu meinem Erstaunen ein »richtiges« Motorrad – und kurz darauf noch eins. Ehe ich mich's versah, war ich von einer Gruppe hupender und winkender Motorradenthusiasten umzingelt. Wer im Iran ein Motorrad mit über 250 Kubikzentimeter Hubraum fahren wollte, brauchte eine Sondergenehmigung. Die bekamen nur Mitglieder eines Motorsportvereins – oder Leute mit guten Kontakten. Und auch dann durfte man die Maschinen nur am Freitag ausfahren. Und es war Freitag. Deshalb hatten leider auch die Behörden geschlossen, sodass ich mein Visum am nächsten Tag »noch schnell« vor unserer Abfahrt verlängern lassen musste. Aber »schnell« und »Behörde« scheinen nirgendwo auf der Welt so recht zusammenzupassen. Also wartete ich, nachdem ich von einem Beamten in ein Büro geführt worden war, wie auf glühenden Kohlen darauf, beachtet zu werden. Als mir das endlich gelang, erfuhr ich, dass ich erst einmal die Bearbeitungsgebühr bezahlen musste. Die Bank dafür wäre »nur« zwei Kilometer entfernt. Sobald ich den Einzahlungsbeleg brächte, würde ich meinen Stempel bekommen.

Das Problem war, dass die Beamten 15 Minuten später Feierabend machen wollten. Ich bat sie, auf mich zu warten, rannte raus und drängelte mich wie ein Wahnsinniger durch den dichten Verkehr. Ich parkte die Königin, rannte über einen Platz zur Bank und drängelte mich auch dort, höflich, aber bestimmt, an einen Schalter. In dem Moment fiel mir ein, dass ich meinen Helm, inklusive GoPro, Intercom und ein paar Hundert Euro in bar auf der Königin vergessen hatte. Auf dem Rückweg rannte ich doppelt so schnell. Zum Glück war alles noch da und so begann die rasante Fahrt zurück zur Ausländerpolizei. Sie wollten gerade schließen, machten aber eine Ausnahme und so hielt ich – endlich – meine Visumsverlängerung in Händen.

Ich holte meine Sachen und Mogli, aß etwas und fuhr nachmittags endlich von Shiraz ab. Wir hatten nur noch zweieinhalb Stunden, bis es dunkel wurde, und mussten 300 Kilometer durch das kalte Zagros-Gebirge, bis wir die warme Küste erreichen würden. Dort wollte ich mich mit Morteza und ein paar seiner Freunde treffen. Also gab ich wieder Gas – und rauschte prompt in die erste Radarfalle auf unserer Reise. Die Polizisten staunten nicht schlecht, als sie die Königin sahen, und als Mogli dann noch ihr Köpfchen aus dem Tankrucksack steckte, waren sie ganz von den Socken. Sie sprachen zwar kein Englisch, doch ich konnte sehen, wie sie darüber grübelten, was sie jetzt mit mir machen sollten. Am Ende kam ich ungestraft davon und sie gaben mir nur mit Händen und Füßen zu verstehen, dass ich es in Zukunft doch bitte ein wenig langsamer angehen lassen sollte. Notgedrungen gab ich aber bereits nach der nächsten Kurve wieder Gas.

Obwohl ich unter Zeitdruck stand, war es eine herrliche Fahrt. Die Straßen waren traumhaft und die untergehende Sonne tauchte die Berge und Steppen zur goldenen Stunde in ein immer kräftiger werdendes Orange. Der Anblick war einfach atemberaubend und ich wünschte mir, noch ein paar Stunden genau so weiterfahren zu können. Leider wurde es kurz darauf aber natürlich dunkel und kalt. Wir waren aber gut vorangekommen und schon fast wieder aus den Bergen heraus. Daher hielt ich an einer Tankstelle, um herauszufinden, wie weit Morteza und seine Freunde gekommen waren. Sie steckten, obwohl sie vor mir abgefahren waren, noch mitten in den Bergen und hatten keinen Empfang. Es dauerte daher eine Weile, bis ich sie erreichte. Eine Stunde später hatten wir uns gefunden und fuhren zusammen bis kurz vor Asaluyeh. Dubai, das Ziel unserer Reise, war damit in greifbare Nähe gerückt. Es war ein unwirkliches, aber überwältigendes Gefühl, den Persischen Golf – in den Vereinigten Arabischen Emiraten nennt man ihn übrigens Arabischen Golf – zu erblicken. Außerdem war es endlich wieder warm!

Mogli, die schon bei der Abfahrt quengelig war, freute sich sichtlich, endlich angekommen zu sein. Noch mehr aber freute sie sich, endlich wieder ins Freie zu dürfen, und so hüpfte sie erst einmal fröhlich ins Gebüsch. Ich baute unser Zelt unter einem Unterstand am Strand auf und Morteza machte sich zusammen mit seinen Freunden Abbas, Mehdid und Azim daran, das Abendessen vorzubereiten. Die vier waren offensichtlich ein eingespieltes Team, denn ehe ich mich's versah, war der Linseneintopf auch schon fertig. Mortezas Freunde sprachen zwar nicht viel Englisch, trotzdem verstand ich mich auch mit ihnen auf Anhieb gut.

Als ich am nächsten Morgen zum Rauschen des Meeres aufwachte, hatte Morteza bereits Rührei und den Chai zubereitet, sodass ich mich nur noch an den gedeckten »Tisch« zu setzen brauchte. Was für ein Service!

Da wir mittags an einer anderen Stelle essen wollten und die Prinzessin noch im Gebüsch verschwunden war, machten wir einen Treffpunkt aus und die vier fuhren schon einmal voraus. Ich packte in aller Ruhe meine Sachen und bekam dann »Besuch« von einer Familie, die zum Frühstück an den Strand gekommen war. Sie schleppten etliche Töpfe, Beutel, Teekannen und Geschirr an, und während ich Erfan, ihrem Sohn, noch erklärte, dass ich eben erst gegessen hatte, stellte mir seine Mutter auch schon einen üppig gefüllten Teller hin. Es war einfach unmöglich, der iranischen Gastfreundschaft zu entrinnen.

Als wir die anderen fanden, war Mehdid gerade dabei, einen Fisch, den er gefüllt hatte, mit Nadel und Faden wieder zusammenzunähen. Was das Picknicken anbetraf, ließen sich die Iraner wirklich nicht lumpen. Und dass dies schon meine dritte Mahlzeit an diesem Tag werden sollte, schadete mir auch nicht. Es war schon von Haus aus nicht viel an mir dran und während der Reise hatte ich zudem noch ein paar Kilos verloren.

Der nächste Programmpunkt war ein Nickerchen, und weil meine Freunde keine Kopfkissen hatten, legten sich die vier jeweils mit dem Kopf auf die Füße des andern. Es war ein herrlicher Anblick, wie sie so im Kreis lagen, und ich staunte darüber, wie lieb die Leute hier miteinander umgingen und wie alltäglich körperliche Nähe war – selbst unter Männern. Nur Mogli fühlte sich an unserer neuen Stelle nicht so richtig wohl. Sie verkroch sich die ganze Zeit über unter meiner Jacke.

Unser nächstes Ziel, ein weiter Sandstrand ohne jeglichen Unterschlupf war allerdings noch weniger für sie geeignet. Aber immerhin hatte sie ein ganzes Auto für sich, während wir badeten und Frisbee spielten.

Am Abend schlugen wir unsere Zelte in einem Park in Strandnähe auf. Davor wurden Mogli und ich noch zur Attraktion für eine ganze Horde von Kindern, von denen einige selbst mit dem Motorrad gekommen waren. Dass man zu dritt auf einer Maschine fährt, war ich mittlerweile schon gewohnt. Aber dass die drei Fahrer kleine Jungs waren, nicht älter als 12, ohne Helm und nur mit Schlappen, war schon ein witziger Anblick.

Platz ist auf dem kleinsten Moped. Diese Fahrer jedoch waren ungewohnt jung.

Unser Chefkoch Mehdid zauberte uns zusammen mit Azim am Campingkocher die nächste köstliche Mahlzeit. Ein weiterer schöner Tag ging zu Ende, und wenn ich daran dachte, dass ich bald in Dubai sein würde, wurde ich fast ein wenig melancholisch. Aber ich freute mich natürlich auch darauf, endlich meinen Freund Feras und seine Frau Uns zu sehen.

Mit der Zahl der Leute, die unserer Reise auf Instagram folgten, stieg auch die Anzahl der Nachrichten, die ich bekam – allerdings auch die der skurrilen. Die Mitteilung, die ich am nächsten Morgen erhielt, war aber besonders schräg: Eine Iranerin schrieb mir, dass der hübsche Perserkater ihrer Schwester viel und oft »heiraten« würde, und fragte mich, ob Mogli nicht Lust hätte, für ein paar Tage seine Frau zu sein. Damit Mogli eine Entscheidung treffen könnte, würde sie mir auch ein Foto schicken. Ich musste laut lachen. Wenn das mal kein guter Start in den Tag war.

Mogli war wie immer schon mit der Dämmerung aufgestanden und so führte mich mein Morgenspaziergang eine Runde durch den langsam erwachenden Park, wo ich sie in einem der dichten Gebüsche oder auf einem Baum zu finden hoffte. Ich konnte sie aber nirgends entdecken und sie reagierte auch nicht auf meine Rufe. Bevor ich mich aufmachte, andere Stellen abzusuchen, war es aber erst einmal Zeit für das Frühstück. Die Jungs hatten wie immer schon alles vorbereitet. Und vielleicht würde mein Kätzchen in der Zwischenzeit ja auch einfach wieder auftauchen.

Als Mogli eine halbe Stunde später immer noch nicht zurück war, wurde ich langsam nervös. Ich suchte wirklich überall, aber noch immer fehlte jede Spur von ihr. Ich wollte mich gerade geschlagen geben, da fiel mein Auge auf ein dickes Wasserrohr unter dem Gehweg. Und siehe da, als ich mich hinunterbeugte, miaute mich eine dunkelhaarige Prinzessin an. Es war der sicherste Platz, den sie im ganzen Park gefunden hatte, und selbst ich kam dort nicht an sie heran. Sie kam mir zwar ein Stück entgegen, um mich zu begrüßen, aber irgendetwas schien sie verschreckt zu haben, denn als ich sie nehmen wollte, verschwand sie rücklings wieder in ihrem Versteck.

Nachdem ich nun wusste, wo sie war und dass es ihr gut ging, ließ ich es gut sein und machte ich mich erst einmal daran, unsere Sachen zu packen. Mit einem Leckerli würde ich sie später schon herauslocken. Dachte ich.

Als es dann aber so weit war, nützte kein Leckerli der Welt etwas. Zum Glück fiel mir der Laserpointer ein, den ich auf dem Basar in Shiraz erworben hatte – und tatsächlich war Moglis Jagdinstinkt stärker als alles andere. Als sie den mysteriösen roten Punkt sah, der ihr in Shiraz stets durch die Lappen gegangen war, vergaß sie alle potenziellen Gefahren und lief direkt in meine Arme. Seitdem habe ich den Laserpointer nie mehr benutzt, denn Feras' Frau Uns wies mich wenige Tage später darauf hin, dass Katzen nicht verstünden, was da passierte. Außerdem wäre es gemein, wenn sie bei der »Jagd« nie erfolgreich sein könnten. Wenn ich so darüber nachdenke, hat sie damit vermutlich recht.

LAUTER WUNDERBARE MENSCHEN

Ich verabschiedete mich schweren Herzens von meinen neuen Freunden und machte mich auf den Weg nach Bastak. Die Straße dorthin war wunderschön und diesmal hatte ich ausnahmsweise auch genug Zeit, um immer wieder einmal anzuhalten und die Landschaft auf mich wirken zu lassen. Als die Prinzessin mir bei einer dieser Pausen nicht wie üblich ihr Köpfchen entgegenstreckte, sah ich nach und stellte erstaunt fest, dass sie tief und fest schlief. Und selbst als ich sie einem jungen Mann zeigte, der für ein Selfie angehalten hatte, schlief sie einfach weiter. Nicht einmal ihre Ohren bewegten sich. Die Nacht schien anstrengend gewesen zu sein.

Gegen 15 Uhr erreichten wir Bastak. Ich tankte die Königin, kaufte Brot fürs Frühstück und aß Kebab. Dabei fragte ich Mohamad, den Besitzer des Lokals, gleich, wo ich am besten unser Zelt aufschlagen konnte. Er sprach nicht wirklich Englisch, drückte mir aber kurz darauf sein Telefon in die Hand und sein Kumpel Maziar am anderen Ende der Leitung erklärte mir, dass wir in Mohamads leer stehendem Apartment schlafen könnten und dass er bereits auf dem Weg wäre, um uns abzuholen und dorthin zu bringen. Kurz darauf stand er auf der Matte. Und dann durfte ich noch nicht einmal für mein Essen bezahlen. Wie so oft zuvor fehlten mir wieder die Worte.

Maziar brachte mich zum Apartment, in dem lediglich ein Fernseher stand und dessen Fenster wie überall im Iran mit Zeitungspapier vor den Blicken anderer oder der Sittenwächter geschützt waren. Kurz nachdem er wieder abgefahren war, klopfte es an der Tür. Es war Erfan, der Nachbarsjunge, der mich zum Essen bei seiner Familie einlud. Was für eine liebe Geste! Aber ich hatte ja gerade eben erst gegessen. Außerdem war es an der Zeit, Gassi zu gehen. Als wir zur Haustüre hinausgingen, schlossen sich uns sofort ein paar Kinder an. Es wurden schnell immer mehr und bald fühlte ich mich wie der Rattenfänger von Hameln. Ich hoffte, dass es den Kindern irgendwann zu langweilig werden würde. Aber im Gegenteil:

Jetzt kamen sogar noch Erwachsene hinzu. Zum Glück hatten sie aber dann doch irgendwann genug gesehen, und nachdem sie wieder nach Hause gegangen waren, löste sich auch unsere Gefolgschaft nach und nach auf.

Wir hatten gerade dieses »Abenteuer« überstanden, da klopfte es schon wieder an der Tür. Diesmal stand ein kleines Mädchen davor, die Mogli ein Spielzeug vorbeibringen wollte. Als sie sah, wie die Prinzessin neugierig hinter mir hervorschaute, begannen ihre Augen zu leuchten. Sie malte mit ihren Fingern ein großes Herz in die Luft und verschwand wieder.

Ich freute mich darauf, dass jetzt der ruhige Teil des Abends beginnen und ich ein paar Sachen am Telefon erledigen konnte, als es noch einmal klopfte. Wieder stand das Mädchen vor der Tür, diesmal hielt es einen Zettel in der Hand. Darauf hatte sie ein Strichmädchen mit einem blauen Kleidchen und ein Herz gemalt und vermutlich ihre Eltern hatten dazu geschrieben: »Hast du schon zu Abend gegessen?« Ich schrieb zurück, dass ich bereits gegessen hatte, und bedankte mich der Nachfrage. Dem Mädchen erklärte ich dasselbe mit Pantomime. Sie hatte aber nur Augen für Mogli und kam auf der Suche nach ihr schon in die Wohnung. Eigentlich sollte ich ja niemanden hineinlassen, aber wie konnte ich ihr diesen Herzenswunsch verwehren? Als sie Mogli im Waschbecken liegen sah, machte sie einen kleinen Freudensprung. Und die Prinzessin ließ es ausnahmsweise kurz über sich ergehen, von jemand Fremdem, noch dazu von einem Kind, gestreichelt zu werden.

Danach war endlich Ruhe. Zwar kam Mohamad nach der Arbeit kurz vorbei, aber ansonsten hatten wir erst einmal keine Besucher mehr – bis zum nächsten Morgen. Denn bereits um halb acht klopfte es erneut: Das Mädchen kam vorbei, um sich von Mogli zu verabschieden.

Als ich nach dem Frühstück zum Motorrad hinunterging, fand ich dort einen Zettel von Erfan, dem Nachbarsjungen. Er schrieb: »Hi, ich bin es, Erfan. Ich wünsche euch eine gute Reise. Deine Katze fürchtete sich vor den vielen Leuten. Ich gehe jetzt in die Schule und da ich mich nicht persönlich von dir verabschieden kann, sage ich es jetzt. Good bye!« Bastak war das beste Beispiel dafür, dass es nicht immer die Sehenswürdigkeiten sind, die eine Reise ausmachen oder in Erinnerung bleiben, sondern die Menschen und die Erlebnisse. Und genau das war auch der Grund, warum ich es liebte, mit dem Motorrad zu reisen.

Ich gab Maziar die Schlüssel für das Apartment zurück und machte mich mit meiner höfischen Gesellschaft auf den Weg nach Bandar Abbas. Die Straßen waren wieder traumhaft schön und nach einer Weile sah ich zum ersten Mal auf unserer Reise wilde Kamele. Es war ein unglaubliches Gefühl, Tiere, die es bei uns nur im Zoo oder im Zirkus gab, in ihrer freien Wildbahn zu beobachten.

Über Simon, einem Polen, den ich in Yazd getroffen hatte, war ich mit Manizheh in Kontakt gekommen, einer sehr hilfsbereiten Dame in Bandar Abbas, von wo aus die Fähre nach Sharjah in die Vereinigten Arabischen Emirate abfuhr. Wegen Mogli konnte sie uns zwar keine Unterkunft anbieten, aber sie versicherte mir, dass ich mich gerne mit allen anderen Fragen und Problemen an sie wenden durfte. Außerdem könnte ich meine Sachen und die Königin bei ihr lassen, falls ich vorhatte, die Insel Hormuz zu besuchen. Mit dem Motorrad dorthin zu fahren würde sich nämlich nicht lohnen und wäre nur unnötig teuer.

Ich war erstaunt über so viel Hilfsbereitschaft, vor allem weil ich Manizheh noch nie getroffen hatte. Ich war aber auch ein wenig misstrauisch. Gutgläubige Touristen sind ein gefundenes Fressen für findige Einheimische und ich wurde, obwohl ich mir einbildete, die meisten Tricks zu durchschauen, schon des Öfteren überrascht. War man allerdings zu misstrauisch, verpasste man womöglich die besten Dinge. Ich wollte mich daher, wenn wir uns treffen würden, einfach auf mein Bauchgefühl verlassen.

Nach einer weiteren Nacht im Zelt machten wir uns also frühmorgens auf den Weg zu Manizheh – und nach dem Frühstück sagte mir mein Bauchgefühl, dass es okay wäre, unsere Sachen bei ihr zu lassen.

Fast wären wir dann aber gar nicht erst bis nach Hormuz gekommen, weil ein Paragrafenreiter meinte, dass Mogli ohne Transportbox nicht auf die Fähre dürfte. Doch als ich gerade enttäuscht abzog, schlug sein Kollege vor, einfach einen Karton zu nehmen. Erstaunlicherweise ging dieser tatsächlich als Transportbox durch.

Dass wir meiner Meinung nach nicht viel verpasst hätten, wenn es nicht geklappt hätte, wusste ich da noch nicht. Aber auf der kahlen Insel gab es außer einem alten Fort und Steinen in jeglichen Farben nicht viel zu sehen und an den wunderschönen, langen, leeren Sandstränden lag leider überall Müll. Mit Mogli war es zudem recht anstrengend, vor allem weil sie auf meiner Schulter der prallen Sonne ausgesetzt war und schnell überhitzte. Daher fuhren wir schon am nächsten Tag zurück nach Bandar Abbas. Unsere nächste Fähre sollte erst zwei Tagen später abfahren und bis dahin wollten wir es uns einfach im Park gemütlich machen.

Ich hatte eine versteckte Stelle ausgesucht, doch als ich das Zelt aufgebaut hatte, warnten Leute uns immer wieder, dass es dort gefährlich wäre und ich das Zelt doch besser unter einer der Laternen aufstellen sollte. Wovor wir uns in Acht nehmen müssten, wollte oder konnte uns allerdings niemand sagen. Das Einzige, was ich herausfand, war, dass Leute hierherkamen, um Haschisch zu rauchen.

Ich dachte, es würde ein entspannter Tag werden. Ich wollte meine Nachrichten beantworten, Instagram updaten und vielleicht ein wenig jonglieren. Weit gefehlt. Es verging keine Minute, in der nicht irgendjemand bei uns stehen blieb. Vermutlich war es einfach nicht üblich, dass ein Tourist im Park zeltete.

Es dauerte nicht lange, bis uns einer der Leute einen Schlafplatz anbot. Er müsse zwar weg, aber ich könnte die Schlüssel haben, der Kühlschrank wäre voll und Whiskey und Wein wären auch da. Krass! Da Mogli aber froh war, wieder draußen zu sein, und ich schon alles aufgebaut hatte, lehnte ich dankend ab. Nur wenig später kam ich mit zwei Männern ins Gespräch, von denen mir einer ebenfalls anbot, bei ihm zu übernachten. Und noch einmal kurz darauf, es ritten gerade ein paar Leute auf Kamelen vorbei – ein herrlicher Anblick –, machte mir ein Jogger dieselbe Offerte.

Während draußen bis weit nach Mitternacht kleine Kinder umhertobten, legten wir uns endlich schlafen. Ich hatte zwar an dem Tag nicht viel gemacht, aber geschafft war ich trotzdem. Mogli verließ das Zelt wie üblich in den frühen Morgenstunden, und als ich um halb acht aufstand, konnte ich sie nirgends finden. Spätestens wenn sie Hunger hätte, dachte ich, würde sie herauskommen. Und weil ich bis dahin ohnehin nichts ausrichten konnte, legte ich mich noch einmal eine Weile hin. Um neun Uhr weckte mich ein Mann, der mitbekommen hatte, dass ich Mogli gesucht hatte, und sich, um mir zu helfen, selbst auf die Suche nach ihr gemacht hatte. Leider kam er aber nur, um mir mitzuteilen, dass er sie nirgendwo finden konnte.

Etwa eineinhalb Stunden später kam Manizheh mit einer Freundin vorbei, um nach uns zu sehen. Als ich ihr erzählte, dass Mogli verschwunden war, machten auch sie sich gleich auf die Suche. Ich schaute nun auch in den weiter entfernten Gebäuden auf der anderen Straßenseite nach ihr und rief vom Zaun aus in die Baustellen ringsum hinein. Leider wieder ohne Erfolg.

Als ich von meiner Runde wiederkam, sah ich, dass am Lenker der Königin ein Beutel mit Ash und Fladenbrot hing. Manizheh hatte mir Frühstück dagelassen. Ich setzte mich und wollte gerade zu essen anfangen, als zwei Kinder mir Kekse brachten, gefolgt von einem Mann mit Datteln und Chai. Sie alle bangten mit mir um Mogli und verstanden, dass ich mich zum Essen nicht zu weit vom Zelt entfernen wollte. Dass mich die Menschen hier versorgten und ihre Augen offen hielten, war für mich die größte Hilfe. Zudem hörte ich, erst vereinzelt, später aus allen Ecken, Leute nach Mogli rufen. Einer der Männer fuhr sogar im Auto die Straße auf und ab und hielt Ausschau. Es war herzerwärmend, wie all diese fremden Menschen zusammenkamen, um mir zu helfen. Das machte meine ausweglose Situation irgendwie erträglich. Kaum zu glauben, dass ich in dem Land war, vor dem mich so viele meiner Freunde und Bekannten gewarnt hatten.

Um mich abzulenken, versuchte ich noch eine Runde zu schlafen. Denn mit jeder Minute, die verstrich, wurde ich mehr verrückt. Lieber wollte ich hoffen, dass Mogli einfach zurück wäre, wenn ich meine Augen wieder aufmachte. Das war sie aber nicht. Stattdessen stand ein Mann mit Kebab und Fladenbrot vor dem Zelt und rief: »Hallo, mein Freund!« Ich aß und wartete dabei verzweifelt auf die Rückkehr meiner Prinzessin. Es war der hundertste Tag unserer Reise, wir hatten 13 000 Kilometer zurückgelegt und zehn Länder durchquert. Sollte das hier das Ende unserer gemeinsamen Reise und dieser einzigartigen Freundschaft sein? So kurz vor dem Ziel? Ich fragte mich, was Mogli zugestoßen sein konnte. Es machte mich schier wahnsinnig. Und dass sie nach Sonnenuntergang noch immer nicht zurück war, beunruhigte mich umso mehr. Aber dann geschah das Wunder: Gegen 19 Uhr war sie plötzlich wieder da. Einfach so. Als wäre nichts gewesen. Ich konnte es nicht fassen und war überglücklich.

FAST AM ZIEL

Wir machten uns noch einen schönen letzten Abend, und nachdem wir beide ein paar Stunden geschlafen hatten, brachen wir auf zu Manizheh, die mir mit dem Fährticket helfen und uns ihre alte Transportbox für die Überfahrt geben wollte. Es sollte ein langer und anstrengender Tag werden – und der Wahnsinn begann direkt nach dem Frühstück: Wir fuhren zu dem Gebäude, in dem die Tickets ausgestellt wurden. Ich war heilfroh, dass sich Manizheh um die Formalitäten kümmerte, denn die Mitarbeiter sprachen kein Wort Englisch. Davon abgesehen bekam ich durch sie auch noch einen Rabatt. Daran, dass der Preis nach Rabatt und ohne Schlafkabine mit 350 Euro immer noch völlig überzogen war, konnte aber leider nicht einmal Manizheh etwas ändern.

Mit dem Ticket in der Hand ging es, nachdem ich mich von ihr verabschiedet hatte, zum Hafen. Da ich nicht wusste, in welches der vielen Gebäude ich musste, hielt ich einfach am ersten an und fragte nach dem Weg. Als ich die Königin danach wieder starten wollte, gab es auf einmal einen lauten Knall und eine dunkle Rauchwolke stieg aus dem Motorraum auf. Sie lief zwar, aber nur noch auf einem Zylinder. Auch das noch! Dass es lediglich an einem von schmutzigen Benzin zugesetzten Vergaser lag, wusste ich zu dem Zeitpunkt noch nicht, und bevor ich mir den Schaden näher ansehen konnte, musste ich den bisher größten bürokratischen Hindernislauf meines Lebens bewältigen. Zum Glück bot ein netter Polizist an, auf Mogli aufzupassen, während ich mich um die Formalitäten kümmerte. Sie konnte sich in einem kleinen Zimmer auf ein Mäuerchen setzen und durch eine Scheibe alles beobachten.

Die nächsten sechseinhalb Stunden schickten mich die Beamten kreuz und quer durch den Hafen, von einem Gebäude zum nächsten, bis ich nicht mehr wusste, in welchem der vielen Büros denn nun mein Pass verblieben war. Dazu kam, dass ich auch die Königin mehrmals vorführen musste. Weil ich mich aber nicht traute zu fahren, aus Angst, noch mehr Schaden anzurichten, schob ich sie die ganze Zeit, was ziemlich anstrengend war. Und als ich endlich mit allem fertig war und mir meine Maschine genauer ansehen wollte, durfte ich nicht mehr in den Bereich, in dem sie stand.

Irgendwann ging es dann tatsächlich an Bord. Da ich mit Mogli nicht in die Kabine durfte, machten wir es uns auf dem Deck bequem. Nach 37 Tagen verließen wir den Iran. Und obwohl es uns dieses Land bei Weitem nicht immer leicht gemacht hatte, wusste ich doch, dass die unbeschreibliche und grenzenlose Gastfreundschaft seiner Menschen immer das Erste bleiben würde, woran ich mich in Zukunft bei seinem Namen erinnern würde.

Es war aber nicht nur unser letzter Tag im Iran. Auch unsere Reise wäre, wenn wir in Dubai ankämen, vorerst zu Ende. Wie es weitergehen sollte, stand noch in den Sternen. Alle möglichen Gefühle überschlugen sich in mir. Es sollte noch eine Weile dauern, bis ich sie wieder geordnet und die vielen Eindrücke verarbeitet hatte. In diesem Moment aber, als wir gerade ablegten, rief ich erst einmal meine Mum an und teilte ihr stolz mit, dass wir es heil und in einem Stück auf die Fähre geschafft hatten.

SIGHTSEEING

In Shiraz gab es unendlich viel zu sehen – und so warf ich mich gleich mehrere Tage ins Getümmel. Mindestens genauso spannend wie die Moschee oder der Eram-Garten: die engen Gassen, unzähligen Geschäfte und wohlschmeckenden Spezialitäten – und natürlich die unglaublich gastfreundlichen Menschen. Der Iran hieß mich wirklich mit offenen Armen willkommen.

ACERBIS
ACERBIS
HONDA

VEREINIGTE ARABISCHE EMIRATE

Dubai war das vorläufige Ende einer Reise, die mein Leben für immer verändern sollte. Viele hatten sie so gar nicht für möglich gehalten und selbst ich war nicht immer sicher, dass Mogli und ich eines Tages wirklich in den Vereinigten Arabischen Emiraten ankamen. Ich wusste, dass es noch eine Weile dauern würde, die vielen Eindrücke zu verarbeiten. Allerdings ahnte ich nicht, wie schwierig es werden würde, in Dubai zur Ruhe zu kommen …

ZU HAUSE BEI FREUNDEN

Wir schliefen erstaunlich gut auf unserer Bank, vermutlich sogar besser als die Leute in der Kabine, und da wir nicht hineinkonnten, brachte uns ein Mitarbeiter am nächsten Morgen sogar das Frühstück ans »Bett«. Unser erster Tag in den Vereinigten Arabischen Emiraten, dem elften und vorerst letzten Land unserer Reise, begann gut.

Gegen zehn Uhr konnte ich in der Ferne die Skyline Sharjahs ausmachen, doch es dauerte noch zwei Stunden, ehe das Schiff anlegte. Obwohl es mir vor dem Papierkrieg graute, konnte ich es kaum erwarten, nach unserer nunmehr dreieinhalb Monate währenden Anfahrt endlich meinen Freund Feras wiederzusehen. Hoffentlich lief die Königin bis dahin wieder, schließlich freute ich mich schon seit einer ganzen Weile darauf, die letzten Kilometer Seite an Seite mit ihm in Dubai einzufahren. Die Einwohner der Emirate hatten jedoch an diesem Tag Wichtigeres zu tun: Sie feierten ihren Nationaltag und so war niemand im Hafen, um die nötigen Papiere auszufüllen. Selbst die Computer hatten sich eine Auszeit genommen. Das hieß: Die Königin konnte erst einmal nicht einreisen. Aber es kam noch schlimmer: Die Grenzbeamtin, die unsere Pässe einsammelte, fragte nach einem Gesundheitszertifikat für Mogli. Obwohl ich mich vor der Abreise genauestens über die Einreisebedingungen in jedem Land informiert hatte, war mir dieses Zertifikat vollkommen neu – und da wir unmöglich umdrehen müssten, fühlte ich mich gehörig in die Enge getrieben. Es war schlimm genug, ohne die Königin einzureisen. Aber ohne Mogli? Das ging gar nicht!

Ich antwortete der Frau höflich, aber bestimmt, dass ich leider nichts von dem Zertifikat gewusst hatte, und erklärte ihr, dass wir bis hierher 13 000 Kilometer gemeinsam durch die Welt gefahren waren und ich Mogli sicher nicht an dieser Grenze zurücklassen würde. Sie hatte nachweislich alle benötigten Impfungen, war gekennzeichnet und offensichtlich kerngesund. Ich hielt ihr meine Prinzessin unter die Nase und setzte mein nettestes Lächeln auf. Innerlich kochte ich, doch ich wusste, dass es mich nicht weiterbringen würde, einen Aufstand zu machen. Ich atmete ein paarmal tief durch und setzte mich wieder zu den anderen Wartenden.

Die Grenzbeamtin verließ das Büro, in der Hand die Pässe aller Passagiere, inklusive dem von Mogli. Die drei Stunden, die es dauerte, ehe sie wiederkam, fühlten sich an wie eine Ewigkeit. Nicht zu wissen, was mit meinem kleinen Kätzchen passieren würde, war schlimmer als alle vorangegangenen Strapazen zusammen.

Dafür aber kam die Dame mit den Pässen zurück, und als sie meinte, dass Mogli einreisen dürfte, viel mir eine ganze LKW-Ladung voller Steine vom Herzen. Bevor sie sich es anders überlegen konnte, machte ich mich mit Mogli aus dem Staub. Allerdings waren wir noch nicht aus dem Hafen, da wurden wir wegen ihr gleich noch einmal aufgehalten. Der Beamte war diesmal zum Glück weniger hartnäckig und so kamen wir nach 102 Tagen am 3. Dezember 2017 gegen 16 Uhr offiziell in den Vereinigten Arabischen Emiraten an. Nur die Königin, die uns so treu bis hierher gebracht hatte, mussten wir zurücklassen.

Feras, der schon eine ganze Weile draußen gewartet hatte, freute sich mindestens genauso sehr wie ich über das Wiedersehen. Zur Feier des Tages hielten wir auf dem Heimweg bei einer kleinen libanesischen Bäckerei. Allerdings musste ich gleich am Eingang wieder umdrehen, weil Mogli auf meiner Schulter saß. Das trübte unsere Freude aber nicht. Wir ließen uns die Shawarmas einpacken und nahmen sie mit. Es fühlte sich fast unwirklich an, endlich da zu sein – befreiend und gleichzeitig beunruhigend. Wie würde es ab jetzt weitergehen? Meine Ersparnisse hatte ich fast vollständig für die Reise verbraucht. Es war nicht einmal mehr genug Geld da, um einfach wieder zurückzufahren. Aber ich war zuversichtlich:

Mogli und Shams waren nach anfänglicher Scheu bald unzertrennlich.

Irgendetwas würde schon passieren. Irgendwas passierte immer. Jetzt wollte ich erst einmal unsere Ankunft in Dubai feiern.

Feras und seine Frau Uns waren übrigens nicht die Einzigen, die sich über ihre neuen Mitbewohner freuten. Wie ich hatten sie ein kleines »Findelkind« adoptiert. Im Gegensatz zu Mogli war ihr Kater Shams jedoch alles andere als zurückhaltend – und so wollte er die Prinzessin bei der Ankunft gleich mal mit einem herzhaften Nasenstupser begrüßen. Der ging das natürlich viel zu schnell und daher wäre das erste Kennenlernen fast ins Auge gegangen. Zumindest war damit klar, wer von den beiden die Hosen anhatte. Und auch wenn mir Shams ein wenig leidtat, war ich doch ein klein wenig stolz darauf, dass meine kleine, tapfere Prinzessin in der Fremde ihren Mann stand.

Dank Feras' Hilfe war es ein Kinderspiel, die Königin am nächsten Morgen aus dem Hafen zu holen – wenngleich trotz der vielen Formalitäten ein langwieriges und mit 130 Euro auch ein teures. Dass wir sie aber auf einen Abschlepper laden mussten, nagte schon sehr an mir. Der Gedanke, dass der Abschlepper sie zum örtlichen Honda-Vertragspartner bringen würde, wo man angeboten hatte, sie kostenlos zu reparieren und gleich noch einen Service zu machen, stimmte mich aber rasch wieder besser.

Nach 37 Tagen im Iran kam mir Dubai vor wie Amerika und das erste Mal wieder mit Shorts draußen zu sein fühlte sich fast ein wenig eigenartig an. Überall glitzerte und funkelte es, Autos waren vor allem Statussymbole und an jeder Ecke gab es Einkaufszentren – eins größer und prunkvoller als das andere. Ich war aber nicht gekommen, um mich zu vergnügen und Geld auszugeben. Ich wollte hier Geld verdienen.

WILLKOMMEN IM ALLTAG

In der nächsten Nacht machte ich mich morgens um zwei auf den Weg zum Flughafen. Eduard, einer meiner Kumpel aus Rosenheim, der ursprünglich mal geplant hatte, mit mir nach Dubai zu fahren, hatte ebenfalls seinen Job gekündigt und seinen Haushalt aufgelöst. Jetzt wollte er wie ich versuchen, in Dubai genug Geld zu verdienen, um ein Motorrad zu kaufen. Wenn alles klappte, wollten Eduard und ich gemeinsam weiter nach Indien fahren. Mit ihm (und Shams) würde ich mir also die nächsten zwei Monate ein Bett teilen, denn er war ebenfalls bei Feras und Uns untergekommen. Mogli bevorzugte es, im Sessel zu übernachten.

In den nächsten Tagen lebten wir uns in Dubai ein, lernten, uns in der Stadt zu orientieren, und versuchten unseren Gastgebern, wo wir konnten, unter die Arme zu greifen. Bevor ich mich's versah, hatte mich der Alltag fest im Griff. Ich erledigte für Feras ein paar leidige und zeitraubende Datenbankarbeiten und half ihm im Lager.

Uns kannte jemanden, der für die Wochenenden und zu besonderen Veranstaltungen einen Rezeptionisten benötigte. Und daheim wollten die beiden endlich einmal ihren Keller aufräumen … Meine Tage waren komplett durchgetaktet.

Wenn ich Zeit hatte, traf ich mich mit Freunden, Bekannten und Fremden, gab Interviews für die Zeitung, das Radio, eine Podcastshow und Onlineartikel, bereitete zwei Präsentationen an Schulen vor … Das deutsche Konsulat lud Mogli und mich zu sich ein und bot seine Unterstützung an. Und selbst die Ministerin fürs Glücklichsein (»Minister of State for Happiness«) war von unserer Reise inspiriert und wollte uns treffen. Daraus wurde zwar leider doch nichts, Dubai empfing uns aber trotzdem mit offenen Armen.

Auch wenn wir so schon gut beschäftigt waren, mussten wir uns noch um Jobs bemühen, Ersatzteile besorgen und die Motorräder auf Vordermann bringen und reisefertig machen. Feras, der neben seinem Job auch eine eigene Firma – einen Brettspielvertrieb – aufbaute, die nun so organisiert werden musste, dass man für drei Monate ohne ihn auskommen würde, ging es ähnlich. Nicht selten arbeitete er bis spät in die Nacht. Ich war froh, dass ich ihn zumindest ein bisschen unterstützen konnte, und so saßen wir manchmal, wie Kollegen im Büro, abends vor den Computern und brachten uns gegenseitig Kaffee aus der Küche mit.

Shams schien in Mogli wohl seinen Mentor zu sehen und folgte ihr neugierig auf Schritt und Tritt. Bald sah Mogli ein, dass sie ihn nicht davon abhalten konnte. Die beiden freundeten sich an und nach zwei Wochen sah man sie nur noch im Doppelpack.

Ende Dezember kam Besuch aus Deutschland. Mein älterer Bruder hatte sich trotz seiner Flugangst entschlossen, uns mit seiner Freundin zu besuchen, und mein jüngerer Bruder und Tino schlossen sich ihnen spontan an. Es war ein herzliches Wiedersehen und sie brachten mir bei der Gelegenheit auch meine Rollerskates und sogar ein Weihnachtspäckchen mit: Elke aus Österreich, die unsere Reise auf Instagram verfolgte, hatte ihnen Dominosteine, Lebkuchen und Leckerlis für Mogli mitgegeben. Das waren aber nicht die einzigen Geschenke, die wir an diesem Tag bekamen. Am Morgen kam die Mitarbeiterin eines großen Katzenfutterherstellers vorbei und brachte uns einen großen Sack mit Futter, Leckerlis und Spielzeug. Selbstverständlich teilte die Prinzessin ihre Geschenke großzügig mit ihrem neuen Freund Shams.

Um so viel Zeit wie möglich mit meinen Brüdern und Freunden verbringen zu können, hatte ich vor ihrer Ankunft viele dringende Sachen abgearbeitet und so schafften wir an den meisten Tagen tatsächlich, etwas miteinander zu unternehmen. Weihnachten und Silvester feierten wir wie eine riesige Patchworkfamilie. Doch kaum hatte das neue Jahr begonnen, mussten unsere Gäste auch schon wieder abreisen. Doch Ruhe kehrte kaum ein. Nur fünf Tage später kamen Isi und Mickey, zwei ehemalige Kolleginnen, die auf dem Weg nach Thailand waren, auf einen Sprung vorbei. Und eine Woche darauf besuchte uns Ruppi, ein weiterer ehemaliger Kollege. Ich freute mich jedes Mal riesig über das Wiedersehen und fühlte mich mit all den vertrauten Gesichtern wie zu Hause. Schade nur, dass ich nicht meine ganze Zeit mit ihnen verbringen konnte.

Zwei Tage nachdem Ruppi nach Deutschland zurückgeflogen war, musste ich auch Eduard zum Flughafen bringen. Er hatte zwar jede Menge Berufserfahrung und Zertifikate, aber da er nie eine Ausbildung gemacht hatte, standen die Chancen auf einen gut bezahlten Job schlecht. Immerhin hatte die Reise ihm geholfen, aus seinem alten Trott auszubrechen, und auch sein Englisch konnte sich nun sehen lassen. Kurz darauf begann er in Rosenheim eine Ausbildung.

ENDLICH EIN JOB

Ich selbst hatte es seit unserer Ankunft leider ebenfalls noch nicht geschafft, mich ernsthaft um einen Vollzeitjob zu bemühen. Langsam, aber sicher wurde es knapp, denn mein Visum war nur für drei Monate gültig. Zwei davon waren bereits verstrichen. Außerdem brauchte ich unbedingt mehr Geld, sonst würde ich bald selbst im Flieger sitzen. Ich hatte die Erfahrung gemacht, dass die Sachen, nach denen ich suchte, meist von alleine ihren Weg zu mir fanden, und daher noch nicht einmal mit der Suche begonnen. Für einen kurzen Moment kamen Zweifel in mir auf. Das Universum hatte schließlich jeden Grund, mir für meinen Hochmut eine hinter die Löffel zu geben. Würde es mir auch diesmal wieder helfen? Trotzdem hatte ich genug anderes zu tun, als mich um einen Job zu kümmern: In drei Wochen wollte uns meine Mum besuchen kommen. Und für die würde ich mir Zeit nehmen. Egal wie.

Die größte und zeitraubendste Aufgabe war bis dahin, einen Vortrag über unsere Reise vorzubereiten, den ich vor 150 Kindern an der Deutschen Internationalen Schule Dubai halten sollte. Zum einen hatte ich so etwas nicht mehr gemacht, seit ich selbst noch Schüler war. Zum anderen war mein komplettes Bild- und Filmmaterial auf verschiedensten Datenträgern verstreut und auch meine Notizen musste ich dafür erst aufarbeiten. Obwohl ich sehr nervös war, war der Vortrag am Ende ein voller Erfolg. Es machte sogar richtig Spaß. Nur warum einige der Kinder »Ohhhh, wie süß!« riefen, als ich ein Bild von mir vor einem versunkenen Panzer zeigte, war mir ein Rätsel.

Es hatte sich immer noch kein Job aufgetan, und obwohl ich vollstes Vertrauen in das Universum hatte, wurde ich nun doch ein wenig nervös und fing an, alle möglichen Firmen anzuschreiben. Wie durch ein Wunder hatte ich in letzter Minute Erfolg. Eine Kollegin von Uns hatte meinen Lebenslauf an ein Logistikunternehmen weitergeleitet und mir so zu einem Vorstellungsgespräch verholfen. Ich verstand mich mit Hermann, dem Manager, auf Anhieb gut und er rechnete es mir hoch an, dass ich ihm nicht verschwieg, dass ich nach vier Monaten schon wieder kündigen wollte. Ich hatte den Job und der Rest des Gesprächs drehte sich eigentlich nur noch um unsere abenteuerliche Reise.

Mittlerweile war auch meine Mum in Dubai angekommen. Ich hatte zwar noch nicht alles erledigen können, die meisten Dinge aber konnten wir zum Glück gemeinsam machen.

Weil ich Katherine, einer Professorin an der Khalifa University, versprochen hatte, eine Präsentation vor ihrer Klasse zu halten, fuhren wir zu zweit nach Abu Dhabi. Einen Ausflug dorthin hatten wir ohnehin geplant, denn wir wollten uns die Moschee Scheich Zayeds, dem Gründervater der Vereinigten Arabischen Emirate, ansehen.

An meinem 32. Geburtstag unternahmen wir dann eine weitere Reise, die keiner von uns beiden so schnell vergessen würde: Jalal, den ich in einer Motorradwerkstatt kennengelernt hatte, brauchte Unterstützung, um ein Auto aus Muskat im Oman abzuholen. Ich hatte ihm versprochen zu helfen. Und da meine Mum meinte, es wäre für sie kein Problem, fuhr ich mit ihr als Sozius auf seiner BMW 1200 GS – eine Reise-Enduro wie die Königin, die ich schon längst einmal Probe fahren wollte – nach Muskat. Anschließend mussten wir die 500 Kilometer auf der gleichen Strecke wieder zurück. Diesmal fuhr meine Mum im Auto, während sich mein schmerzender Hintern weiterhin mit der BMW zufriedengeben musste. Die Aktion beanspruchte den kompletten Tag und am Ende verpasste ich dadurch sogar meine eigene Geburtstagsfeier. Auch wenn meine Mum und ich nun immer auf diese einzigartige Aktion zurückblicken konnten und ich mit 980 Kilometern meinen persönlichen Tagesrekord auf einem Motorrad gebrochen hatte, waren wir beide heilfroh, als wir endlich wieder in Dubai ankamen. Und wiederholen wollte ich das Ganze auch kein zweites Mal.

Wenn wir nicht gerade woanders unterwegs waren, machten Mum und ich Dubai unsicher. An ihrem letzten Abend schafften wir es dann dank Björn, einem deutschen Fotografen, den ich kennengelernt hatte, einen Tisch im 122. Stockwerk des Burj Khalifa zu ergattern. Und weil Björn auch den Barchef kannte, gab es sogar einen Whiskey aufs Haus. Zusammen im höchsten Restaurant der Welt zu sitzen, mit einem Glas Whiskey in der Hand, war schon etwas Besonderes und definitiv ein gelungener Abschluss für ihren Urlaub. Einzig die Verabschiedung fiel uns beiden am nächsten Tag sehr schwer. Schließlich wusste keiner von uns, wann oder wo wir uns wiedersehen würden.

*»Die Scheich-Zayed-Moschee
in Abu Dhabi war eines der schönsten Gebäude,
die ich auf meiner Reise gesehen habe.«*

Drei Tage später und eine Woche, bevor mein Visum ablief, hatte ich an einem Sonntag meinen ersten Arbeitstag. Mein Arbeitsvisum jedoch war, da mein Touristenvisum schon ausgelaufen war, noch immer in Bearbeitung und so musste ich kurz in den Oman ausreisen, um mich nicht illegal im Land aufzuhalten. Mogli musste ich wegen eines fehlenden Gesundheitszertifikats bei meinen Freunden lassen. Zum Glück fühlte sie sich dort mittlerweile wie zu Hause. Und zum Glück lief alles glatt, und ich konnte bereits am nächsten Tag mit einem neuen Visum wieder einreisen.

Da ich nun einen Job hatte und genug Geld verdiente, wurde aus Feras' und meinem Traum, zusammen nach Nepal zu fahren, plötzlich ein handfester Plan. Und wir hatten noch genau vier Monate, uns auf die Reise vorzubereiten.

Es gab viel zu tun: Wir selbst brauchten Visa, unsere Motorräder ein Carnet de Passage und einen ganzen Schwung Anbau- und Ersatzteile. Feras hatte noch keine Motorradausrüstung, Mogli musste geimpft werden und ich brauchte einen Laptop. Außerdem wollte ich ein besseres Zelt und eine neue Matratze kaufen. Und dann mussten wir noch herausfinden, ob und wie wir Pakistan durchqueren könnten …

Ich beantwortete hier und da immer wieder Interviews für Zeitungen, Magazine und Websites, schrieb einen kleinen Artikel und suchte Bildmaterial heraus. Obwohl ich das alles gerne machte, nahm es doch viel Zeit in Anspruch. Geld brachte das Ganze nur in den allerseltensten Fällen ein. Dafür aber erhöhte es meine Reichweite – und damit die Chancen, aus dem Hamsterrad auszubrechen, das nach meiner Rückkehr in Deutschland auf mich wartete.

Als uns im April das Osterpaket meiner Mum erreichte, fingen die Temperaturen bereits an zu steigen und Anfang Mai kletterte das Thermometer schon regelmäßig über die 40-Grad-Marke. Tagsüber hielt man es draußen kaum mehr aus. Bald brauchte ich beim Motorradfahren Jacke und Handschuhe, um den warmen

Wind abzuhalten. Das Katzengras, das ich gepflanzt hatte, verdörrte und sogar Mogli zog es vor, tagsüber drinnen zu bleiben. Die Mäuse kamen ohnehin erst abends aus ihren Löchern. Shams dagegen war ein Arabischer Mau. Seine Vorfahren hatten sich seit über 1000 Jahren an das Wüstenklima angepasst und so schien ihm die Hitze nicht viel auszumachen. Er hatte aber auch kein wuscheliges und wärmendes Unterfell, so wie Mogli. Außerdem liebte er es, im kühlenden Wasser zu spielen, und kam ab und zu sogar mit in die Dusche. Unvorstellbar, dass Mogli je auf diesen Gedanken käme.

Bevor es zu spät war und wir es in der Hitze gar nicht mehr aushielten, hatte ich dank Jalal die Möglichkeit, mit einer 450er-KTM-SX-F-Motocross über die Dünen zu sausen. Jetzt verstand ich, warum manche Leute es liebten, mit dem Motorrad durch die Wüste zu fahren. Wenn ich mit der schweren Königin in den Sand fuhr, rutschte mir immer das Vorderrad weg. Jetzt aber drehte ich am Gas und konnte durch den Vortrieb und das geringe Gewicht regelrecht auf dem Sand schwimmen. Ein Wahnsinnsgefühl! Später versuchte ich das Ganze noch mal mit der Königin. Doch obwohl ich mich in meinen Augen wacker schlug, fiel sie mir einmal um und ein anderes Mal grub sie sich so tief in den Sand, dass Feras mir helfen musste, sie wieder herauszuziehen.

Am 5. Mai passierte das Undenkbare: Shams kam nicht mehr zurück nach Hause. Da es tagsüber so heiß war, war es für unsere beiden Stubentiger normal, nachts rauszugehen. Über die Katzenklappe konnten sie in den frühen Morgenstunden zurück ins Haus. Aber als wir an diesem Morgen aufwachten, fehlte vom Kater jede Spur. Noch vor der Arbeit stellten wir alle Zimmer auf den Kopf, konnten ihn aber nirgends finden. Als wir abends nach Hause kamen, machten wir uns sofort wieder auf die Suche. Wir hängten draußen Flyer auf, sprachen mit Arbeitern auf den Baustellen, lauschten an Tiefgaragen und verschlossenen Türen und kontaktierten Facebook-Gruppen. Erfolglos. Doch keiner von uns wollte glauben, dass Shams einfach weg war. Daher suchten wir weiter jeden Morgen und Abend nach ihm – meist mehrere Stunden. Aber er kam nicht zurück. Mit jedem Tag schwand unsere Hoffnung ein wenig mehr und nach einem Monat hörten wir auf zu suchen. Wir mussten akzeptieren, dass Shams nicht mehr zurückkam. Uns, die nach unserer Abreise drei Monate alleine sein sollte, traf der Verlust am meisten.

Um Mogli und mir ein ähnliches Schicksal zu ersparen, recherchierte ich nach verschiedenen Ortungsgeräten für Katzen und entschied mich schließlich für einen leichten Tracker, der mit Funkwellen funktionierte. Er hatte zwar keine große Reichweite, dafür aber benötigte er weder Internet noch Satellitenempfang, die Batterie hielt monatelang und er wog nur ein Zehntel der sonst üblichen GPS-Tracker. Außerdem kostete er auch nur einen Bruchteil davon.

Mitte Mai hielt der Fastenmonat Ramadan Einzug in Dubai. Ab da drehten sich die Uhren ein wenig langsamer. Die Arbeitszeiten wurden gesetzlich verkürzt und die Menschen begrüßten sich

Manchmal schien es mir, als ob Mogli jede Nacht auf ihren Freund Shams wartete. Doch leider kam Feras' und Uns' Kater nie zurück.

nun mit »Ramadan Kareem« oder »Ramadan Mubarak«. Vor allem aber hieß es für einen großen Teil der Bevölkerung, dass man von Sonnenauf- bis Sonnenuntergang nicht essen oder trinken durfte. Zu rauchen oder Sex zu haben war in diesen Stunden ebenfalls verboten. Selbst als Nichtmuslim musste man auf all diese Sachen verzichten oder sie im Verborgenen tun.

Jeden Abend kamen die Menschen zum Iftar, dem Fastenbrechen, zusammen – auf der Straße, in einer Moschee oder zu Hause. Und da es gerade im Ramadan Aufgabe eines jeden Muslims ist, den Armen zu helfen, wurde an alle Essen ausgegeben. Allein in der Scheich-Zayed-Moschee in Abu Dhabi wurden jeden Abend bis zu 30 000 kostenlose Mahlzeiten ausgegeben.

Obwohl es mich interessierte, wie sich das Fasten anfühlte, entschied ich mich anders als Feras und Uns am Ende doch dagegen. Ich schwitzte in der Hitze einfach zu viel, um tagsüber nichts zu trinken. Außerdem konnte ich es mir im Hinblick auf die bevorstehende Reise nicht erlauben, noch mehr abzunehmen. Und nicht zuletzt musste ja auch irgendjemand die ganzen Reste essen, die vom abendlichen Iftar übrig blieben. All die herrlichen Leckereien, zu denen uns Feras' und Uns' Eltern einluden und die mehr einem Festschmaus als einem bescheidenen Fastenbrechen glichen, ließ ich mir natürlich trotzdem nicht entgehen.

Als das Mondsichtungskomitee nach einem Monat die Sichel des neuen Mondes am Horizont erkennen konnte, war der Ramadan vorüber. Doch bevor sich das Leben in Dubai wieder normalisierte, feierte man mit einem riesigen Festmahl Eid al-Fitr, das Fest des Fastenbrechens.

Ich hatte die verkürzten Arbeitszeiten während des Ramadans unter anderem dazu genutzt, mich auf die Weiterreise vorzubereiten. Die größte Herausforderung war eindeutig, alles zu finanzieren. Das Geld, das ich in Dubai ansparen konnte, brachte uns zwar bis Nepal, aber wie es danach weitergehen sollte, wusste ich noch nicht. Da alle meine Versuche, Sponsoren zu finden, erfolglos geblieben waren, mich aber immer wieder Leute fragten, wie sie uns unterstützen könnten, startete ich kurzerhand einen Fundraiser. Es war zwar ein eigenartiges Gefühl, dass mir teils wildfremde Menschen Geld schenken wollten, und ich wusste auch nicht, wie ich mich, abgesehen von einer kurzen Nachricht, dafür bedanken sollte, aber ich nahm mir vor, zumindest einen Teil des gespendeten Betrags für gute Zwecke einzusetzen, sobald ich selbst wieder genug Geld hatte.

Als wären meine Bemühungen das Zeichen für meinen guten, alten Freund Universum, kontaktierte mich genau da Nadja vom Gräfe und Unzer Verlag. Sie fragte mich, ob ich nicht Lust hätte, ein Buch über unsere Reise zu schreiben. Ich war völlig perplex. Nicht nur, dass ich mit diesen Einkünften die Weiterreise finanzieren konnte. Der Gedanke, mein eigenes Buch in den Händen zu halten, erfüllte mich, auch wenn es bis dahin noch ein weiter Weg war, schon damals mit Stolz. Gab es eine bessere Möglichkeit, meine Erfahrungen mit der Welt zu teilen, und zu zeigen, auf was für einem wundervollen Planeten wir lebten – und mit welch wundervollen Menschen. Aber noch musste das Buch warten, denn der Tag unserer Abfahrt rückte immer näher. Am 11. Juli feierten wir Feras' 30. Geburtstag und nur einen Tag später stürzten wir uns in das lang ersehnte Abenteuer.

DAS ABENTEUER BEGINNT

Mein Tacho zeigte 52 473 Kilometer. Ich notierte es, setzte meinen Helm auf und startete das Motorrad. Es war großartig zu hören, dass Feras neben mir es mir gleichtat.

Wir fuhren unter dem Koran hindurch, den Uns' Mutter in die Höhe hielt und ließen uns von ihrem Vater Wasser hinterhersprenkeln, damit wir sicher wiederkehrten. Trotz bester Wünsche aber kamen wir an dem Tag gerade einmal 55 Kilometer weit bis zum Hafen. Dort sprang die Königin plötzlich nicht mehr an. Feras lachte und war fest davon überzeugt, dass sie wohl einfach keine Häfen mochte. Tatsächlich aber lag es nur an einem Kontaktproblem – kurz darauf sprang sie wieder an. Ich war trotzdem genervt, dass wir bereits am ersten Tag schon Probleme hatten. Aber jetzt hatten wir erst einmal andere Sorgen, denn Mogli drohte zu überhitzen. Sie konnte ja nicht schwitzen oder einfach ihr Fell ablegen. Ihren Tankrucksack hatte ich mit einer zerschnittenen Isoliertasche »getuned«, die von oben die Sonne reflektieren und von unten die Motorhitze abhalten sollte. Dazu hatte ich ihre »Höhle« mit einer kleinen Flasche Eis gekühlt. Aber jetzt mussten wir uns um langwierige Formalitäten kümmern und sie konnte unmöglich so lange bei der Königin bleiben – Eisflasche hin oder her. Zum Glück fanden wir ein klimatisiertes Büro, in dem sie auf uns warten durfte, bis nach vier Stunden endlich alles erledigt war. Ich hatte ganz vergessen, wie aufregend der Beginn so einer großen Reise war, aber auch wie furchteinflößend. Und diesmal wollte ich mich noch weiter von meiner Heimat entfernen und hatte keinen, der in der Ferne auf mich wartete. Doch zum Glück war ich ja nicht alleine.

Mogli durfte auch diesmal nicht mit in die Kabine, und da es selbst in der Nacht noch unerträglich heiß und feucht war und die Bänke auf dem Deck noch dazu im Windschatten standen, wurde die Überfahrt zur Tortur. Ich kühlte Mogli, die so fertig war, dass sie sich keinen Zentimeter vom Fleck rührte, die ganze Zeit über mit Wasser, das ich ihr in kleinen Schlückchen über das Fell goss. Wenn ich mir selbst den Schweiß aus dem Gesicht wischte, rieb ich mir Katzenhaare in Augen und Nase. Überhaupt tat mir nach einer Weile von der ständigen Wischerei das Gesicht weh.

Es war einfach anstrengend. Das Schlimmste aber war, dass kein Ende in Sicht war. Denn nach unserer Ankunft in Bandar Abbas mussten wir zuerst einreisen und die Motorräder aus dem Zoll holen. Davor graute es mir am meisten. Immerhin durfte ich all dies mit Feras teilen und im Vergleich zu unserer Vorfreude auf die Reise war ein bisschen Schwitzen und Warten eigentlich nicht weiter erwähnenswert. Wir waren auf dem Weg in den Iran. Nur das zählte. Unser gemeinsames Abenteuer hatte begonnen.

HONDA

HONDA

MÄNNERFREUDEN

In Dubai hatte mich der Alltag ziemlich schnell im Griff. Umso mehr Spaß machte es, die Königin einfach mal nur zum Vergnügen auszufahren. Feras (oben rechts unter der Staubwolke) hatte genauso viel Spaß wie ich. Meine Prinzessin dagegen ließ ich wohlweislich lieber zu Hause.

Junction of World's
Three Highest
Mountain Ranges
الجلال
0300-5448820
NHA
@motomogli

PAKISTAN

Mit der Durchquerung Pakistans begann der Teil unserer Reise, über den ich mir die meisten Sorgen gemacht hatte. Es war keine einfache Zeit und noch nie zuvor hatte der Terrorismus einen derart großen Einfluss auf mein Leben genommen – auch wenn es am Ende gar keine Terroristen waren, die uns fast zum Verhängnis wurden, sondern der unglaubliche Verkehr …

REISE MIT HINDERNISSEN

Um nach Pakistan zu gelangen, mussten wir noch einmal durch den Iran. Es fühlte sich schon fast vertraut an, in dieses Land einzureisen, und ich erkannte sogar ein paar Wörter wieder, die die Arbeiter untereinander austauschten.

Es war Sommer geworden und wirklich glühend heiß. Das Thermometer überstieg oft die 45-Grad-Grenze und ich kühlte Moglis Tankrucksack mit immer neuen Eisflaschen. Aber mit Feras unterwegs zu sein war wie ein wahr gewordener Traum und die vielen Abenteuer, die wir gemeinsam in diesem Land erlebt haben, würden den Rahmen dieses Buches sprengen. Vor allem aber überraschte mich die unglaubliche iranische Gastfreundschaft immer wieder aufs Neue. Erst am Rande von Belutschistan, jener zerrütteten und unterentwickelten Region, die sich über Teile des Irans, Pakistans und Afghanistans erstreckte, veränderte sich die Stimmung. Die Leute waren nicht mehr so warmherzig und gastfreundlich und wir gerieten immer wieder in brenzlige Situationen. In Zahedan, unserem letzten Halt, trafen wir zufällig Mario, einen italienischen Motorradfahrer. Er hatte wie wir vor, Pakistan zu durchqueren, und freute sich, Anschluss gefunden zu haben. Allerdings wusste bis kurz vor der Grenze keiner von uns, wie alles ablaufen würde.

Für Moglis Papiere interessierte sich wieder einmal niemand, trotzdem dauerte es dreieinhalb Stunden, bis wir aus dem Iran aus- und nach Pakistan eingereist waren. Von da an begleiteten uns Soldaten oder Polizisten der »Beluchistan Levies«, Pakistans paramilitärischer Gendarmerie, von einem Stützpunkt zum nächsten. Denn Belutschistan, das über 40 Prozent der Gesamtfläche Pakistans ausmacht, ist ein Brennpunkt. Obwohl die Region viele

Bodenschätze hat, ist sie unterentwickelt und die Bevölkerung verarmt. Perfekte Voraussetzungen für Terrorismus. Und da wollten wir durch? Aber wir hatten ja zum Glück unseren Geleitschutz. Die schwer bewaffneten Levies sahen mit ihren schwarzen Mänteln und langen Hemden über den Hosen zwar selbst ein bisschen aus wie Terroristen, aber hinter der rauen Fassade verbargen sich nette Kerle. Allerdings durften wir uns ohne sie nirgendwohin bewegen. Wir waren gewissermaßen Gefangene zu unserer eigenen Sicherheit. Und ab wann wir wieder »frei« wären, durfte oder konnte uns niemand sagen.

Am ersten Stützpunkt wies man uns einen kleinen Raum zu, in dem es nur einen Teppich, einen Deckenventilator und ein Ameisennest gab. Aber immerhin konnten wir uns endlich unserer dicken Motorradsachen entledigen, in denen wir förmlich dahinschmolzen. Was für ein befreiendes Gefühl es auch war, endlich wieder kurze Hosen tragen zu dürfen!

Von den Kanonenschüssen, die Mario am nächsten Morgen um halb fünf Uhr weckten, bekam ich nichts mit. Doch das Erste, was ich an diesem Tag hörte, war nicht weniger besorgniserregend: »Mogli ist nicht da.« Jemand hatte die Türe offen gelassen und sie war auf Erkundungstour verschwunden. Mario hatte, um mir den Schock zu ersparen, zwar bereits nach ihr gesucht. Leider konnte er sie aber nirgendwo entdecken und deshalb weckte er mich. Tatsächlich war ich innerhalb einer Sekunde hellwach! Zum Glück fand ich Mogli dann aber recht schnell.

Ich hatte mich gerade noch mal hingelegt, als uns unser »Weckdienst« mit einem »Let's go, let's go, let's go« aufscheuchte. Wir tranken einen Kaffee und machten uns auf den Weg zum Zollbüro, wo wir eineinhalb Stunden auf unsere Stempel warteten. So lange bewunderten wir die vielen reich verzierten LKW.

Als es endlich losgehen konnte und wir die Schranke, einen dürren rot-weiß bemalten Baumstamm, passieren durften, war es schon unerträglich heiß und durch die hohe Luftfeuchtigkeit fiel uns das Atmen schwer. Dabei war es gerade mal elf Uhr.

Obwohl auf den schnurgeraden Straßen außer einer mit Steinen abgesicherten Unfallstelle nichts los war, kamen wir nur mit 70 Stundenkilometern voran, weil das Auto der Levies, die vor uns herfuhren, in einem miserablen Zustand war. Der stürmische Wind blies uns den Wüstensand in die Augen und unsere Visiere waren so staubig, dass wir sie offen lassen mussten. Später, als es noch heißer wurde, konnten wir aufgrund der Fata Morganas nur noch 200 bis 300 Meter weit sehen. Eine Sanddüne, die der Wind auf die Straße geweht hatte, erkannten wir deswegen viel zu spät und verloren im weichen Sand fast die Kontrolle. Es grenzte an ein Wunder, dass keiner von uns einen Unfall baute.

Durchschnittlich alle 30 Kilometer kam ein Checkpoint und wir mussten uns jedes Mal wieder neu einschreiben. Bei 45 Grad und meist in der prallen Sonne! Ich versuchte Mogli, so gut es ging, vor der Sonne abzuschirmen und ihr Fell nass zu halten.

Gegen 16 Uhr hielten wir an, um etwas zu essen. Aber bevor es so weit war, wurden wir von etlichen Männern umzingelt (Frauen hatten wir bis dahin in Pakistan noch nicht gesehen). Wie schon an der Grenze waren ihre ersten Fragen, ob wir Muslims und verheiratet wären, wie viel Hubraum unsere Maschinen hätten und ob uns in der Motorradkluft nicht zu warm wäre. Mit Mogli konnten sie wenig anfangen. Einer fragte sogar, ob sie ein Hund wäre.

Nach dem Essen kamen wir gerade mal zwei Kilometer weit, ehe wir schon wieder warten mussten – diesmal auf unsere neue Eskorte. Der musste ich dann erst mal erklären, dass ich es nicht mochte, wenn sie ihre Maschinengewehre während der Fahrt auf uns richteten. Genau das passierte immer wieder, wenn auch zufällig, weil die Männer die Waffen lässig auf ihrem Schoß platzierten.

Gegen 19 Uhr kamen wir endlich in dem Hotel an, das die Levies für uns ausgesucht hatten. Zum Glück störte sich niemand an Mogli, die sich gleich an oder besser in den vermutlich kühlsten Platz im Zimmer zurückzog: das Waschbecken. Sie fing an sich zu putzen und auch wir entledigten uns des Sandes, der in unseren Nasen, Ohren und Augen klebte und bis in die Unterhosen vorgedrungen war. Es war einer der anstrengendsten Tage der ganzen Reise gewesen und nach dem Abendessen fielen wir alle todmüde in unsere Betten. Was würde uns wohl noch so alles erwarten?

IM GEFOLGE DER LEVIES

Der nächste Tag wurde leider nicht einfacher. Wir zuckelten mit gerade einmal 40 Stundenkilometern durch die sengend heiße Wüste, während LKW und Busse mit über 100 an uns vorbeirauschten.

Die Landschaft war unwirtlich und lebensfeindlich. Irgendwann einmal musste es hier aber anscheinend mehr Wasser gegeben haben, denn wir passierten immer wieder Dörfer, deren Häuser aus Lehm gebaut waren. Fast alle waren jedoch verlassen und das Einzige, das hier heute noch zu gedeihen schien, waren Solarfelder. Erst als wir uns dem Sulaiman-Gebirge, einem Ausläufer des Hindukusch, näherten, gab es wieder ein wenig Vegetation. Dafür wurden aber auch die Checkpoints, an denen wir uns immer noch einschreiben mussten, wieder zahlreicher und oft mussten wir weniger als alle zehn Kilometer anhalten.

Gegen 20 Uhr kamen wir völlig ausgelaugt in Quetta an. Ich traute meinen Augen nicht, als ich diese riesige Stadt vor mir sah, in der über eine Million Menschen lebt. Es war die erste Stadt, die sich richtig asiatisch anfühlte. Der Verkehr war ein einziges Chaos!

Auf der Straße wuselte es nur so von Leuten und Tieren. Alles, was Räder, Füße, Hufe oder Pfoten und bestenfalls eine Hupe hatte, war unterwegs. Überall waren Obststände aufgebaut und bei den Fleischern hing die Ware, zur Freude Tausender Fliegen, einfach draußen. Als ich den Fluss sah, der mehr Müll als Wasser führte, tat mir das im Herzen weh. Quetta war wirklich nicht das schönste Beispiel für eine asiatische Großstadt. Trotzdem war das Gefühl, es bis in diese Kultur geschafft zu haben, überwältigend.

Wir hatten aber ohnehin keine Zeit, uns lange umzusehen, denn wir wurden nun von einer Antiterror-Spezialeinheit auf sechs

Motorrädern begleitet. Die Männer versuchten, uns so schnell wie möglich durch das Gewusel der Stadt zum Hauptquartier zu bringen. Elf Stunden nach unserer Abfahrt hatten wir es endlich erreicht. Aber bis wir auch in einem Hotel einchecken konnten, vergingen noch weitere sechs Stunden.

Die Station stammte noch aus der britischen Kolonialzeit – und war seitdem offensichtlich nicht mehr renoviert worden. Sie war heruntergekommen und schmutzig und es gab kein fließendes Wasser. Die Zellen, in denen im Verlaufe der Nacht immer mehr Leute landeten, waren nur mit einer einzigen Toilette ausgestattet und im Büro wurde so heftig gestritten, dass wir uns Sorgen machten. Die Stimmung wurde mit jeder Minute bedrückender. Doch bis wir endlich eine Eskorte organisiert hatten, die uns ins Hotel brachte, war es ein Uhr nachts. Immerhin waren die Straßen jetzt leer und das war auch gut so, denn wir waren so schlaftrunken, dass wir uns nicht mehr konzentrieren konnten. Nur zu essen gab es natürlich nichts mehr.

Wir durften keinen Schritt alleine tun. Die Levies waren unsere ständigen Begleiter.

Am nächsten Tag konnten wir uns zum Glück etwas erholen, denn um unsere Reise fortzusetzen, benötigten wir eine schriftliche Erlaubnis der pakistanischen Regierung. Nach einem miserablen Frühstück kam daher die Spezialeinheit, um uns in einer Autorikscha zum Home Department zu bringen. In den alten staubigen Büros dort herrschte das pure Chaos! Akten stapelten sich meterhoch und die Beamten schauten sich YouTube-Videos an. Auf einem Schreibtisch stand sogar ein Fernseher. Es vergingen drei

Stunden, bis wir endlich die benötigten Dokumente in den Händen hielten. Da es aber gerade Zeit für das Nachmittagsgebet war, warteten wir mit knurrendem Magen noch weitere zwei Stunden auf unsere Spezialeinheit. Aber immerhin waren wir bereit abzufahren – und genau das taten wir auch am nächsten Morgen. Das Frühstück fiel zwar diesmal ganz aus, nicht einmal einen Kaffee gab es, dafür hatten wir jedoch die Hoffnung, es bis nach Multan zu schaffen. Ab dort, so dachten wir zumindest, würden wir keine Eskorte mehr brauchen. Allerdings sank unsere Stimmung erst einmal, als wir merkten, dass wir nicht wie geplant nach Westen, sondern gen Süden in Richtung der nächsten Wüste fuhren. Aber dann waren unsere Begleiter auf einmal verschwunden, und als auch 20 Kilometer weiter kein neuer Trupp auf uns wartete, schlussfolgerten wir, dass wir es geschafft hatten. Wir waren endlich wieder frei! Wir jubelten vor Freude, reckten die Arme in die Luft und genossen die kurvigen Bergstraßen entlang der Flusstäler. Auf einmal wurden wir auch überall begrüßt und von den Straßen, aus den Lastwägen oder von den Eselskarren winkten uns die Menschen. Alle hatten ein breites Lächeln im Gesicht. Doch als wir nach 50 Kilometern die Berge verließen und die Kacchi-Wüste erreichten, standen plötzlich wieder Levies am Straßenrand, die uns abfingen. Unsere gute Stimmung war mit einem Schlag vorbei. Es lagen zwar nicht mehr so viele Checkpoints auf unserem Weg, dafür aber wechselten die Eskorten alle paar Kilometer und hin und wieder hatten die Levies nur ein Moped und fuhren deswegen maximal 60 Stundenkilometer. Wir waren mit den Nerven am Ende …

Am Nachmittag verließen wir Belutschistan nach der Provinz Sindh. Die Levies blieben einfach stehen und winkten uns zum Abschied hinterher. Hatten wir es jetzt endlich geschafft? Wir wollten uns nach der ersten Enttäuschung nicht zu früh freuen. Aber mit jedem Kilometer, den wir alleine fuhren, stieg unsere Hoffnung – bis die nächsten Levies auf uns warteten.

Eineinhalb Stunden und sieben Eskorten später erreichten wir Sukkur. Und wenn wir auch nicht die Levies losgeworden waren, hatten wir zumindest die Wüste hinter uns gelassen und das Indus-Tal erreicht. Ihm wollten wir bis in den Himalaya folgen.

Es war immer noch glühend heiß, dazu kamen Unmengen von Mücken, die hohe Luftfeuchtigkeit und irrsinnig viel Verkehr. Mogli und Mario waren mit ihren Kräften am Ende und blieben die meiste Zeit im klimatisierten Zimmer. Feras und ich dagegen nutzten den Abend, um uns um die Motorräder zu kümmern, unsere Wäsche zu waschen und ein paar Dinge am Computer zu erledigen. Doch da wir uns vorgenommen hatten, möglichst früh weiterzufahren, um ein paar Kilometer hinter uns zu bringen, bevor es brütend heiß wurde, gingen auch wir früh schlafen. Weil Mogli sich ausnahmsweise mal zu mir kuschelte, schlief ich besonders gut.

DER UNFALL

Bis nach Multan waren es 470 Kilometer. Wenn wir nicht trödelten, war das zu schaffen. Tatsächlich kamen wir trotz der Levies vor uns zügig voran, denn die gaben nun richtig Gas und wir mussten zusehen, nicht den Anschluss zu verlieren. Mit 70 Stundenkilometern rauschten wir hinter ihnen her durch den immer dichter werdenden Verkehr Richtung Multan. Ich unterhielt mich gerade über Lautsprecher mit Feras, dass wir bei dieser Fahrweise wohl nicht weit kommen würden, als das Undenkbare passierte: Es krachte und ich hörte nur noch ein schmerzverzerrtes Stöhnen. Feras hatte einen Unfall! Ich gab ein paarmal Lichthupe, um die andern zu informieren, und drehte um. Da lag er, mitten auf der Straße, ächzte vor Schmerz.

Ich sprang ab, warf meine Jacke als Sonnenschutz über Mogli und rannte zu Feras, um ihm vorsichtig den Helm abzunehmen. Ich wusste nicht, ob das das Richtige war. Vielleicht hatte er sich an der Halswirbelsäule verletzt, aber mir konnte er wenigstens sagen, ob und wo er Schmerzen hatte. Außerdem musste er da raus, denn es war brüllend heiß.

Es fiel Feras schwer zu atmen und seine rechte Gesichtshälfte war angeschwollen. Ansonsten aber konnte ich bis auf ein paar Schürfwunden nichts erkennen. Seinem Motorrad fehlte nichts. Mittlerweile waren auch Mario und die Levies umgekehrt und auch der Krankenwagen ließ nicht lange auf sich warten – innerhalb von 20 Minuten wurde Feras abtransportiert. Wir folgten ihm zu einer kleinen Notaufnahme. Dort wurde Feras erst einmal gründlich untersucht. Endlich erfuhren wir auch, was passiert war: Ein Bus war für ein Überholmanöver aus der Spur gezogen und Feras konnte wegen einer Autorikscha nicht ausweichen. Vermutlich war er vom Spiegel erwischt worden. Der Bus fuhr einfach weiter, aber am Ende war es unsere eigene Schuld. Wir waren zu schnell unterwegs.

Mogli durfte mit in die Notaufnahme, und als ob sie gespürt hätte, dass etwas nicht stimmte, wartete sie brav und rührte sich nicht vom Fleck. Feras aber konnten die Leute dort nicht helfen, weswegen wir uns nur zwei Stunden nach dem Unfall weiter auf den Weg nach Multan machten.

Es dauerte vier Stunden, bis Feras mit bewaffneten Polizisten an seiner Seite in die Notaufnahme geschoben wurde. Sein Zustand hatte sich in dieser Zeit noch mal verschlechtert. Ich befürchtete, dass man mich mit Mogli auf der Schulter nicht ins Krankenhaus lassen würde. Aber sie schien niemanden zu stören. Wieso auch? Dieses Krankenhaus war ein einziges Chaos – und was Sauberkeit und Hygiene anging, von deutschen Maßstäben meilenweit entfernt. Mir war es recht, denn so konnte ich an Feras' Seite bleiben.

Am Krankenhaus trafen wir Iqubal, einen Freund Marios, und dessen Freund Hassan. Sie hatten von Mario von dem Unfall erfahren, sich sofort auf den Weg gemacht und warteten seitdem auf uns. Sie halfen uns beim Übersetzen und schafften es sogar, dass Feras vom Chefarzt behandelt wurde. Er wurde geröntgt und untersucht, doch gegen 23.30 Uhr hatte sich sein Zustand derart verschlechtert, dass er kurz vor dem Ersticken war. Seine Lungen waren kollabiert und seine Rippen an etlichen Stellen gebrochen. Sprichwörtlich in letzter Minute entschied sich der Arzt für eine Not-OP.

Als wir am nächsten Tag zurück ins Krankenhaus kamen, saß Iqubal schon an Feras' Bett. Er hatte, wie wir erfuhren, fast die ganze Nacht dort verbracht. Als ich ihn erstaunt fragte, warum er das tat, antwortete er mir, dass schließlich alle Biker eine große Familie wären, die sich gegenseitig unterstützen sollten.

Mogli, die ich nicht den ganzen Tag alleine lassen wollte, verkroch sich sofort unter der Bettdecke und kuschelte sich an Feras' Füße. Der freute sich! Feras war sehr schwach und schlief viel, aber davon abgesehen ging es ihm den Umständen entsprechend gut. Er telefonierte sogar kurz mit einem Prinzen aus Abu Dhabi, der ein Freund von Iqubal war und ihm nun seine Unterstützung anbot. Danach beichtete er seiner Frau Uns, was passiert war.

Nachdem Feras eingeschlafen war, ging Iqubal mit uns essen. Davor führte er uns noch voller Stolz an seinem Büro vorbei, in dem zehn Vespas und acht alte Motorräder standen. Er war ein Motorradfahrer mit Leib und Seele und leitete mehrere Motorradclubs. Gerade plante er einen 10 000-Kilometer-Trip durch Pakistan.

Als wir am nächsten Morgen ins Krankenhaus kamen, war Feras wohlauf und hatte gerade Besuch von seinem Freund Wasay sowie dessen Mutter und Bruder. Die drei hatten die fünfstündige Anreise von Lahore, wo wir uns eigentlich mit ihnen treffen wollten, auf sich genommen, um nach ihm zu sehen. Außerdem wollten sie versuchen, dass Feras schnellstmöglich in ein privates Krankenhaus mit besseren Bedingungen verlegt wurde.

ABSTECHER IN DEN NORDEN

Anstatt uns am nächsten Morgen ins Krankenhaus zu bringen, brachte Iqubal uns überraschenderweise zu einem Fernsehsender, wo wir ein Interview für das lokale und noch eins für das nationale Fernsehen geben sollten. Der Fokus lag diesmal ausnahmsweise nicht auf Mogli, stattdessen wollte man wissen, wie uns die Menschen in Pakistan empfangen hatten, ob Feras gut versorgt wurde und was wir von ihrem Land hielten. Sehr viel konnten wir dazu nicht sagen: Von den Menschen, die wir bisher getroffen hatten, waren wir immer offen und herzlich empfangen worden. Leider aber hatten wir wegen der strengen Sicherheitsvorkehrungen noch nicht all zu viele Leute kennengelernt. Deswegen lobten wir die schnelle und effiziente Erste Hilfe, die am Unfallort geleistet wurde, zeigten uns erfreut darüber, dass Feras vom Chefarzt behandelt wurde und dass das Krankenhaus und die Eskorten kostenlos waren – und Letztere meistens auch sehr nett. Natürlich sangen wir auch ein Hohelied über unseren Freund Iqubal.

Im Anschluss an den Interviewtermin ging es endlich ins Krankenhaus, wo Feras schon mit Atemübungen angefangen hatte. Als wir ins Zimmer kamen, unterhielt er sich gerade mit einem Stellvertreter der Tourismusförderungsgesellschaft, der ihm einen Strauß Blumen überreichte und ihm gute Besserung wünschte. Doch so gut es unserem Freund auch zu gehen schien: Laut den Ärzten war er frühestens in zwei bis drei Tagen transportfähig. Außerdem durfte er in den nächsten drei Wochen nicht fliegen. Ein Grund mehr, uns darum zu kümmern, dass er so bald wie möglich nach Lahore verlegt wurde. Dort bräuchten wir dann auch endlich keine Eskorten mehr.

Als das geklärt war, machten Iqubal und ich mich auf, Feras' Motorrad zu holen, das wir erst einmal bei Iqubal unterstellen wollten. Zum Glück fehlte der Maschine nichts, außer einem schief stehenden Lenker und einem kaputten Spiegel. Feras freute sich sehr, als wir es ihm abends erzählten. So etwas wie Besuchszeiten schien es in pakistanischen Krankenhäusern nicht zu geben. Selbst als wir uns nachts um halb eins verabschiedeten, ging es noch geschäftig zu.

Wir mussten uns noch einen Tag gedulden, bis Feras in eine Privatklinik in Lahore verlegt wurde. Die Fahrt dorthin war, vermutlich weil es Freitag und die Straßen dicht waren, alles andere als einfach. Als Mario und ich nach acht Stunden endlich ankamen, waren wir fix und fertig. Kurz vor Lahore verließen uns die Levies tatsächlich endgültig, wobei sich unsere Freude diesmal in Grenzen hielt, weil wir schon viel früher damit gerechnet hatten.

Wir mieteten uns im nächstbesten Hotel beim Krankenhaus ein. Da die schicke Lobby darauf schließen ließ, dass auch das Zimmer entsprechend nobel sein würde, verhandelten wir nicht und zahlten den vollen Preis. Doch als wir abgepackt hatten und oben ankamen, erwartete uns das wohl heruntergekommenste Zimmer unserer ganzen Reise. Natürlich beschwerten wir uns, aber die Alternative war kaum besser: Zwar funktionierte hier die Klimaanlage, aber die Farbe blätterte trotzdem überall von den Wänden. Im Bad schimmelte es, aus der Matratze stach schon eine Feder, und als ich die Schubladen meines Nachttischs öffnen wollte, hielt ich die ganze Front in der Hand – und eine tote Kakerlake purzelte heraus.

Nicht einmal Mogli mochte das Zimmer. Aber als sie eingesehen hatte, dass ich sie nicht mehr hinausließ, machte sie es sich auf dem staubigen Schrank bequem. Ich fuhr derweil mit einer Autorikscha zu Feras. Für ihn war der Tag noch anstrengender gewesen und er hatte beim Transport viel Blut verloren. Trotzdem musste er noch alle möglichen Tests über sich ergehen lassen, bevor er endlich schlafen konnte. Ansonsten ging es ihm aber gut, man hatte ihm sogar schon einen der Schläuche abgenommen.

Zum Glück konnten Mario, Mogli und ich unser Schmuddelzimmer am nächsten Tag schon wieder verlassen und bei Wasays Familie einziehen. Vor allem für meine Prinzessin wurde so ein Traum wahr. Immerhin hatte sie schon seit acht Tagen nicht mehr machen dürfen, was sie wollte. Sie stürmte sofort in den Garten, fraß ein wenig Gras und hüpfte fröhlich umher. Und auch drinnen standen ihr fast alle Türen offen. Für uns war es ebenfalls ein Unterschied wie Tag und Nacht. Hatten wir gestern noch in einem ekligen Zimmer geschlafen und das Abendessen auslassen müssen, durften wir jetzt in einem modernen Haus wohnen und wurden dazu noch bewirtet wie Könige.

Die beiden nächsten Tage verbrachten wir so viel Zeit wie möglich mit Feras. Aber als feststand, dass er bald zu Wasays Familie ziehen konnte und dass seine Frau Uns auf dem Weg zu ihm war, beschlossen Mario und ich, unsere Reise fortzusetzen. Feras ging es gut. Er wurde rund um die Uhr versorgt und dies war unsere einzige Chance, den Norden Pakistans zu erkunden, bevor unsere Visa für dieses Land ausliefen.

Wir brachen frühmorgens mit gemischten Gefühlen auf. Einerseits war die Vorfreude groß, denn wir waren drauf und dran, den Himalaja, das höchste Gebirge der Welt, zu erreichen. Andererseits konnte Feras dieses wundervolle Erlebnis nicht mit uns teilen. Wir hatten uns zusammen durch die heißen Wüsten gekämpft, hatten alles gemeinsam bewältigt – und nun war ihm gerade das verwehrt, auf das wir uns am meisten gefreut hatten.

Wir kamen gut voran und je weiter wir uns den Bergen näherten, desto grüner wurde es. Immer häufiger überquerten wir breite Flüsse und bald befanden wir uns inmitten von Wäldern. Sieben Stunden nach unserer Abfahrt fuhren wir die ersten richtigen Kurven. Es wurde angenehm kühl und auf einmal sahen

Affen – einfach so am Straßenrand. Das war wirklich spektakulär.

wir sogar eine Gruppe Affen am Straßenrand sitzen. So weit gefahren zu sein, dass wir diesen Tieren in so einer Umgebung begegneten, war ein unbeschreiblicher Moment. Nur Mogli waren die Affen offensichtlich nicht geheuer. Sie beobachtete sie aus ihrer Tasche heraus voller Misstrauen. Für die Menschen, die wir trafen, waren jedoch nicht die Affen die Attraktion, sondern wir. Die Kinder wollten auf der Königin Probe sitzen, und als sie Mogli entdeckten, rissen sie ihre Münder und Augen auf.

Als wir ein nettes Hotel sahen, entschieden wir uns, Feierabend zu machen. Wir wählten extra ein Zimmer mit Fenster Richtung Wald. Aber Mogli traute sich nicht nach draußen. Stattdessen verkroch sie sich in einem kleinen Luftschacht im Bad. Vielleicht war sie eingeschüchtert von den Affen. Vielleicht spürte sie aber einfach auch, dass es da draußen auch noch jede Menge gefährlicherer Tiere gab, wie Leoparden, Schlangen und große Greifvögel.

Mario und ich verbrachten den Abend zusammen mit drei jungen Pakistanern auf dem Balkon, aßen und genossen die frische, kühle Waldluft. Wie sehr hatte ich diesen Duft vermisst! Als wir uns schlafen legten, war Mogli noch immer verängstigt und so kuschelte sie sich in der Nacht sogar ausnahmsweise unter meine Bettdecke.

Am Morgen regnete es. Aber das tat der guten Laune der Menschen hier keinen Abbruch und jeder, dem wir begegneten, begrüßte uns mit einem lautstarken »Pakistan Zindabad!«, was wohl so viel bedeutete wie »Lang lebe Pakistan!«. Es war der Unabhängigkeitstag. Autos und Mopeds waren mit bunten Flaggen geschmückt und aus den Boxen schallte laute Musik. Es war eine einzige große Party. Wir machten natürlich mit und dekorierten erst mal unsere Motorräder.

Die Straßen waren durch den Regen glatt wie Schmierseife, dafür aber war die traumhafte Landschaft umso beeindruckender. Wir hielten in Abbottabad, um zu frühstücken – jene Stadt, in der 2011 Osama Bin Laden getötet wurde.

Man hatte uns empfohlen, den Babusar-Pass um jeden Preis vor 15 Uhr zu überqueren. Da wir schon viel zu spät dran waren, um das noch zu schaffen, ließen wir es ein wenig ruhiger angehen.

Zum Glück! Denn nur kurz darauf passierte das, wovor ich mich am meisten fürchtete: Ich hatte einen Unfall. Zwei Jungen standen mit dem Rücken zur Straße und genau in dem Moment, als ich an ihnen vorbeifuhr, drehte sich einer der beiden um und rannte los – direkt vor mein Motorrad. Ich konnte nicht viel machen, außer kurz anzubremsen und die Bremse dann gleich wieder los- und die Königin fallen zu lassen. Sonst hätte ihr Vorderreifen seine Knochen gebrochen. So aber kam der Junge mit ein paar Schürfwunden davon.

Für mich war es der erste Sturz und ich hatte ihn gut überstanden, auch wenn ich nicht wusste, wie ich überhaupt vom Motorrad gekommen war. Der Königin fehlte zu meiner Freude ebenfalls nichts – außer einem verbogenen Spiegel und leicht ramponierten Boxen. Und Mogli? Die schaute einfach nur verblüfft aus ihrer Tasche. Sie hatten den sichersten Platz auf dem Motorrad und die vielen unmarkierten Schwellen auf den Straßen, vor denen ich es nicht rechtzeitig schaffte abzubremsen, waren für sie vermutlich schlimmer als dieser kleine Unfall.

In kürzester Zeit hatte uns das komplette Dorf umringt, und während Mario auf Mogli aufpasste, ging ich mit dem Jungen zum »Doktor«, der eigentlich ein Apotheker war. Zum Glück war er wirklich mit einem Schrecken und ein paar Kratzern und Prellungen davongekommen. Mario war trotzdem fix und fertig. Er hatte bereits zweimal miterleben müssen, dass ein Freund mit dem Krankenwagen abtransportiert wurde. Wenn es mich jetzt auch noch erwischt hätte, hätte er die Reise abgebrochen. Aber so stiegen wir auf unsere Maschinen und fuhren weiter.

Zwei Stunden später erreichten wir Naran, den letzten Ort vor dem Babusar-Pass. Die Stadt schien nur aus Zeltsiedlungen, Hotels, Restaurants und Läden zu bestehen und war offensichtlich Basislager für alle Expeditionen in die Berge rundum. Wir fanden ein Hotel, und während Mario duschte, machte ich mich auf den Weg, um eine Kiste und trockenen Sand für Mogli zu finden. Das wurde schon deshalb zu einer Herausforderung, weil es regnete. Noch dazu ging mir die Luft auf 2400 Höhenmetern erstaunlich schnell aus.

Affen sahen wir in Naran nicht und so erkundete Mogli unbesorgt das Hotel, während ich mich nach einem Telefonat mit meiner Mum auf die Suche nach Bargeld machte. Leider ohne Erfolg und so musste Mario erst einmal für unser Abendessen aufkommen. Am nächsten Morgen tauschte ich einfach schwarz in einem Hotel – und wir konnten endlich abfahren.

Die Straße, die nun immer abenteuerlicher wurde, führte uns durch eine atemberaubende Landschaft, vorbei an Gebirgsseen und Gletschern und entlang märchenhafter Flusstäler und mächtiger Berge. Nach zwei Stunden hatten wir den Babusar-Pass, auf 4173 Metern erreicht. Dort oben bekamen wir die Auswirkungen der dünnen Luft so richtig zu spüren. Es schien, als wögen wir auf einmal das Doppelte. Jeder Schritt war enorm anstrengend. Und selbst wenn wir uns nicht bewegten, mussten wir tief Luft holen, um nicht außer Puste zu geraten. Mit den drei Männern, die ihren Van den Berg hinaufschoben, wollte ich nicht tauschen müssen!

Mogli steckte alles ganz gut weg und machte keinerlei Anzeichen, dass ihr die dünne Luft zu schaffen machte. Vielleicht blieb sie aber auch gerade deshalb in ihrer Tasche. Wir dagegen machten eine kleine Pause, genossen die Aussicht und schrieben uns an der Meldestelle für Ausländer ein.

Ein paar Kilometer weiter erreichten wir dann den berühmtberüchtigten Karakorum-Highway: die Fernverkehrsstraße führte über die vier höchsten Gebirge der Welt und verband Kashgar in China mit Pakistan und seinen Seehäfen. Es war faszinierend, dass Menschen überhaupt auf die Idee gekommen waren, eine Straße durch diese Gegend zu erzwingen. Oft war sie tatsächlich einfach in steile Felswände gebaut und drohte jederzeit wieder einzustürzen. Nicht selten war die Straße aber auch nicht mehr als eine Schotterpiste mit riesigen Schlaglöchern und der ein oder anderen Flussdurchquerung. Leitplanken gab es natürlich auch keine. Jede noch so kleine Unaufmerksamkeit hätte bei den tiefen Abgründen also die letzte sein können. Dafür konnten wir die schneebedeckten Gipfel des 8125 Meter hohen Nanga Parbat sehen.

Der Babusar-Pass markierte die Grenze zu Gilgit-Baltistan, jener Region, die zusammen mit Asad Kaschmir denjenigen Teil Kaschmirs bildete, der unter pakistanischer Kontrolle stand. Ab dort sahen wir wieder verstärkt Militärfahrzeuge und auch die Zahl der Checkpoints nahm wieder zu. Allerdings konnte uns das nach Belutschistan längst nicht mehr schrecken.

Die dichten Wälder waren im Verlauf des Tages immer dünner geworden und irgendwann fanden wir uns in einer Gebirgswüste wieder, in der nur noch wenige grüne Flecken auftauchten. Ein Schild informierte uns, dass hier die drei höchsten Gebirge der Welt, der Himalaja, das Karakorum und der Hindukusch zusammenliefen, und bald erreichten wir Gilgit, wo wir uns einen Plan für die nächsten Tage machen wollten.

Ursprünglich hatten wir vorgehabt, zumindest das Shimshal- oder das Hushe-Tal zu besuchen. Aber jetzt wussten wir nicht, ob uns dafür genug Zeit blieb. Außerdem war die Gefahr, dass bei den anspruchsvollen Straßen etwas schiefging und wir das Land deswegen nicht rechtzeitig verlassen könnten, groß. Nicht zuletzt musste ich unbedingt noch zur Botschaft in Lahore, wohin ich mir mein neues Carnet hatte schicken lassen. Und mit Feras wollten wir ja auch noch Zeit verbringen.

Wir nahmen uns ein Hotel mit einem großen Innenhof, in dem Mogli herumstreifen konnte. Sie freute sich, dass wir so lange draußen saßen und sie Zeit hatte, das Hotel zu erkunden.

ÜBER STOCK UND STEIN

Mario hatte genug von Wüsten und war drauf und dran umzudrehen. Zum Glück entschied er sich in letzter Sekunde doch noch einmal um, denn die nächsten 100 Kilometer nach Karimabad waren ein Traum! Die Straßen waren super, es war nicht mehr so heiß und die Landschaft um uns herum schien wie aus einer anderen Welt. Wir hatten ein schönes kleines Hotel, mit der besten

Aussicht auf das Hunza-Tal gebucht. Doch während Mario und ich uns dort pudelwohl fühlten, hatte die Prinzessin etwas auszusetzen: In unserem Zimmer gab es weder einen Schrank, auf oder in den sie springen, noch ein Bett, unter dem sie sich verkriechen konnte. Daher fühlte sie sich nicht besonders sicher. Vermutlich deshalb war sie schon nach ein paar Minuten durch einen kleinen Schacht im Bad zum Flur hinaus verschwunden. Ich fand sie in einem anderen Zimmer unter einem Bett und baute ihr daraufhin mit meinem Helm, einer Wasserflasche und meiner Bettdecke eine kleine Höhle. Darin verschwand sie. Ich suchte auch noch ein Brett, mit dem ich ihr eine kleine Brücke vom Balkon nach draußen baute. Und als wir vom Frühstück wiederkamen, hatte sich Mogli beruhigt und testete die Konstruktion gerade vorsichtig aus. Ich ließ die Balkontür offen, während Mario und ich uns aufmachten, Karimabad zu erkunden, wo angeblich die gesündesten Menschen der Welt lebten. Die Stadt war aber auch wirklich ein Paradies und so sauber, dass die Leute, wenn sie durstig waren, einfach aus dem Stadtbach tranken.

Ich hatte im Internet gelesen, dass es wohl gar nicht so schlimm war, das Visum zu überziehen. Und so entschloss ich mich, es zu wagen und doch noch bis ins Shimshal-Tal weiterzufahren. Mario konnte ich nicht überzeugen. Er wollte stattdessen lieber noch bis zum Khunjerab-Pass, der auf 4693 Metern die Grenze zu China markierte. Später wollten wir uns wieder treffen.

Kurz bevor sich unsere Wege trennten, sahen wir vor einem Restaurant auf einmal ein paar »große« Motorräder mit europäischen Nummernschildern und gesellten uns zum Frühstück zu ihren Besitzern. Sie waren gerade von Kirgisistan über China nach Pakistan eingereist. Ich erzählte Lukas aus Graz und Samuel, einem Spanier, der in Bremen lebte, von meinem Vorhaben und konnte sie tatsächlich überreden, Mogli und mich zu begleiten.

Wir tankten voll und dann waren wir auch schon auf dem Weg – oder auch nicht, denn die alte Auffahrt war weggespült worden, sodass wir erst einmal eine neue finden mussten. Das ging ja gut los! Allein wäre ich vermutlich umgedreht, aber jetzt waren wir zu dritt.

Die schmale Schotterpiste, die sicher mit viel Gewalt in die senkrecht abfallenden, oft sogar überhängenden Felswände geschnitten wurde, sah aus, als könnte sie jeden Moment nachgeben. Und wenn wir uns die verschütteten Wege ansahen, die immer wieder mal am anderen Flussufer auftauchten, war unsere Sorge sicher nicht ganz unbegründet. Wegen der herausstehenden Felsen waren wir mit unseren breiten Koffern gezwungen, auf der Spur neben den tiefen Schluchten zu fahren – immer nur wenige Zentimeter vom Abgrund entfernt. Als mir dann auch noch ein paar Steinchen von oben auf den Helm prasselten, fing ich an, meine Entscheidung ernsthaft infrage zu stellen. Ich gab Gas!

Die Straße bestand mal aus weichem Sand, mal aus großen Steinen, dann wieder aus schlammigen Pfützen. Ab und zu wurde sie sogar zum Wasserlauf. Sie verlangte uns so einiges ab und war mit unseren schweren Motorrädern stellenweise fast nicht befahrbar.

Mittags standen wir dann vor unserer größten Herausforderung: einem Schmelzwasserfluss. Wir waren angesichts der bevorstehenden Durchquerung alle nervös und überlegten, was die beste Taktik wäre, um ihn zu überqueren. Doch je länger wir warteten, desto schlimmer wurde es. Nachdem ich zugesehen hatte, wie ein Jeep den Fluss durchfahren hatte, drückte ich Samuel mein Telefon in die Hand, um meinen Versuch zu filmen, und probierte es einfach aus. Ich holperte durch den Fluss und verlor dabei fast das Gleichgewicht. Aber irgendwie schaffte ich es hinüber. Nur raus kam ich nicht mehr. Der Jeepfahrer, der drüben auf mich gewartet hatte, versuchte zu helfen und zog an einer Seite an. Fast am Ziel verlor ich dann doch noch das Gleichgewicht und die Königin fiel um. Nur mit vereinten Kräften schafften wir es, sie ans Ufer zu hieven.

Als Nächster war Lukas an der Reihe. Er fuhr direkt auf einen großen Stein – und kippte um. Als ob er noch nicht nass genug wäre, fiel er kurz darauf gleich noch mal in das eiskalte Wasser. Ich wollte ihm zu Hilfe eilen, aber da der Ständer der Königin in den Steinen am Ufer einsank, konnte ich sie nicht abstellen. Also musste der Jeepfahrer ein zweites Mal ins Nasse …

Samuel schließlich fuhr einfach durch und ließ uns andere dabei wie blutige Anfänger aussehen. Meine süße Mogli schien meine Anspannung auf diesen Straßen gespürt zu haben. Obwohl sie normalerweise immer die Erste war, die schimpfte, wenn ich von einer befestigten Straße abfuhr, gab sie diesmal keinen Mucks von sich. Nicht einmal, als wir umfielen.

Gerade als wir dachten, wir hätten das Schlimmste hinter uns, war die Straße wieder überspült. Diesmal war das Wasser noch höher und schneller und neben der Straße ging es zudem steil herab. Zum Glück entdeckten wir einen anderen Weg. Allerdings ging es hinter der nächsten Kurve einen steilen Hang hinauf und der Untergrund bestand nur aus losem Schotter. Wie durch ein Wunder kamen wir gut, wenn auch völlig außer Atem oben an. Der Rest der nur 60 Kilometer weiten Strecke war im Vergleich eine Kaffeefahrt.

ZURÜCK NACH LAHORE

In Shimshal schien die Zeit vor ein paar Hundert Jahren stehen geblieben zu sein. Die Menschen lebten in wirklich einfachen Steinhäusern und betrieben Landwirtschaft oder Viehzucht. Aber sie schienen glücklich. In ihren Augen mussten wir mit unseren großen Motorrädern wie Aliens wirken, doch die meisten hatten trotzdem ein Lachen im Gesicht und winkten uns fröhlich zu.

Wir quartierten uns in dem womöglich einzigen kleinen Gasthaus ein und ich belohnte die Prinzessin erst einmal mit einer Extra-Streicheleinheit, einer Dose Thunfisch – und damit, dass sie drinnen und draußen alles ungestört erkunden durfte. Wir waren umgeben von Gletschern und schneebedeckten Bergen, nur 120 Kilometer entfernt vom zweithöchsten Berg der Welt. Und wir waren hungrig!

Da es ohne Internetanschluss nicht viel zu tun gab und wir von der anstrengenden Fahrt ziemlich geschlaucht waren, gingen wir früh ins Bett. So schafften wir es, am nächsten Morgen schon um acht Uhr abzufahren. Das war gut, denn die Schmelzwasserflüsse

Solche Ausblicke waren alle Strapazen auf den unwegsamen Straßen wert.

führten so früh noch weniger Wasser, sodass wir sie ohne größere Probleme durchqueren konnten. Als mir das Motorrad zweimal hintereinander kurz wegrutschte, überlegte ich aber doch, wie ich Mogli möglichst schnell aus dem Tankrucksack ziehen könnte, falls die Königin die Klippen herunterfallen würde. Aber es ging dann alles gut und nach drei Stunden hatten wir wieder Asphalt unter den Rädern. Nie zuvor habe ich mich so über eine gute Straße gefreut.

Wir trafen nun auch wieder auf die Gruppe, mit der Samuel und Lukas aus China gekommen waren, und folgten ihr nach dem Essen zurück nach Gilgit, wo Mario schon auf uns wartete. Mogli freute sich, dass sie sich schon auskannte, und marschierte siegesgewiss auf den Balkon. Doch nur eine halbe Stunde später hörte ich es fauchen und schreien. Die Prinzessin hatte Bekanntschaft mit dem »Hausherrn« gemacht und ich eilte ihr, so schnell ich konnte, zu Hilfe. Kämpfe mit anderen Katzen waren immer problematisch, denn auf der Flucht konnte sie die Orientierung verlieren oder in ein Auto rennen. Mogli war in die nächste Etage geflüchtet und ich konnte sie, bevor der Kater auch dort angekommen war, auf meiner Schulter in Sicherheit bringen. Ihr Verfolger lief auf der Suche nach ihr nichtsahnend an uns vorbei und schaute, als er sie nicht dort vorfand, wo er dachte, wie Mogli, als das Licht des Laserpointers plötzlich verschwunden war. Ich brachte Mogli zurück ins Zimmer. Doch als die Luft rein war, lief sie gleich wieder nach draußen – nur ein wenig vorsichtiger.

Während Lukas als Nächstes ins Hushe-Tal fahren wollte, entschloss sich Samuel, uns nach Indien zu begleiten. Also brachen wir am nächsten Morgen zu dritt auf. Über den Babusar-Pass, dessen Höhe uns nun weitaus weniger ausmachte, ging es zurück nach Naran, wo wir uns in ein Hotel einquartierten. Wir waren die einzigen Gäste, weshalb Mogli alle Zimmer erkunden konnte und zudem auf der obersten Etage einen sicheren Platz mit Blick auf den Innenhof hatte. Sie liebte es! Im Innenhof standen Kinder und riefen ununterbrochen: »Quetto, quetto, quetto!« – Ihre »Anführerin«, ein etwa zehnjähriges Mädchen mit einem Baby auf dem Arm, verlangte gar eine »Audienz« bei der Prinzessin. Aber die nahm gerade ein Bad, sodass ich sie auf später vertrösten musste. Das nächste Mal wartete die Kleine allerdings nicht mehr so geduldig, sondern stürmte gleich das Hotel. Immerhin konnte ich ihr so zeigen, dass Mogli sich unter dem Bett verkrochen hatte, und damit »leider« außer Reichweite war. Mürrisch zog sie von dannen.

Als ich am nächsten Morgen aufwachte, hatte ich wieder ein genauso schlechtes Bauchgefühl, wie an dem Tag, als ich in der iranischen Wüste stecken geblieben war. Am liebsten hätte ich mich gar nicht erst aufs Motorrad gesetzt. Aber ich konnte die andern ja nicht einfach warten lassen. Außerdem lief uns die Zeit davon.

Mario und Samuel legten zu meinem Verdruss ein zügiges Tempo vor, und als Mario wegen eines Autofahrers, der auf einer abschüssigen Straße plötzlich stehen blieb und noch dazu keine Bremslichter hatte, eine Notbremsung machen musste, fuhr ich fast in ihn hinein.

Mein Hinterreifen blockierte, und als ich endlich zum Stehen kam, fehlten wirklich nur noch wenige Zentimeter. Schon kurz darauf verpasste ich nur um Haaresbreite eine Kuh, die sich plötzlich entschieden hatte, ihre Richtung zu ändern, und direkt vor mir auf die Straße lief. Und als wir schließlich irgendwo mit knurrenden Mägen anhielten, um zu frühstücken, stellte sich heraus, dass das Restaurant nur Chai und Kaffee servierte. Dass Letzterer ungenießbar war, lernten wir auf die harte Weise. Als hätte ich es gewusst …

Als wir unser altes Hotel passierten, wünschte ich mir nichts mehr, als dass es zu regnen anfangen würde, damit wir wieder dort einkehren könnten. Aber diesmal ging mein Wunsch nicht in Erfüllung und der Regen blieb aus. Dafür wurde der Verkehr immer dichter und die Fahrer wurden immer rücksichtsloser.

Als wir nach zehn Stunden und 250 Kilometern endlich in Islamabad ankamen, sahen wir Tausende geschmückte Tiere, meistens Ziegen und Schafe. Später erfuhren wir, warum: Am nächsten Tag begann das Opferfest, das höchste aller islamischen Feste. Deswegen hatten die meisten Leute die nächsten vier Tage frei. Das erklärte natürlich auch den fürchterlichen Verkehr.

Wir bezogen unser Zimmer in einem Hostel. Als ich aus der Dusche kam, war die Prinzessin verschwunden. Jemand hatte die Tür offen gelassen und sie war nach draußen gehuscht. Durch den Tracker wusste ich zum Glück bald, wo sie in etwa war. Und tatsächlich erwiderte sie kurz darauf in dem Stockwerk über uns auch schon meine Rufe. Ich vermutete, dass sie mich auch gesucht hatte, denn als wir wieder in unserem Zimmer waren, schien sie überglücklich und kam sogar kuscheln.

Seit wir aus Lahore abgefahren waren, hatten wir bis auf eine Ausnahme jeden Tag etliche Stunden auf der Straße verbracht. Daher gönnten wir uns nun einen Tag Ruhe und schliefen uns mal wieder aus. Nachdem ich eine Runde mit der Prinzessin gespielt hatte, ging ich raus, um die Königin durchzuchecken. Obwohl der Tag des Opferfestes war, hatte ich Glück und fand einen Mechaniker, bei dem ich einen Ölwechsel machen konnte.

Unsere Auszeit hatte uns gutgetan und am nächsten Morgen fuhren wir gestärkt zurück nach Lahore. Zu unserer Überraschung waren die Straßen wie ausgestorben, und obwohl wir zweimal eine Pause einlegten und dabei jedes Mal im Nu von zig Menschen umzingelt waren, die alle ein Selfie mit uns machen wollten, schafften wir die 300 Kilometer in nur viereinhalb Stunden.

Nachdem mittlerweile Feras und Uns das Gästezimmer bei Wasays Familie bezogen hatten, mieteten wir uns ein kleines Zimmer. Das Hotel lag mitten in der Stadt, aber es war der perfekte Platz für Mogli. Denn man hatte uns auf dem Dach untergebracht und so konnte sie sich überall frei bewegen und dem Gewusel auf den Straßen aus sicherer Entfernung zusehen. Vor den großen Vögeln schien sie sich, wie sonst auch, instinktiv in Acht zu nehmen. Auch wenn es mich manchmal störte, dass sie so extrem vorsichtig war, war ich jetzt doch froh darum, mir nicht so viele Sorgen machen zu müssen und sie draußen lassen zu können.

Wir hatten uns gerade eingerichtet, da bekam ich auch schon Besuch von Qasim, einem Freund von Kholoud, die ich in Islamabad kennengelernt hatte. Er wollte mich auf Kulfi, die traditionelle indische Eiscreme, einladen und nahm mich mit in die Stadt. Überall liefen und lagen für die Opfergabe geschmückte Tiere herum und am Himmel kreisten große Greifvögel, die sich über die Überreste hermachen wollten. Eine seltsame Stimmung lag in der Luft.

Natürlich schafften wir es nicht, wie geplant innerhalb einer Dreiviertelstunde wieder zurück zu sein, und als wir endlich zu Feras kamen, war es schon spät. Er sah gut aus und trug nur noch eine Armschlinge. Uns hatte ihm sogar einen neuen Haarschnitt verpasst.

Den nächsten Tag verbrachten wir wieder bei den beiden und diesmal nahm ich auch die Prinzessin mit. Am Abend hatte ich dann ein Skype-Interview für »Tiere suchen ein Zuhause«, eine Sendung des Westdeutschen Rundfunks. Ich fragte mich, ob meine Oma wohl immer noch über meine »Rumzieherei« schimpfen würde, wenn sie uns im Fernsehen sehen könnte, oder ob sie nicht doch insgeheim ein wenig stolz auf mich wäre.

Am Tag vor unserer Abfahrt holte ich beim deutschen Konsulat mein Carnet ab. Als ich wieder zurück zum Hostel kam, stand Lukas' Motorrad auf der Straße. Er war von seinem Hushe-Tal-Trip zurück und wollte nun doch mit uns weiter nach Indien fahren.

Am Abend waren wir zu einem Festessen bei Wasays Familie eingeladen. Der Zeitpunkt war gekommen, an dem ich mich, neun Monate nach meiner Ankunft in Dubai, von Feras verabschieden musste. Er drückte mir eine kleine Billardkugel mit der Nummer elf in die Hand. Wir hatten sie 2009 auf unserem ersten gemeinsamen Roadtrip als Trostpreis gewonnen und seither wechselte sie, jedes Mal, wenn wir uns wieder trafen, den Besitzer. Ich hatte sie ihm von Deutschland mit nach Dubai gebracht. Und nun würde ich sie an seiner Stelle bis nach Nepal bringen.

GOODBYE, PAKISTAN

Am nächsten Morgen standen wir Punkt acht Uhr vor der geschlossenen Grenze und mussten erst einmal eine Stunde warten, bis die Beamten zu arbeiten begannen. Einer von ihnen stellte fest, dass wir unser Visum um einen Tag überzogen hatten, und wurde ziemlich ungehalten. Wir hatten uns wohl verrechnet, aber da unser Carnet erst einen Tag später gestempelt wurde, erzählten wir ihm, dass seine Kollegen bei der Einreise einen Fehler gemacht haben mussten. Nach einigem Hin und Her stellte er uns eine eintägige Visumsverlängerung aus und wir durften ausreisen.

Auf der indischen Seite lief dagegen alles glatt. Nachdem wir unsere Stempel abgeholt und die Beamten einen Blick in unsere Sachen geworfen hatten, durften wir einreisen. Moglis Papiere wollte wieder einmal niemand sehen. Am liebsten hätten wir gewartet und uns noch die berühmte allabendliche Militärparade an der Grenze angesehen. Doch weil es jetzt schon wieder so heiß war, dass mein Seitenständer in den Teer einsank, machten wir uns auf dem schnellsten Wege nach Amritsar.

*»Zimmer mit Ausblick:
Bei jeder kurzen Rast schaute Mogli,
wo wir gelandet waren.«*

INDIEN

Indien war überwältigend. Ich hatte viel erwartet und wurde nicht enttäuscht. Ich wusste nicht, dass es so viele Gerüche, Geräusche und Farben gibt – und die Landschaft war einfach unglaublich. Natürlich ließ vor allem der Himalaja mein Motorradfahrerherz höherschlagen …

EINE ANDERE WELT

Hinter der Grenze begann der Teil der Reise, auf den ich mich vermutlich am meisten gefreut hatte: der Himalaja. Aber erst einmal mussten wir bis dorthin kommen. Die brütende Hitze machte uns zu schaffen und durch den starken Verkehr brauchten wir für die 30 Kilometer bis zu unserem ersten Hotel über drei Stunden. Auf Mogli reagierte man hier warmherziger und offener als in Pakistan, und noch während wir an der Rezeption warteten, versammelten sich ein paar Leute um uns, die ein Foto mit ihr machen oder sie streicheln wollten. Besonders die Kinder waren begeistert. Wir bezogen unsere Zimmer, sprangen schnell unter die Dusche, und nachdem die Prinzessin versorgt und mit einer Dose Thunfisch für den anstrengenden Tag belohnt war, machten wir uns auf, um die Gegend zu erkunden. Am nächsten Morgen ging es schon wieder früh raus. Endlich sahen wir nun auch die berühmten Kühe, die in Indien überall herumliefen. Sie hatten keinerlei Scheu vor Menschen und ignorierten selbst die schweren 40-Tonner.

Noch vor der Mittagshitze erreichten wir den Bundesstaat Jammu und Kaschmir, der zu Indien gehörende Teil Kaschmirs. Hier in den Bergen wurden die Temperaturen zum Glück angenehmer. Gegen 16 Uhr versperrten ein paar Soldaten die Straße. Es hatte einen Erdrutsch gegeben, und da der Rückstau schon recht groß war, durften wir nicht weiter. Es sollte auch noch eine Weile dauern, bis die Straße wieder frei war. Erst gegen 20 Uhr durften wir unsere Fahrt endlich fortsetzen.

Während wir gewartet hatten, hatten wir ein paar indische Biker auf Royal Enfields Bullets, den kultigsten und schönsten indischen Motorrädern, kennengelernt. Sie halfen uns in der nächsten

Stadt bei der Hotelauswahl und verhandelten den Preis für uns. Wir aßen gemeinsam zu Abend und saßen danach noch ein wenig zusammen, während die Prinzessin draußen einen Rundgang machte.

Am nächsten Morgen stellte sich heraus, dass wir den eigentlichen Erdrutsch noch gar nicht passiert hatten, und nach nur ein paar Kilometern erreichten wir den über 30 Kilometer langen Rückstau. Es wurde immer heißer, und da jeder von uns versuchte, so schnell wie möglich durchzukommen, verloren wir uns. Ich schaffte es als Erster, aber einer nach dem anderen kamen auch die anderen an – und nach einer kurzen Verschnaufpause ging es weiter.

Am Nachmittag kamen wir in unserem Hotel in Srinagar an. Als Mogli den Vorgarten sah, wurde sie unruhig. Sie wollte ins Freie. Aber der Besitzer warnte mich davor, sie in den Garten zu lassen, weil es dort Schlangen gab. Erst ein paar Minuten zuvor hatte man beim Heckenschneiden eine Kobra entdeckt. Die Prinzessin durfte also nur das Hotel erkunden, während wir duschten. Und als wir in die Stadt aufbrachen, musste sie sich mit dem Fensterbrett in unserem Zimmer begnügen.

Weil wir uns am nächsten Tag trennen wollten, kauften wir noch ein Bier zum Anstoßen – in einem Laden, der von einem Mann mit Maschinengewehr bewacht wurde. Als wir damit am Abend gemütlich beisammensaßen und Pläne schmiedeten, entwischte mir Mogli doch noch. Aber weil ich sie im Blick hatte, gönnte ich ihr das Vergnügen und hoffte inbrünstig, dass sie keine giftige Schlange traf.

AM GIPFEL

Am nächsten Morgen verabschiedeten wir uns voneinander. Zum ersten Mal seit Langem waren Mogli und ich wieder alleine. Es war ein komisches Gefühl. Aber ich war am Ziel meiner Träume angelangt. Jetzt wollte ich den Himalaja erforschen.

Mein erstes Ziel, Gulmarg, lag in den Bergen direkt am Rande des Kaschmirtals, in einer Landschaft, so idyllisch wie aus einem

Märchenbuch. Als ich die malerischen Kiefernwälder sah, konnte ich es kaum erwarten, neben einem der Bäche unser Zelt aufzuschlagen. Ich folgte der Straße bis zu einer Schranke, wo mich zwei Brüder ansprachen, Umar und Fayaz. Sie wollten zu meinem Erstaunen nicht wissen, wie teuer die Königin war, sondern wo ich übernachtete. Als ich ihnen erzählte, dass ich vorhatte zu campen, fragten sie, ob ich nicht Lust hätte, mit ihnen zu zelten. Das hatte ich! Es schien, als ob ich genau auf die richtigen Leute getroffen war, und ich folgte ihnen über einen kleinen Bergkamm zu einer kleinen Holzhütte im Wald. Dort verbrachten sie mit ihren Eltern den Sommer, kümmerten sich um die Pferde und organisierten alle möglichen Touren für Touristen – entweder zu Fuß, auf dem Pferd oder mit dem Quad. Noch bevor ich die Königin abstellen konnte, hatten sie mich auf einen Chai eingeladen. Mogli verkroch sich in einem Deckenstapel und schlief ein, während wir einen kleinen Spaziergang machten und ein paar Kumpels der Brüder abholten, mit denen wir campen würden. Nach dem Essen, das Umars und Fayaz' Mutter uns bereitet hatte, schlugen wir unsere Zelte auf und zündeten ein Lagerfeuer an. Mogli liebte es und machte sich gleich auf, um in der schützenden Dunkelheit den Wald und zwei alte Häuser in der Nähe zu erforschen. Alle paar Minuten kam sie zurück, um nach uns zu sehen. Dass es in dieser Gegend Schneeleoparden und Bären geben sollte, beunruhigte mich ein wenig. Aber die Jungs meinten, dass ich mir keine Sorgen machen solle, denn sie hielten sich in der Regel von Menschen fern. Hoffentlich würden sie auch weit genug von Mogli wegbleiben.

Es war eine herrliche Nacht. Doch als die anderen am frühen Morgen aufstanden und in Windeseile ihre Zelte zusammenpackten, um zur Arbeit zu gehen, war die Prinzessin wieder einmal verschwunden. Diesmal hatte ich fast schon damit gerechnet und so machte ich mich auf, sie in einer der beiden verlassenen Hütten zu suchen. Und tatsächlich hörte ich sie aus der zweiten schon nach mir rufen. Dass ich sie aber daraufhin am helllichten Tag aus ihrem sicheren Versteck holte, passte ihr gar nicht.

Fayaz hatte sich freigenommen, und nachdem er die Pferde gefüttert, wir gefrühstückt und ich seinen Vater kennengelernt hatte, brachte er mich zu seiner Lieblingsstelle. Die Kuhweiden und Wasserläufe, der Duft der Kiefern und die schneebedeckten Berge im Hintergrund erinnerten mich an meine geliebten Alpen. Nur Mogli wollte sich nicht beruhigen und zog ständig an der Leine. Weil ich nichts sah, wo sie sich hätte verkriechen können, ließ ich sie frei laufen. Ein Fehler, denn im Nu war sie weg. Wir fanden sie in einem Rohr unter einer Straße. Doch alle Versuche, sie hervorzulocken, scheiterten. Nicht einmal Leckerlis interessierten sie. Was blieb uns anderes übrig, als zu warten, Kaffee zu trinken und Frisbee zu spielen. Erst gegen 18 Uhr kam Mogli endlich aus ihrem Versteck. Weil Proteste und eine Straßenblockade angekündigt waren, machten wir uns trotzdem noch auf den Weg ins 150 Kilometer entfernte Sonamarg. Als wir vier Stunden später durchgefroren dort ankamen, fanden wir zwar ein Hotel, zu essen gab es aber nichts mehr. Sogar das warme Wasser war schon abgestellt. Ich ging hungrig ins Bett. Doch weil ich in der Nacht zuvor nicht viel Schlaf abbekommen und die kalte Fahrt mir alle Energie geraubt hatte, schlief ich sofort ein.

Als ich am nächsten Morgen die Augen öffnete, wurde ich mit einer herrlichen Aussicht auf den 5000 Meter hohen Kolahoi-Gletscher belohnt. Meinen Plan, die Strecke bis Leh an einem Tag zu schaffen, verwarf ich allerdings recht früh. Denn die ungesicherte Sandstraße, die in die steil abfallenden Hänge gebaut war, wurde an vielen Stellen gerade erst erneuert und so kamen wir nur langsam voran. Das war bei der atemberaubenden Aussicht aber kein Problem. Nach 100 Kilometern passierten wir ein Schild mit der Aufschrift »Welcome to Ladakh«, dem »Land der hohen Pässe«. Nur wenig später sah ich die ersten buddhistischen Gebetsflaggen, und da ich sie schon immer mit dem Himalaja verband, markierten sie, wie zuvor die Kamele im Iran und die Affen in Pakistan, einen weiteren Meilenstein meiner Reise.

Eine Stunde später erreichten wir Kargil, wo wir übernachteten, ehe wir am nächsten Morgen zurück auf die traumhaften Bergstraßen fuhren. Ab hier hatte die indische »Border Roads Organisation«, die für den Straßenbau in den Grenzgebieten zuständig war, ganze Arbeit geleistet. Fast der komplette Weg nach Leh war neu asphaltiert. Wir passierten den Fotu La, der mit Gebetsflaggen überhäuft war, und erreichten das Tal des Indus, dem wir in Pakistan bereits gefolgt waren. Weil es hier wenig regnete, hatten die Menschen Wasser für Bewässerungsanlagen abgepumpt und so überall am Flussrand fruchtbare grüne Oasen geschaffen. Meist gehörten sie zu buddhistischen Klöstern, von denen sie auch bewirtschaftet wurden.

Am Nachmittag kamen wir nach Leh, der Hauptstadt des ehemaligen ladakhischen Königreichs, einst ein wichtiger Knotenpunkt an der alten Seidenstraße. Heute lebte es eher vom Tourismus: In der kleinen Stadt gab es Hunderte Souvenirläden, Reisebüros und Ho-

Am Fotu La, der mit 4108 Metern höchste Punkt der Srinagar-Leh-Straße, wo unzählige tibetische Gebetsfahnen im Wind flatterten.

tels. Unseres hatte einen großen Vorgarten mit hohen Gräsern, Beeten und Bäumen, in denen Mogli sich austoben konnte. Zunächst aber nahm ich sie mit aufs Zimmer, stellte ihr Futter und Wasser hin, besorgte eine Toilette und machte mich auf die Suche nach einem Brett, um ihr eine Brücke vom Fenster nach draußen zu bauen.

Als ich später in die Stadt ging, um etwas zu Abend zu essen, merkte ich schnell, dass wir uns auf 3500 Metern Höhe befanden. Meine Beine wurden mit jedem Schritt schwerer und ich musste, wenn es bergauf ging, entweder Mäuseschrittchen machen oder alle paar Meter eine Verschnaufpause einlegen. Auch wurde es draußen auf einmal richtig frisch, sodass ich mich bald wieder zur Prinzessin aufmachte. Sie saß auf der Fensterbank und hielt nach Hunden Ausschau. Von denen gab es hier extrem viele und vermutlich erwies sie mir deshalb die Ehre, sich nachts das Bett mit mir zu teilen.

Wir blieben noch einen Tag in der Stadt, ehe wir am übernächsten Morgen aufbrachen, um den mächtigen Khardung La zu bezwingen. Ich hatte die Königin mit Gebetsflaggen dekoriert. Sie sahen nicht nur gut aus, sondern trugen mit dem Wind auch das »Om Ma Ne Padme Hum«, das älteste Mantra des tibetischen Buddhismus für das Glück aller fühlenden Wesen in die Welt. Gab es einen besseren Platz dafür als die Königin? Bald verriet mir ein Stein am Straßenrand, dass wir auf der höchsten befahrbaren Straße der Welt unterwegs waren. Wenngleich dieser Titel mittlerweile umstritten war, war es doch ein sagenhaftes Gefühl. Doch bald wurde der Asphalt zu Sand und ab 4500 Metern waren die Pfützen gefroren und die Königin und ich spürten den Sauerstoffmangel. Ich war außer Atem und sie wurde mit jedem Meter schwächer, weil ihr Benzin-Sauerstoff-Gemisch immer mehr aus der Balance geriet. Nur Mogli schien die Höhe nicht zu schaffen zu machen.

Als wir oben ankamen und ich in der Ferne die Gipfel des Karakorums und des Himalajas ausmachen konnte, ging für mich ein Traum in Erfüllung. Seit ich den Reisebericht eines jungen Mannes gelesen hatte, der mit seiner Africa Twin von Deutschland aus zum höchsten Pass der Welt (und weiter) gefahren war, war so eine

Motorradtour für mich der Inbegriff von Abenteuer und Freiheit. Und nun stand ich selbst da, noch dazu mit Mogli – auch wenn es der offensichtlich egal war, dass sie in diesem Moment vermutlich die höchste Katze auf der Welt war – auf meiner Schulter.

Viel Zeit zum Feiern blieb mir aber nicht. Ein Schild riet Besuchern dazu, aus gesundheitlichen Gründen maximal 30 Minuten auf dieser Höhe zu verweilen. Tatsächlich fiel es mir mit jeder Minute schwerer, mich zu konzentrieren. Langsam wurde mir ein wenig schummerig. Also fuhren wir auf der anderen Seite wieder hinunter. Tatsächlich fiel mir nach 1000 Metern das Atmen schon bedeutend leichter. In Turtuk fand ich ein kleines nettes Gasthaus mit bemerkenswert sauberen Zimmern. Das Beste war, dass der Garten direkt dahinter lag und eins der Fenster mit einem Gitter geschützt war. So konnte ich es einfach auflassen und Mogli, wie es ihr beliebte, ein und aus gehen. Nachdem ich sie versorgt hatte, ging ich eine Runde spazieren. Das Örtchen sah aus wie aus einem Bilderbuch. Nirgends lag Müll herum, und da in den verwinkelten Gassen keine Fahrzeuge fahren konnten, wirkte es fast schon ein wenig verschlafen. Jeder freie Zentimeter, sogar die flachen Hausdächer, wurde genutzt, um Getreide, Gemüse oder Obst anzubauen. Dass es kein Internet gab und auch der Strom um 19 Uhr abgeschaltet wurde, machte es nur noch idyllischer. Ich genoss es, nichts erledigen zu können. Am nächsten Morgen wachte ich das erste Mal seit Langem ohne Magenschmerzen auf.

Wir fuhren weiter nach Diskit, wo ich mich nach einem »Homestay«, einer kleinen, oft privaten Unterkunft, umsehen wollte. Aber eine Hotelbesitzerin sah mich auf der Straße und drängte mich dazu, zumindest einen Blick in ihre Zimmer zu werfen. Wie erwartet hatten wir verschiedene Preisvorstellungen. Aber als ich gerade wieder fahren wollte, legte sie noch zwei Mahlzeiten obendrauf und wir einigten uns doch.

Auf einem der Stühle vor dem Haus saß, in mehrere Decken gehüllt, eine alte Frau, die immer wieder einnickte. Als sie Mogli auf meiner Schulter entdeckte, verzog sie ihr Gesicht zu einem breiten

Grinsen und ich konnte ihre positive Energie förmlich spüren. Auch sonst herrschte hier eine friedliche und familiäre Atmosphäre und es gab sogar einen großen Hof mit dazugehörigem Garten, in dem Mogli spielen konnte. Ich ließ ihr die Zimmertür offen stehen und machte mich als Erstes auf den Weg ins Dorf.

Als ich zurückkam, war Mogli heilfroh, mich zu sehen. Sie rannte mir miauend entgegen, strich um meine Beine und stellte sich auf die Hinterpfoten, um ihren Kopf in meine Hand zu drücken. Normalerweise zeigte sie ihre Zuneigung nicht so stark und ich fragte mich, woher der Sinneswandel wohl stammte. Da entdeckte ich, dass unsere Zimmertür, die ich für sie offen gelassen hatte, geschlossen war. Die Inhaberin hatte sie wohl zugezogen – und Mogli muss gedacht haben, ich hätte sie zurückgelassen. Auf jeden Fall wich sie von nun an nicht mehr von meiner Seite.

WEITER DURCH DEN HIMALAJA

Unser nächstes Ziel war der Pangong-See an der tibetischen Grenze. Wir starteten früh, kamen dann aber nur im Schneckentempo voran. Doch das machte mir an diesem Tag nichts aus, denn die malerische Landschaft war ohnehin zu schön, um einfach so an ihr vorbeizurauschen. Wir folgten dem weiten Tal des Shyoks. Mit jedem Kilometer, den wir tiefer in den Himalaja vordrangen, wurde die Umgebung atemberaubender. Wir sahen Wildesel, Yaks, Schafe, Kraniche und sogar Murmeltiere. Kurz darauf konnte ich in der Ferne zum ersten Mal den Pangong-See erkennen. Der Anblick war wirklich etwas Besonderes: Während am gegenüberliegenden Ufer dicke Regenwolken den Himmel verdunkelten, schien auf unserer Seite die Sonne und ließ das Wasser azurblau erstrahlen.

Wir bezogen eines der Zelte, die hier nur in den Sommermonaten aufgebaut wurden. Aber obwohl sie größer und stabiler waren als normale Campingzelte, fühlte sich Mogli auch darin scheinbar nicht sicher, denn sobald die Sonne unterging, suchte sie nach

Das Sommercamp am Pangong-See. Wir ergatterten ein Zelt für uns.

einem anderen Unterschlupf. Doch diesmal ließ ich sie nachts nicht mehr hinaus und so kuschelte sie sich eben zu mir in den Schlafsack.

Am nächsten Morgen fuhren wir wieder früh los. Nach mehr als sieben Stunden Fahrt erreichten wir endlich Karu, eine kleine Stadt am Leh-Manali-»Highway«. Ich hatte einen Bärenhunger, aber erst einmal hieß es für Fotos zu posieren. Denn als wir uns gerade in ein Restaurant setzen wollten, kam eine Dame auf uns zu, die ganz aufgeregt rief: »You have a cat!« Ihr Mann hatte Mogli im Vorbeifahren entdeckt und seine Frau freute sich so sehr, ihre hoheitliche Bekanntschaft zu machen, dass sie förmlich auf und ab sprang. Wenige Sekunden später hatten wir daher auch die ungeteilte Aufmerksamkeit der anderen Gäste und Passanten.

Etwas außerhalb der Stadt fand ich ein nettes buddhistisches Homestay, in das wir nach einer harten Preisverhandlung einzogen. Es war ein großes Haus mit einem noch größeren Garten und der

Hund der Familie war die meiste Zeit an der Leine, sodass die Prinzessin alles ungestört erkunden durfte. Am Abend gab es Momos, tibetische Teigtaschen mit Gemüsefüllung. Und weil ich hier zum ersten Mal seit Leh wieder eine Internetverbindung hatte, schrieb ich noch ein lange überfälliges Social Media Update. Wir hatten seit dem letzten Beitrag so viel erlebt und dennoch fühlte ich mich irgendwie ziellos. Ich vertraute zwar darauf, dass wir früher oder später irgendwo hängen bleiben würden und ich endlich anfangen könnte, an diesem Buch zu arbeiten. Aber wo dieser Ort war und wie ich ihn finden sollte, das wusste ich nicht.

Es war schon Nachmittag, als wir am nächsten Tag endlich loskamen. Ich dachte, dass wir die höchsten Straßen bereits hinter uns gelassen hätten. Doch zu meiner Überraschung ging es noch immer weiter hinauf. Bald lag sogar Schnee neben der Straße. Es war kalt und windig, dafür aber kamen wir schnell voran und würden Pang, wo es hoffentlich Zeltunterkünfte gab, noch vor Sonnenuntergang erreichen. Pang erinnerte dann eher an eine Raststation als an ein Dorf. Es bestand lediglich aus ein paar einfachen Häusern, vor denen in den Sommermonaten große Vorzelte aufgebaut wurden, in denen sich Unterkünfte und kleine Shops befanden und wo man einfaches Essen und Chai bekam. Mitte Oktober packten die Bewohner alles wieder zusammen und zogen in niedrigere Gefilde. Im Winter war es hier menschenleer. Obwohl unser Zimmer nicht viel mehr war als eine Baracke mit Feldbetten, fand Mogli darin und in dem Vorzelt jede Menge Schlupfwinkel. Als der Strom abgeschaltet wurde, gingen wir mit der Zeltsiedlung schlafen.

Bis nach Manali waren es nur etwas mehr als 300 Kilometer und wären die Straßen weiterhin so gut gewesen, hätten wir es leicht an einem Tag geschafft. Was ich aber nicht bedacht hatte, waren die Monsunwolken, die zu schwer waren, um in die höheren Regionen des Himalajas vorzudringen, und sich deshalb davor abregneten. Am Nachmittag fuhren wir in eine finstere Regenfront und an unserem letzten hohen Pass, dem Baralacha La auf 4940 Metern, hüllte uns zu allem Überdruss auch noch eine Regenwolke in dichten Nebel.

Völlig durchgefroren hielt ich in der erstbesten Dhaba, so nannte man hier die Restaurants an der Straße. Es gab nur einen Raum, der den Mitarbeitern offensichtlich auch als Schlafzimmer diente und den Mogli sofort zu erkunden begann. Ich bestellte einen Kaffee und eine Instant-Nudelsuppe. Während ich sie schlürfte, kamen drei Motorradfahrer in die Dhaba. Es war ein Vater, der mit seinen Söhnen einen Familienausflug machte. Als er von meinem Bargeldmangel erfuhr, tauschte er mir ungefragt 50 Euro zum aktuellen Kurs und steckte mir sogar noch 500 Rupien extra zu. Wir tranken noch einen Chai zusammen, ehe sich die drei wieder auf dem Weg machten. Ich gönnte mir und Mogli noch ein paar Minuten Ruhe und wärmte mich am Ofen. Als ich später meine Rechnung zahlen wollte, erfuhr ich, dass sie bereits beglichen worden war. Unfassbar!

Es hatte aufgehört zu regnen und selbst die Straßen wurden, von ein paar Flussquerungen und Schlammlöchern abgesehen, besser. Die dünn besiedelten Hochgebirgsregionen lagen hinter uns. Kurz vor Sonnenuntergang erreichten wir Keylang und Mogli kam aus ihrer Tasche gekrochen, um mich bei der Suche nach einer Unterkunft zu unterstützen. Beim dritten Anlauf fanden wir ein nettes Hotel mit Internetverbindung und einem Zimmer mit Balkon. In der Nacht wurde es erstaunlich kalt, und da es mir im Halbschlaf nicht in den Sinn kam, den Schlafsack auszupacken, wachte ich mehrmals auf. Am Morgen war ich dann zu müde, um aufzustehen, und so entschloss ich mich kurzerhand, noch einen Tag zu bleiben. Ich wollte ohnehin endlich einmal eine kleine Wanderung durch diese traumhafte Landschaft machen und jetzt war der perfekte Tag dafür. Mogli hatte sich währenddessen im Garten eine dicke Maus gefangen, und als ich sie rief, kam sie stolz angerannt und legte mir ihre Beute vor die Füße.

Als wir am nächsten Morgen losfuhren, war ich auf eine entspannte, kurze Fahrt eingestellt. Doch keine Stunde später steckte ich fest. Wir hatten den Rotang-Pass auf knapp 4000 Metern Höhe erreicht und der Monsunregen hatte die ungeteerte Straße in ein einziges Schlammloch verwandelt. Die Königin rutschte unkontrollierbar von einer Seite zur anderen, und sobald ich anhielt, saugten sich meine Stiefel im Schlamm fest.

Auf der anderen Seite des Passes war die Straße zum Glück viel besser und schlängelte sich durch eine traumhafte Landschaft bis zum 2000 Meter tiefer liegenden Flusstal der Beas herunter. Es war nun auch wieder wärmer, die eben noch kargen Berge waren einem dichten Urwald gewichen und es wimmelte nur so von Leben. Sogar Mogli merkte, dass sich etwas verändert hatte, und kam heraus um die neue Umgebung zu begutachten. Manali war eine geschäftige kleine Stadt und, da es der Ausgangspunkt für viele Expeditionen in das Hochland des Himalajas war, sehr touristisch. Aufgrund der unzähligen Hotels wirkte es viel größer, als es wirklich war.

Nach anstrengenden vier Stunden schafften wir es endlich zu dem Camp, in das wir wollten. Es war ein wundervoller Platz zwischen der rauschenden Beas und einem dichten Wald und die vielen Details und liebevoll eingerichteten Zelte verrieten sofort, dass es den Besitzern, Bodhi und Sam, nicht nur ums Geld ging. Für Mogli war es ein Paradies, und während sie anfing alles zu beschnuppern, lernte ich Bodhi und Sam näher kennen. Sie waren selbst Motorradfahrer, hatten zuvor in Mumbai gelebt und waren gut bezahlten Jobs nachgegangen. Vor vier Monaten hatten sie ihr altes Leben hinter sich gelassen, um dieses Camp zu eröffnen. Es war die Verwirklichung ihres Traums und sie waren voller Enthusiasmus, Ideen und Tatendrang. Ich freute mich, dass wir in einem ihrer wunderschönen Zelte unterkommen konnten. Der einzige Wermutstropfen waren die großen Spinnen. Auch wie es von hier aus weitergehen sollte, wusste ich noch nicht. Zudem musste ich erst einmal ein paar Ersatzteile für die Königin auftreiben und mich um einige andere Sachen kümmern. Doch eins war noch wichtiger: schlafen!

Am nächsten Tag unterhielt ich mich mit Bodhi übers Motorradfahren und er schwärmte mir vom Spiti-Tal vor, um mich gleich darauf zu warnen, was für eine schwierige Strecke es dorthin wäre. Meine Neugier war geweckt, aber um dorthin zu gelangen, hätte ich noch einmal den Rotang-Pass bezwingen müssen. Die

Erinnerung an die Schlammschlacht da oben war noch zu frisch, um diese Entscheidung zu treffen.

Nach fünf Tagen in Manali hatte ich mich erholt und alles erledigt. Nur wo ich Ersatzteile und neue Reifen bekam, hatte ich nicht herausfinden können. Dafür hatte ich Athul kennengelernt, einen Freund von Sam und Bodhi aus Südindien, der mich ins Spiti-Tal begleiten wollte. Denn letzendlich hatte ich mich doch entschieden, die Schlammtour noch einmal auf mich zu nehmen.

Am Tag, an dem wir aufbrechen wollten, kam Athul überpünktlich ins Camp. Auch Sam und Bodhi waren extrafrüh aufgestanden, um mir Frühstück zu machen. Nur ich hatte verschlafen. Doch anstatt mich zu wecken, tranken die drei Chai und warteten geduldig. Kurz vor neun Uhr kamen wir endlich los. Der Regen hatte zwar etwas nachgelassen, aber das schlammige Stück am Rotang-Pass war immer noch fürchterlich. Ich rutschte ein paarmal weg und konnte mich gerade so abfangen. Athul erging es nicht anders. Am meisten Sorgen machten wir uns aber über die berüchtigte Wasserdurchfahrt, vor der uns Bodhi gewarnt hatte. Nach 100 Kilometern erreichten wir sie – und mussten feststellen, dass wir uns völlig umsonst Sorgen gemacht hatten. Der kleine Schmelzwasserlauf führte gerade nicht viel Wasser. Aber das Abenteuer ging weiter: Wir mussten uns über große, teils lose Steine kämpfen und es fing an zu schneien. Einmal musste mir Athul aus der Patsche helfen und anschieben. Die letzten paar Hundert Meter zum Chandertal-See mussten wir dann sogar zu Fuß zurücklegen, was angesichts der Höhe enorm anstrengend war. Obendrein fegte uns ein eiskalter Wind um die Ohren. Mogli konnte dem Ganzen nichts abgewinnen und kroch von meiner Schulter in meine Jacke. Nachdem wir einen Blick auf den recht unspektakulären See geworfen hatten, fuhren wir zurück zu einem kleinen Camp und nahmen uns ein Zelt.

Als ich am nächsten Morgen aus dem Zelt kroch, sah ich, wie Mogli auf Athuls Schulter saß. Ich musste lachen. Es war schön, dass die beiden sich so gut verstanden – und umso bedauerlicher, dass er schon wieder umdrehen musste. Im Gegensatz zu mir war er aber noch nie allein gereist und nicht zuletzt, weil die Strecke alles andere als einfach war, hatte er nun Muffensausen. So fuhren Mogli und ich alleine über den 4590 Meter hohen Kunzum La ins Tal der Spiti.

Kurz vor Kaza musste ich, 70 Kilometer früher als sonst, auf Reserve umschalten. Scheinbar hatte auch die Königin mit dem Terrain und der dünnen Luft zu kämpfen. Nach einem Tankstopp an der höchsten Tankstelle der Welt machte ich mich an die leidige Aufgabe, eine Unterkunft zu suchen. Ich entdeckte ein kleines Homestay mit einem Parkplatz direkt vor der Tür und einem Fenster für Mogli. Am nächsten Tag schlief ich erst einmal aus und dann wollte ich mir meine erste warme Dusche seit eineinhalb Wochen gönnen. Weil aus dem Duschkopf kein Wasser kam, musste ich mich dazu unter die Wasserhähne an der Wand kauern. Nachdem ich mich eingeseift hatte, kam aber auf einmal kein warmes Wasser mehr und beim Aufstehen haute ich mir ordentlich den Rücken an. Zu guter Letzt stieß ich mir, als ich das Bad verließ, noch meinen Kopf am niedrigen Türrahmen. Ich kam mir vor wie in einem schlechten Film.

Den Tag verbrachte ich mit Sightseeing. Ich besuchte erst das Kibber-, dann das Key-Kloster und mit den letzten Sonnenstrahlen eilte ich noch nach Hikkim, wo sich auf 4400 Metern die höchste Poststelle der Welt befand – ein kleines Häuschen aus Schlammziegeln. Von dort schrieb ich eine Postkarte an meine Eltern.

Aber ich hatte noch nicht alles geschafft, was ich mir vorgenommen hatte. Bevor es am nächsten Tag weiterging, fuhr ich daher nach Langza, wo eine der größten, wenn nicht die größte Buddhastatue der Welt stand, und nach Komic, das höchste Dorf, das mit einer befahrbaren Straße an die Außenwelt angebunden war. Weil ich von dort gleich weiterwollte, nahm ich Mogli mit.

Wir machten uns auf den Weg nach Tabo, wo ich in einem über 1000 Jahre alten Kloster übernachten wollte. Es war zwar mittlerweile schon halb fünf, aber bis nach Tabo waren es nur 50 Kilometer und die Straßen waren geteert. Etwa auf halbem Wege wurde ich an einem Checkpoint herausgewinkt. Ein junger Soldat erklärte mir, dass ich ohne eine Genehmigung nicht weiterfahren durfte. Ich war genervt, machte dann aber aus der Not eine Tugend und entschied mich, an einer schönen Stelle neben der Spiti unser Zelt aufzuschlagen. Ich hatte es schon vermisst, in der freien Natur zu schlafen.

Frühmorgens fuhren wir zurück nach Kaza, wo es den geschlagenen Tag dauerte, die Genehmigung zu erhalten. Nachdem ich sie endlich in den Händen hielt, machten wir uns wieder auf den Weg nach Tabo. Wir passierten unseren Schlafplatz vom Vortag und erreichten den Checkpoint, wo uns der junge Soldat freudig wiedererkannte. Diesmal ließ er uns passieren.

Wir erreichten das Gasthaus des Klosters, als es gerade dunkel und kalt wurde. Es war auffällig schlicht, was es mit seiner angenehmen, friedlichen Atmosphäre aber wieder wettmachte. Und da es in Tabo weder Internet noch etwas anderes zu tun gab, ging ich direkt nach dem Abendessen ins Bett. Die Prinzessin sah das mit dem Nichts-zu-tun-Haben anders und begab sich auf Mäusejagd. Als ich am nächsten Morgen meine Augen öffnete, lag sie auf meiner Decke und umarmte meinen Oberschenkel mit ihrer Tatze.

Wir setzten unsere Reise fort. Leider wurde die Straße schon nach ein paar Kilometern wieder zur Schotterpiste und der Weg abenteuerlicher. Noch dazu quetschten sich aufgrund der Grenznähe zu Tibet schier endlose Schlangen von Militär-LKW entlang der schmalen Straßen, sodass wir nur sehr langsam vorankamen. Mit einem Zwischenstopp erreichten wir am nächsten Tag Chitkul, das letzte Dorf vor der Grenze zu Tibet – und das Dorf mit der saubersten Luft in ganz Indien. Es lag in einem kleinen Tal auf etwa 3400 Metern Höhe, umgeben von mächtigen Bergen. Die Zeit schien hier irgendwann stehen geblieben zu sein.

Bis ich ein kleines, preiswertes Zimmer gefunden hatte, waren die Kinder des Dorfes längst auf uns aufmerksam geworden. Als sie dann noch Mogli entdeckten, waren sie völlig aus dem Häuschen. Von da an hatten wir keinen Moment Ruhe mehr. Selbst als wir schon eingezogen waren, klopfte es immer wieder an der Türe. Mogli hielt natürlich nicht viel davon und machte sich durchs

Fenster aus dem Staub. Ich schaute mir, bis es Abendessen gab, die Königin genauer an. Sie hatte sich irgendwie komisch gefahren, außerdem wollte die Lenkradsperre nicht einrasten. Es stellte sich heraus, dass der Lenker bei dem Geholpere nach unten durchgerutscht war. Das erklärte, warum die Spiegel nicht mehr dahin zeigten, wohin sie sollten, und das Ladekabel vom Handy abgebrochen war.

Mogli war während meiner Abwesenheit tüchtig gewesen und hatte schon zwei Mäuse gefangen. Sie musste ein Nest gefunden haben, denn schon kurz darauf kam sie mit neuer Beute an. Oder waren Mäuse hier einfach nicht an Katzen gewohnt? Ich hatte auf jeden Fall noch keine gesehen. Ich schloss das Fenster, und nachdem sich die Prinzessin geputzt hatte, kuschelte sie sich zu mir.

Es hatte zu regnen begonnen und ich war hin- und hergerissen: Einerseits wollte ich gerne noch einen Tag bleiben, andererseits konnte ich wetterbedingt und weil ich kein Internet hatte, nicht viel machen. Da der Regen laut den Einheimischen mindestens drei Tage anhalten sollte und ich nicht riskieren wollte, stecken zu bleiben, fuhr ich schließlich ab. Das Motorrad fühlte sich mit der anderen Lenkerposition wieder wie früher an. Doch schon bald sah ich mich mit neuen Problemen konfrontiert: Mein Visier lief von innen an, und wenn ich es offen ließ, piksten die Regentropfen wie Nadelstiche auf der Haut. Außerdem hielt meine Regenkombi nicht dicht. Mogli bekam von alldem nicht viel mit, bis ein Autofahrer auf der Gegenfahrbahn mit Karacho durch eine tiefe Pfütze fuhr und eine ganze Ladung Wasser in ihre Tasche beförderte.

Unser nächstes Ziel war Mussoorie. Daniel, ein Amerikaner, den ich drei Jahre zuvor bei meiner Reise durch Vietnam kennengelernt hatte, hatte dort eine Weile gelebt und mir den Kontakt zu seinem Freund vermittelt: Curran. Er empfing uns mit offenen Armen. Leider konnten wir nur zwei Tage bleiben, weil er selbst eine Reise geplant hatte. Ich musste also eine neue Unterkunft suchen. Ein Schneider vermietete mir schließlich sein Hinterzimmer. Es war dort zwar nicht so schön wie bei Curran, aber die Atmosphäre war angenehm, es war preiswert und die Königin durfte im Hof parken.

EIN QUARTIER FÜR DEN WINTER?

Mussoorie wurde im 19. Jahrhundert als Hill Station auf einem zerklüfteten Bergkamm gegründet, damit die Menschen der Hitze in den Ebenen entfliehen konnten. Ich hatte mich bereits bei unserer Ankunft in die herrlichen Eichenwälder verliebt, in denen sich Makaken und Languren durch die Bäume schwangen, und gehofft, irgendwie an diesem Ort stecken zu bleiben. Aber es ergab sich nichts und so fuhren wir nach einer Woche wieder weiter.

Ich genoss es, wieder unterwegs zu sein. Die kleinen Straßen waren meist gut ausgebaut und ich hatte einen Riesenspaß, mich von einer Kurve in die nächste zu werfen – ganz zu schweigen von den atemberaubenden Ausblicken. Schon bald waren wir auf unter 1000 Höhenmetern und es wurde wieder warm. Auch die Landschaft veränderte sich: Die sanften Hänge erlaubten ihren Bewohnern, Terrassen anzulegen und Reis anzubauen. Hier schneite es nie, es gab genügend Wasser und der Boden war fruchtbar. Immer wieder liefen Affen über die Straße, Wasserbüffel, Kühe, Ziegen, Schweine, Hunde – ganz abgesehen von den Fußgängern und den »verrückten« Autofahrern … In Indien zu fahren war ein reiner Hindernislauf und nie langweilig.

Nach ein paar Tagen hatten wir die Eichen- und Zedernwälder um Mussoori und die Dschungel in den niederen Regionen hinter uns gelassen. Auf den Hügeln rundum wuchsen nun Kiefern, deren Geruch mir vertraut war und die mich an den Balkan erinnerten. Wir waren nur noch einen Tagesritt von der nepalesischen Grenze entfernt, aber mein indisches Visum war noch eine Weile gültig und die Gegend schien ein gutes Winterquartier zu sein. Also entschied ich mich, noch kleinere Straßen zu nehmen und eine passende Unterkunft zu suchen. Mehr oder weniger ziellos fuhr ich eine Weile durch die Wälder. Wir erreichten Kasar Devi, aber da uns das Universum nicht aufhielt, fuhren wir einfach weiter, vorbei an Almoras Tausenden von bunten Häuschen, die im goldenen Licht der untergehenden Sonne strahlten – bis an einen kleinen Fluss. Die Gegend war zwar nicht ganz so abgelegen, wie ich es mir gewünscht hatte, aber es war trotzdem ein herrliches Fleckchen Erde. Es war nichts zu hören als das Plätschern des Wassers und das ohrenbetäubende Zirpen der Grillen. Ich war glücklich und baute unser Zelt auf. Mogli war es natürlich wieder zu gefährlich. Sie kam erst aus dem Tankrucksack, nachdem die Sonne untergegangen war.

Für den nächsten Tag hatte ich große Pläne: Ich wollte ausschlafen, angeln und baden gehen, die Königin waschen, den Müll am Fluss aufräumen, jonglieren, Reifen auftreiben und Instagram updaten. Nichts davon schaffte ich, denn schon morgens um acht standen zwei Männer und ein Kind neben dem Zelt, schrien herum und machten Lärm. Ich tat zwar so, als ob ich tief schliefe, doch als sie sich nach 30 Minuten verzogen, war daran nicht mehr zu denken. Ab da riss der »Besucherstrom« nicht mehr ab. Kinder, Frauen, Männer … Alle wollten uns und die Königin sehen. So nett die

Die Landschaft in Indien ist vielfältig. Manchmal dachte ich, ich wäre daheim.

meisten auch waren, wurde ich langsam genervt. Mogli versteckte sich die meiste Zeit im Zelt und ich freute mich schon, dass sie es jetzt doch als sicher genug befand. Aber als ein paar Kinder das »Versteck« auf der Suche nach ihr stürmten, verschwand sie wieder im nächsten Gebüsch. Es war frustrierend!

Abgesehen von der Ruhe, um die mich diese Leute brachten, warnten sie mich den ganzen Tag vor den Tigern, die hier angeblich herumstreiften. Andere wiederum meinten, dass sich diese nicht so weit in die Nähe der Menschen trauen würden. Als es Abend wurde und wir endlich wieder alleine waren, fragte ich mich, ob wir tatsächlich in Gefahr wären. Ich überlegte lange hin und her, bis ich gegen 22 Uhr doch noch zusammenpackte und mich auf den Weg machte. Einer der Männer hatte von einem Gasthaus in Dinapani gesprochen, einem Dorf in der Nähe. Doch wo ich auch hinkam: Alles war wie ausgestorben. Endlich sah ich ein paar Männer, die sich vor einem Hotel an einem kleinen Feuer wärmten – und tatsächlich konnten wir dort unterkommen. Was für ein Glück wir doch hatten!

Am nächsten Tag fuhren wir weiter zu dem Gasthaus, von dem ich insgeheim hoffte, dass es unser Winterquartier sein würde. Was ich jedoch fand, war kein Gasthaus, sondern ein einfaches Häuschen mit drei kleinen Räumen auf dem Dach. Daneben wuchsen meterhohe Cannabispflanzen und auf dem Hof stand ein Kalb. Weil niemand zu sehen war, setzte ich mich in den Wald, lauschte den Grillen und Vögeln und ließ meine Gedanken schweifen, während Mogli das Gebüsch erkundete und die Bäume erklomm.

Mohan, der Besitzer des Häuschens, kam vorbei und riss mich aus meinen Gedanken. Er zeigte mir unser Zimmer. Es war klein und schlicht – und voller Spinnen. Wir einigten uns darauf, dass ich einfach das Zelt auf der Terrasse aufbauen würde. Obwohl ich die Königin nur kurz aus den Augen gelassen hatte, waren ein paar Kinder vorbeigekommen und hatten meinen Kompass, mein Ladegerät, das Altimeter und meine geliebte Kopflampe geklaut. Ich war überrascht und enttäuscht, dass so etwas gerade in einem idyllischen Dorf wie diesem passierte.

Im Haus gab es eine junge Katze und einen Welpen. Jetzt erfuhr ich auch, dass hier alle großen Katzen »Tiger« genannt wurden, dass es »echte« Tiger hier aber nicht gab. Leoparden jedoch sehr wohl, und als wir am nächsten Tag aufwachten, hatte einer nur 150 Meter vom Haus entfernt eine Kuh gerissen. Gerade machten sich Dutzende großer Greifvögel über die Überreste her.

Das Kätzchen war noch zu jung, um mit Mogli zu streiten, und der Welpe zu tollpatschig, um ihr die Treppen hinauf zu folgen. Damit hatte Mogli auf der oberen Etage ein sicheres Reich, in dem sie keiner störte. Sie fühlte sich pudelwohl. Nur dass sie nun jeden Abend zeitig mit mir ins Zelt kommen musste, passte ihr nicht. Aber wegen der Leoparden blieb ich diesmal streng.

Für ein paar Tage lebten wir nun ein einfaches, bescheidenes Leben. Ich genoss die Ruhe und den Duft der Kiefern. Abends vor dem Schlafengehen bewunderte ich die Milchstraße und am Morgen weckten mich die Sonne und die Vögel – und Mogli!

Leider hatte ich im Haus keinen Internetempfang und so schnappte ich mir meinen Laptop und fuhr zu einem Café in Kasar Devi, von wo aus ich die gewaltigen Gipfel des Gharwal-Gebirgszugs sehen konnte. Mittlerweile hatte ich sogar ein Angebot für neue Reifen bekommen. Weil sie eine hierzulande unübliche Größe hatten, kosteten sie fast 250 Euro mehr als in Deutschland. Ich verglich die Kosten und fasste, während sich eine Kuh am Eingang durch den Müll wühlte, einen Entschluss: Ich wollte unsere Reise kurz unterbrechen und nach Hause fliegen. Wenn ich die Versicherung von Deutschland aus abschloss und mir dort Reifen kaufte, sparte ich trotz des Flugs schon 80 Euro. Und dann brauchte ich ja auch noch den internationalen Führerschein und einen Schwung Ersatzteile.

Zurück auf »unserem« Dach war Mogli heilfroh, mich zu sehen. Sie rannte mir entgegen und drückte mir ihr Köpfchen so eifrig in die Hand, dass sie dabei auf den Hinterpfoten stand. Der Gedanke, sie zurückzulassen, wenn auch nur für ein paar Tage, brach mir fast das Herz. Aber Katzen waren in der Kabine des Fliegers nicht erlaubt und außerdem wollte ich ihr den Stress nicht zumuten.

Zwei Tage später buchte ich einen Flug von Delhi nach München. In der Zwischenzeit bestellte ich in Deutschland die Teile, die ich brauchte, und ging auf der Suche nach einer Unterkunft für Mogli meine indischen Kontakte durch. Leider ohne Erfolg. Also bat ich meine Social-Media-Abonnenten um Hilfe. Und siehe da: Nur ein paar Stunden später hatten sich mehrere Menschen gemeldet, die sich bereit erklärten, für ein paar Tage auf sie aufzupassen.

Einer davon war Isat. Er lebte mit zwei anderen Jungs in einem Apartment in Noida, studierte Psychologie und war früher Skater. Nishad, einer seiner Mitbewohner, hatte eine Zeit lang als Mönch gelebt und war ein leidenschaftlicher Motorradfahrer. Und Shashank, der Dritte im Bunde, war ein begnadeter Sänger, der allen Mädels den Kopf verdrehte. Alle drei liebten Musik. Wenn sie nicht gerade selbst eine Melodie anstimmten, dröhnte es aus den Boxen. Und sehr zu meiner Freude unterhielten sie sich meist auf Englisch. Zwar wusste keiner von ihnen so richtig, wie man mit einer Prinzessin umging. Aber automatisch machten sie fast alles richtig – vor allem ließen sie Mogli ihre Ruhe. Ihr standen hier alle Türen offen, aber da es leider nicht so viele davon gab und sie nicht zum Gang hinausdurfte, hatte sie bereits nach einer halben Stunde alles erkundet. Während meiner Abwesenheit würde ihr hier ganz schön langweilig werden. Aber es war ein sicherer Platz und ich vertraute darauf, dass die Jungs gut auf sie aufpassen würden.

Ich blieb noch zwei Tage, um sicherzugehen, dass es Mogli gut gehen würde, dann machte ich mich mitten in der Nacht und mit einem mulmigen Gefühl im Magen auf den Weg zum Flughafen. Wir hatten 420 Tage gebraucht, um bis nach Delhi zu kommen, und jetzt brachte mich der Flieger in nur 13 Stunden zurück nach München. Es war ein unwirkliches Gefühl. Ich schaute aus dem Fenster und erinnerte mich an all die Abenteuer, die wir auf dem Weg erlebt hatten, an all die Freundschaften, die wir geknüpft hatten. Irgendwo da unten war Iqubal und der Ort, an dem Feras seinen Unfall hatte, da waren die Levies und die Wüsten, die uns unsere letzte Kraft gekostet hatten, da Ghasem, hier Khalil. Morteza und

Pejman in Shiraz und Feras und Uns in Dubai. Wir überquerten das umkämpfte Gebiet der Kurden, und als ich das Schwarze Meer sah, an das wir es nie geschafft hatten, erinnerte ich mich an Serhat aus Artvin. Ich nickte kurz weg, und als ich die Augen wieder öffnete, blitzte unter uns bereits der Balaton auf. Nur wenig später sah ich die Alpen und wusste, dass ich nun bald zu Hause war.

Mein großer Bruder und zwei gute Freunde warteten schon auf mich und es war ein unwirkliches Gefühl, sie hier wiederzusehen. Es gab so viel zu erzählen! Doch zuerst hielten wir bei einem Metzger und ich bestellte mir eine Leberkässemmel, eine Butterbrezel und einen »richtigen« Kaffee. Diese drei Dinge hatte ich vermisst.

Gedankenversunken sah ich aus dem Fenster. Vieles, was mir früher ganz normal erschien, wirkte nun befremdlich. Ich hatte vergessen, wie penibel sauber hier alles war, wie geordnet das Leben ablief, wie gut die Straßen waren. Dafür fehlte von dem Hauch von Abenteuer, der in Indien überall in der Luft lag, jede Spur.

Für die nächsten Tage hatte ich einen straffen Zeitplan. Ich fuhr von einem Laden zum anderen, besorgte Reifen und Teile, beantragte den internationalen Führerschein und sicherte meine Daten. An den Abenden traf ich mich mit Freunden. Die Zeit verflog so schnell, dass mir fast schwindelig wurde. Ich war überwältigt von dem Rückhalt, den ich hier hatte. Ständig wurde ich von meiner Familie oder Freunden eingeladen. Man beschenkte mich mit einem neuen Schaffell, Katzenfutter oder Bargeld. Als ich Deutschland wieder verließ, hatte ich alles besorgen können und trotzdem mehr Geld in der Tasche als zuvor. Jeder Einzelne hatte sich gefreut, mir etwas Gutes tun zu können. Es war einfach unbeschreiblich und ich fragte mich, womit ich das alles verdient hatte. Am letzten Abend machte sich dasselbe mulmige Gefühl in meinem Magen breit wie zuvor in Indien. Nur waren es diesmal meine Familie und Freunde, die ich vermissen würde – und Mogli die, auf die ich mich freute.

Kaum war ich in Delhi gelandet, lag mit den Abgasen wieder ein Hauch von Abenteuer in der Luft. Ich nahm mir ein Taxi und fuhr nach Noida.

*»Die geschmückte Königin.
Das Mantra auf den Gebetsfahnen bittet für
das Glück aller fühlenden Wesen.«*

HONDA
PADME

Mogli hatte vermutlich nicht mehr mit mir gerechnet und reagierte erst gar nicht, als ich zur Tür hereinkam. Erst als ich nach ihr rief, spitzte sie ihre Ohren. Für ein paar Sekunden war sie sichtlich verwirrt, aber als sie realisierte, dass ich zurück war, gab es kein Halten mehr. Sie rannte auf mich zu, leckte mich ab und war so aufgedreht wie ein übermüdetes Kind. Über eine Stunde musste ich sie durchs Apartment jagen, bis sie sich endlich beruhigt hatte und mir »half«, meine Koffer auszupacken. Ich nahm erst einmal nur das Nötigste heraus und fiel, während Mogli sich heimlich zu den Leckerlis durchwühlte, todmüde ins Bett.

Am nächsten Tag gönnte ich mir etwas Erholung. Ich genoss die Auszeit nach dem ganzen Trubel in Deutschland. Nachdem ich die Königin durchgecheckt und ihr eine Wäsche gegönnt hatte, suchte ich gemeinsam mit Nishad einen Mechaniker, der mir die neuen Teile einbauen konnte. Und dann hieß es Abschied nehmen, denn Mogli und ich wollten zurück in die Berge fahren, um nach einem Winterquartier zu suchen.

Als wir einige Tage später nach einer langen Fahrt endlich in Dinapani ankamen, war es bereits halb zehn. Jetzt musste ich mich nur noch die kurze Strecke bis zu Mohans Haus entlangkämpfen – was gar nicht so einfach war, denn es hatte schon länger nicht mehr geregnet und der Sand auf dem schmalen Weg war besonders weich.

Plötzlich sank der Vorderreifen ein und verkeilte sich in den Spurrillen. Die Federgabel tauchte voll ein, und als die Königin wieder zurücksprang, konnte ich sie nicht mehr halten und stürzte. Es ging alles so schnell, dass ich gar nicht wusste, wie mir geschah, aber mein Fuß landete verdreht unter der Königin. Und als sie nun noch ein kleines Stückchen tiefer in den Sand einsank, fühlte ich eines meiner Bänder reißen. Die Schmerzen waren unerträglich und ich stieß einen lauten Schrei aus. Alleine bekam ich meinen Fuß nicht mehr hervor. Ich schrie und hupte in die Dunkelheit, in der Hoffnung, dass mir jemand helfen würde. Vergebens!

Nun kam auch noch Benzin aus dem Tank. Besser, ich ließ mir etwas einfallen, bevor es über den heißen Motor lief und es zu spät wäre. Als ich meinen Oberkörper drehte, knirschte und krachte es im Knie und dann sprang es scheinbar zurück in die richtige Position. Mein Fuß zeigte wieder nach vorne und ich konnte endlich mein Bein hervorziehen, wenn auch unter starken Schmerzen. Ich rief Mohan an und bat ihn um Hilfe. Er hatte mich erwartet und war zum Glück noch wach – und kurz darauf zusammen mit seinem Enkelsohn bei mir. Selbst mit vereinten Kräften schafften wir es gerade so, die Königin wieder aufzurichten. Und weil keiner der beiden sie fahren konnte, musste ich sie noch den unebenen Weg entlang bis zum Haus fahren. Da war er also, der Zwischenfall, der entschied, wo wir hängen bleiben sollten.

Ich baute unser Zelt an der alten Stelle auf der Terrasse auf. Der Ekel vor den Spinnen in dem Zimmer war einfach größer als meine Schmerzen. Todmüde und geschafft legte ich mich schlafen. Aber ich wusste beim besten Willen nicht, wie ich liegen sollte, ohne dass es wehtat. Ich war so erschöpft, dass ich trotzdem schnell einschlief, und als ich am Morgen aufwachte, war ich mir nicht mehr sicher, ob ich den Unfall nicht nur geträumt hatte. Ein stechender Schmerz erinnerte mich aber schnell wieder daran, was passiert war.

Nach dem Frühstück fuhr ich nach Almora, die nächste Stadt, um einen Arzt aufzusuchen. Mein Knie war dick geschwollen und blau angelaufen, aber zumindest stand nirgendwo ein Knochen heraus. Das Röntgenbild zeigte, dass ich mir nichts gebrochen hatte, doch um mehr zu erfahren, schrieb mir der Arzt eine Überweisung für ein MRT. Das Ergebnis war ernüchternd: Am Knie hatte ich mir zwei Bänder und den Meniskus angerissen und es hatte sich ein Bluterguss gebildet. Mein angeblich nur verstauchtes Fußgelenk hatte es noch schlimmer erwischt. Eine Sehne war gerissen und an der Abrissstelle hatte sich ein Ödem gebildet. Der Wadenbeinmuskel war teilweise abgerissen, zwei Sehnenscheiden waren entzündet, ein anderer Muskel verstaucht und ich hatte einen dicken Bluterguss im Gelenk. Es hätte aber auch viel schlimmer kommen können.

Immerhin entschied der Arzt in Almora, dass ich nicht operiert werden musste. Mir fiel ein Stein vom Herzen! Jetzt hieß es erst einmal abwarten und Chai trinken. Und so kaufte ich mir auf dem Rückweg einen Gehstock und verbrachte dann die nächsten Tage damit, mich zu entspannen. Ich passte mich dem Lebensrhythmus des Dorfes an. Einerseits ärgerte ich mich zwar, dass ich ohne Internet nicht viel erledigen konnte. Andererseits freute ich mich, eine Entschuldigung zu haben, mein Telefon erst gar nicht einzuschalten.

Eine Woche später war auf einmal die ganze Familie in Aufruhr. Sie reparierte das Häuschen mit einer Mischung aus Lehm, Kuhmist und Wasser, strich es neu an, schmückte es mit bunten Lichtern und fegte noch die letzten Ecken aus. Aus dem Dorf hörte ich, wie Kinder immer wieder riefen: »Komm, Diwali, komm, Diwali, bleib zwölf Monate!« Zu Moglis Verdruss zündeten sie dabei auch noch Silvesterknaller an.

Diwali, das Lichterfest, hatte begonnen, das den Sieg des Guten über das Böse, des Lichtes über die Dunkelheit symbolisierte. »Meine« Familie stellte einen kleinen Schrein mit Bildern von Göttern auf, schmückte ihn mit einfachen Öllampen, Blütenblättern, Früchten, Reis, Räucherstäbchen, Geld und Süßigkeiten und dann trugen wir uns gegenseitig und den Bildern der Götter rot-gelbe Segenszeichen, sogenannte Tikas, auf die Stirn auf. Meines verwischte ich nur eine halbe Stunde später versehentlich schon wieder.

Am nächsten Tag war die Stimmung besonders ausgelassen, jeder warf sich in Schale und wir trugen uns schon morgens Segenszeichen auf die Stirn auf. Das Frühstück fiel üppiger aus als üblich und diesmal bekamen sogar die Kühe ein Tika aufgemalt und eine Blumenkette umgehängt.

Am Abend gab es ein Diwali-Feuerwerk, das zu Moglis Glück bei Mohans Familie eher bescheiden ausfiel. Andernorts wurde aber heftig geknallt und von überall sah ich Raketen über dem trockenen Wald in den Himmel steigen. Wie durch ein Wunder brannte nichts an, und als die letzten Raketen gezündet und wieder Ruhe eingekehrt war, kam auch die Prinzessin zurück.

Als die Feierlichkeiten vorüber waren, machte ich mich auf den Weg zu Sanjay, dessen Vater das Café gehörte, von dem aus ich ein paar Wochen zuvor meinen Flug nach Deutschland gebucht hatte. Ich erinnerte mich, dass er unbedingt eine Runde mit der Königin fahren wollte. Damals hatte ich ihm diesen Wunsch verwehrt. Doch jetzt hatte sich das Blatt gewendet und ich brauchte jemanden, der sie aus dem Dorf holte. Ich musste Sanjay nicht zweimal bitten und wir vereinbarten, dass ich mich bei ihm meldete, sobald ich eine passende Unterkunft gefunden hätte.

Am nächsten Tag fuhr ich ein letztes Mal zum Arzt, der mir bestätigte, dass die Behandlung abgeschlossen war. Auf dem Rückweg hielt ich bei Bhupal in Kasar Devi. Er vermietete ein kleines Häuschen, das ich mir ansehen wollte. Er hatte mich schon erwartet, und als ich mit meinem Gehstock angehumpelt kam, mussten wir beide lachen, denn er konnte seit einem Unfall sein Bein nicht mehr bewegen und ging ebenfalls am Stock. Aber er schien deswegen nicht verbittert, ganz im Gegenteil.

Ich war sehr gespannt auf das Häuschen, denn das, was ich von der Straße aus sehen konnte, gefiel mir richtig gut. Da es auf einem Bergkamm stand, bekam es den ganzen Tag Sonne und auch das Mobilfunksignal wurde durch nichts gestört. Die Straße verlief ein paar Meter unterhalb, weshalb es einerseits ruhig, andererseits aber auch gut zu erreichen war. Und es gab einen Stellplatz für die Königin! Ich folgte Bhupal die Treppe hinauf, und als wir oben ankamen, konnte ich meinen Augen nicht trauen. Es war traumhaft! Überall blühte es, überall wuchsen Sträucher, in denen Mogli sich verstecken konnte, und die Aussicht über die wolkenverhangenen Hügel nach beiden Seiten war einfach umwerfend. Das rustikale Häuschen war in einer alten einfachen Bauweise aus Stein und Lehm erbaut, das Dach schieferplattengedeckt. Drinnen stand lediglich ein einfaches Bett und ein kleiner Tisch. Es gab eine Feuerstelle und bei dem Gedanken, mein eigenes Lagerfeuer im Zimmer zu machen, wurde ich schon ganz unruhig. Am liebsten hätte ich es gleich angezündet. Endlich hatte ich unser Winterquartier gefunden.

MEIN EIGENES HÄUSCHEN

Wie es schon Brauch war, wurden wir an unserem letzten Abend bei Mohan mit einem mächtigen Gewitter verabschiedet. Die Blitze schlugen direkt in unserer Nähe ein und es verging keine Sekunde, bis krachender Donner den Boden erschütterte. Selbst Mogli, die sich normalerweise nicht vor Gewittern fürchtete, versteckte sich und kam erst gegen Mitternacht klitschnass zurück. Ich rubbelte sie trocken und dann kuschelte sie sich zu mir in den Schlafsack und wir schliefen zum Prasseln der Regentropfen ein.

Ich war mir nicht sicher, ob ich je wieder so ein idyllisches Zuhause haben würde.

Am Morgen hatte sich der Regen gelegt. Ich packte unsere Siebensachen zusammen und wartete dann auf Sanjay und das Taxi. Mogli taugte die holprige Fahrt im Auto noch weniger als auf dem Motorrad und sie beschwerte sich aus vollem Halse. Aber alles war vergessen, als sie unser neues Zuhause sah. Während sie herumschnupperte, fing ich an uns einzurichten und eine Einkaufsliste zu schreiben. Wir brauchten einen Kocher, Geschirr, Trinkwasser, Lebensmittel und Gewürze, Sand für Mogli, ein Verlängerungskabel, eine Lampe und einige andere Sachen. Aber als die Sonne beim Untergehen die Hügel rundum in ihr orangegoldenes Licht hüllte, ließ ich alles stehen und liegen und setzte mich vor mein neues Zuhause, um dem Spektakel beizuwohnen. Ich konnte einfach nicht fassen, wie atemberaubend schön es war.

Als uns die wärmenden Sonnenstrahlen nicht mehr erreichten, wurde es schlagartig kalt. Bhupal hatte mir geraten, Mogli wegen der

Leoparden nachts einzusperren. Ich konnte mir aber nicht vorstellen, dass sie sich so nah an uns herantrauen würden – noch dazu so früh. Und so durfte die Prinzessin noch eine Weile draußen spielen. Gegen zehn holte ich sie dann aber doch herein und machte uns ein Feuerchen. So idyllisch ich mir das vorgestellt hatte und so hübsch es auch aussah: Der Qualm war enorm und die Wärmeausbeute gering. Wenn wir den Winter hier verbringen wollten, brauchten wir einen kleinen Ofen. Also ergänzte ich meine lange Einkaufsliste.

Am nächsten Morgen wachte ich auf, weil Mogli sich zu mir in den Schlafsack kuschelte. Scheinbar war das aber nur ein Täuschungsmanöver, denn in Wirklichkeit wollte sie raus. Ich öffnete ihr die Türe und legte mich noch eine Weile hin. Als ich gerade wieder eingeschlafen war, gab es aber einen lauten Knall, und als ich vor Schreck aufsprang, saß ein Affe in unserer Hütte. Ich scheuchte ihn hinaus, doch als ich auf den Hof blickte, sah ich, dass es dort nur so von Affen wimmelte. Das war ganz und gar nicht gut, denn Mogli war irgendwo da draußen und sie hatte panische Angst vor diesen Tieren. Da kam aber auch schon mein Nachbar mit einem Stock angerannt und verscheuchte die Affen.

Ich machte mich auf die Suche nach der Prinzessin, konnte sie jedoch nicht finden. Hoffentlich hatte sie sich vor Angst nicht wirklich in Gefahr begeben. Ich wartete noch eine Weile und entschloss mich dann schweren Herzens, einkaufen zu gehen. Als ich zurückkam, saß sie zum Glück vor der Türe. Sie war verschreckt, aber nachdem sie sich geputzt und beruhigt hatte, setzte sie sich auf das Fensterbrett und starrte gebannt nach draußen. Die Affen waren verschwunden. Dafür machte jetzt ein Hund seine Runde. Langweilig würde es uns hier sicher nicht werden.

Ich stellte schnell fest, dass dreimal täglich kochen und abwaschen, mich einen guten Teil meines Tages kosten würde. Weil ich die Zeit aber lieber damit verbringen wollte, an dem Buch zu arbeiten, nahm ich mir vor, alle umliegenden Restaurants auszutesten. Vielleicht konnte ich mir ja sogar eine Mahlzeit am Tag liefern lassen? Leider war das Essen nirgendwo wirklich gut. Pech gehabt!

Die Lösung kam wieder einmal in Gestalt von Bhupal, der mir jeden Morgen ein einfaches Frühstück bereitete und mich zudem oft zum Abendessen einlud. Meist gab es Gemüse und Reis. Ich brachte ihm im Gegenzug hin und wieder eine Flasche Rum aus der Stadt mit.

Ich stand jeden Morgen um sieben auf, peitschte meine Wunden mit Brennnesseln aus, was die Heilung beschleunigen sollte, trank einen Kaffee und fing dann an, Dinge zu erledigen. Wenn Mogli sich nicht gerade vor Affen oder Hunden versteckte, lauerte sie draußen Eidechsen oder Mäusen auf. Die junge Spinne neben meinem Bett hatte einen Namen bekommen, und ich hoffte, mich an sie zu gewöhnen, während ich ihr dabei zusah, wie sie von Tag zu Tag größer wurde. Tagsüber rannten Affen über unser Dach, nachts Leoparden. Ich dichtete die Ritzen im Mauerwerk ab, durch die der Wind pfiff, und zeichnete einen Plan für einen kleinen Ofen, den ich mir in der Stadt bauen lassen wollte.

Die alltäglichen Aufgaben – Wäsche waschen, kochen, Geschirr spülen, Holz sägen, einkaufen, putzen, Chai trinken – hatten mich voll im Griff. Nach zwei Wochen musste ich feststellen, dass ich nie dazu kommen würde, ein Buch zu schreiben, wenn ich mich nicht einfach hinsetzen und alles andere jeden Tag für ein paar Stunden stehen und liegen lassen würde. Und so machte ich Ende November genau das und fing an zu schreiben. Zur gleichen Zeit, einen Monat nach meinem Unfall, bekam ich Post aus Rosenheim. Ein Freund hatte mir drei Rollen Kinesiotape geschickt, um mein Knie zu fixieren. Ich freute mich und wollte es sofort ausprobieren – nachdem ich dafür mein Bein rasiert hatte … Es ziepte und zwickte ein wenig, doch das Knie fühlte sich wirklich stabiler an als zuvor. Ich konnte damit sogar endlich wieder ohne meinen Gehstock laufen.

Als ich ein paar Tage später aufwachte, hatte es sich eingeregnet und die Sonne ließ sich kein einziges Mal hinter den dichten Wolken blicken. Es war der perfekte Tag, um meinen neuen Ofen aufzubauen. Er funktionierte einwandfrei und machte aus der eisigen Hütte im in null Komma nichts eine warme Stube. Nun konnte ich mich endlich wieder auf das Buch konzentrieren.

Da ich wegen meines Visums alle drei Monate das Land verlassen musste, fuhren wir Ende Januar für einen Tag nach Nepal. Die Fahrt dauerte etwa sechs Stunden und das Visum dafür gab es zum Glück gleich bei der Ankunft. Dass Leute nur der Visa wegen kamen, sah man aber nicht so gerne. Und so bat mich der nette Herr von der nepalesischen Einwanderungsbehörde, das nächste Mal zumindest so zu tun, als hätte ich vor, länger zu bleiben.

Auf dem Rückweg erfuhr ich mehr oder weniger zufällig, dass die Königin maximal sechs Monate in Indien bleiben dürfte und beschlagnahmt würde, wenn ich sie nicht bis Ende Februar ausführen würde. Das passte mir ganz und gar nicht! Ich hatte mich gerade eingerichtet und jetzt sollte ich das Land schon wieder verlassen? Außerdem wollte mich meine Mum in zwei Wochen besuchen. Es war definitiv noch nicht an der Zeit weiterzuziehen. Ich musste den Leiter der Zollbehörde in Delhi unbedingt um eine Ausnahmegenehmigung bitten. Ich wollte ohnehin dorthin, um meine Mum vom Flughafen abzuholen. Als es so weit war, schaffte ich es aber gerade mal, den Antrag zu stellen. Ob man ihn genehmigen würde, sollte ich erst zwei Wochen später erfahren. Was sollte es? Viel wichtiger war doch, dass meine Mum jetzt da war.

MIT MUM AUF ABENTEUERN

Als ich meine Mutter ein paar Wochen zuvor gefragt hatte, ob sie sich lieber entspannen oder ein Abenteuer erleben wollte, hatte sie sich für Letzteres entschieden. Also hatte ich eine kleine Motorradtour für uns geplant. In Delhi wollten wir starten.

Am nächsten Morgen kam das Leihmotorrad, das ich für sie organisiert hatte. Es war eine wunderschöne graue Bullet und ich konnte es kaum erwarten, eine Probefahrt mit ihr zu machen. Meiner Mum war wegen des Chaos auf den Straßen noch etwas mulmig und sie wollte mir lieber noch eine Weile auf die Finger schauen, bevor sie sich selbst an den Lenker setzte. Viel Zeit hatte sie dafür aber nicht, denn schon am nächsten Tag brachen wir auf. Unser erstes Ziel war das 250 Kilometer entfernte Dehradun, am Rande der Siwaliks, der Vorgebirgskette des Himalajas. Der Weg dahin war kein einfacher und meine Mum bekam schnell zu spüren, was es hieß, in Indien Motorrad zu fahren. Wir kämpften uns über schlammige Feldwege, quälten uns durch dichten Verkehr, mussten Menschen, Affen, Kühen, Hunden und Fahrzeugen ausweichen … Einmal verloren wir uns unterwegs, ein anderes Mal fuhr meine Mum fast von der Straße, weil sie vom Fernlicht des Gegenverkehrs geblendet wurde und die Kurve nicht rechtzeitig erkannte.

Nach drei Nächten ging es weiter. Es war ein großartiges Gefühl, Seite an Seite mit meiner Mum durchs Land zu fahren. Wenn ich den Leuten unterwegs erzählte, dass die kühne Abenteurerin auf der Bullet meine Mutter war, glaubten sie mir nicht. Wer konnte es ihnen auch übel nehmen? Kümmerten ihre Mütter sich doch meist mit den anderen Frauen und Kindern um den Haushalt.

Am Nachmittag ging es rauf auf 2500 Meter. Da es vor Kurzem erst geschneit hatte, lag noch überall Matsch und Eis auf der Straße und wir mussten aufpassen, nicht die Kontrolle zu verlieren. Nach sechs Stunden und 120 Kilometern hatten wir genug und nahmen uns ein Hotel in New Tehri. Aufwärmen konnten wir uns aber auch dort nicht, denn es gab weder eine Heizung noch einen Ofen. Dafür turnte Mogli, keine fünf Minuten nachdem wir unser Zimmer bezogen hatten, auch schon auf dem etwa zehn Meter hohen Vordach herum. Meine Mum war krank vor Sorge. Für mich dagegen war es kein so ungewohnter Anblick. Ich wusste, dass ich der Prinzessin vertrauen konnte – und oft genug auch musste.

Wir folgten wieder meiner alten Route, vorbei am Staudamm von Tehri und entlang des malerischen Flusstals der Alaknanda, in das ich mich beim letzten Mal bereits verliebt hatte, bis zum Ursprung des Ganges. Kurz danach riss das Kupplungsseil der Bullet – in dem vielleicht einzigen Dorf Indiens, in dem es keine Ersatzteile für Royal Enfields gab. Ein paar Soldaten halfen sofort, das Motorrad auf die Seite zu schieben, und bis ich einen Mechaniker ausfin-

Meine Mum in Indien. Ich glaube, das hätte sie sich nie träumen lassen.

dig gemacht hatte, der wusste, wie man mit dem Kupplungsseil eines anderen Motorrades improvisieren konnte, war meine Mum schon von neugierigen Männern umzingelt. Sie wurde sogar zum Essen eingeladen. Zum Glück dauerte es nicht lange und wir konnten unsere Fahrt fortsetzen. Nach einem weiteren anstrengenden, aber aufregenden Tag erreichten wir kurz nach Sonnenuntergang Gairsain. Die letzten Tage waren nicht spurlos an uns vorübergegangen und so entschlossen wir uns, direkt nach Kasar Devi zu fahren. Nach Hause! Wir freuten uns beide darauf, ein paar Tage entspannen zu können. Aber am meisten freute sich wohl Mogli. Fröhlich und unbesorgt hüpfte sie durch das Blumenbeet, und als sie sich später auf ihrem Platz vor dem warmen Ofen zusammenrollte, war ihre Welt wieder in Ordnung. Nur dass meine Mum ihr hin und wieder ihren Stuhl streitig machen wollte, passte ihr nicht. Am Ende räumte ich meist meinen Platz und ließ die beiden vor dem Ofen sitzen.

Dann kam mein 33. Geburtstag. Genau vor einem Jahr waren wir zusammen 1000 Kilometer nach Muskat und zurück gefahren. Dieses Jahr dagegen hatten wir unser Abenteuer schon fast hinter uns und fuhren deswegen nur nach Almora auf den Markt. Meine Mum wollte sich nach ein paar Souvenirs umsehen und ich durfte mir ein Geburtstagsgeschenk aussuchen. Ich entschied mich für einen Druckkochtopf, der zugegebenermaßen zwar etwas klobig und schwer war, auf den ich aber nicht mehr verzichten wollte – auch wenn das hieß, dass ich dafür etwas anderes zurücklassen musste.

Bevor Mum wieder abreisen musste, zeigte sich Kasar Devi noch einmal von seiner schönsten Seite. Die Wolken waren verschwunden und wir hatten klare Sicht auf den Himalaja. Sogar die Affen kamen vorbei, um meine Mutter zu verabschieden, und wir schafften es auch noch, den berühmten Tempel der Göttin Kasar zu besuchen, nach der das Dorf benannt war.

Ich hatte für den leidigen Rückweg nach Delhi diesmal zwei Tage eingeplant. Aber egal wie man es machte: Es war einfach kein Vergnügen, dorthin zu fahren, und wir waren froh, die Motorräder am zweiten Abend endlich abstellen zu können. Wir verbrachten noch einen gemeinsamen Tag in der Stadt, dann hieß es Abschied nehmen. Wir blickten auf zwei Wochen und 1250 Kilometer voller spannender Eindrücke und Erlebnisse zurück, an die wir uns wohl unser Leben lang gerne zurückerinnern würden.

Zum Glück hatte man mir in der Zollbehörde die Genehmigung erteilt. Jetzt musste ich nur noch jemanden finden, der meine Reifen wechseln konnte.

LANGSAM HEISST ES ABSCHIED NEHMEN

Als ich nach über acht Stunden vom Motorrad stieg, hatten wir es geschafft. Wir waren wieder zu Hause. Alleine. Meine Mum schrieb mir, dass sie ebenfalls gut angekommen war, und amüsierte sich darüber, dass ihr Lebensgefährte sich über den dichten Verkehr auf der

Autobahn beschwert hatte. Sie hatte bei mir in Indien wahrlich ganz andere Sachen erlebt.

Weil wir mein ganzes Holz verfeuert hatten, machte ich mich mit meiner Sichel auf in den Wald. Zum Glück, denn als wir am nächsten Morgen aufwachten, fielen dicke Schneeflocken vom Himmel und hüllten die Hügel in ein weißes Winterkleid. Damit war ein weiterer meiner Wünsche in Erfüllung gegangen, denn ich wollte zu gerne die Hügel von Schnee bedeckt sehen. Mein anderer Herzenswunsch war, einmal einem Leoparden in freier Wildbahn zu begegnen – und dabei nicht zerfleischt zu werden.

Ich hatte mich mittlerweile gut mit meinem Nachbarn, Arjun, angefreundet, und es dauerte nicht lange, bis seine Mum, um mir mit dem Buch zu helfen, etwas mehr Mittagessen kochte. Die Affen aber fanden bei diesem Wetter besonders schwer Nahrung und wurden immer dreister. Als ich eines Morgens mein Frühstück über den Hof trug und keinen Stock dabeihatte, umzingelten sie mich regelrecht und versuchten mich einzuschüchtern, um an mein Essen zu gelangen. Aber zumindest Mogli lernte nun langsam, mit ihnen umzugehen, und fauchte sie an, wenn sie ihr zu nahe kamen oder versuchten, durch den Türspalt in unser Häuschen zu gelangen. Und offensichtlich war sie den Affen auch nicht geheuer, denn die gingen einer Konfrontation mit ihr lieber aus dem Wege. Ich hätte kaum stolzer auf meine mutige Prinzessin sein können.

Anfang März feierten die Leute Maha Shivaratri, das Fest, an dem Shiva die Menschen, die ihn mit Mantras verehrten und fasteten, von ihren Sünden befreite. Zwei Wochen später läutete dann Holi, das berühmte Fest der Farben, den Frühling ein. Tatsächlich wurde es jetzt wieder so warm, dass ich meinen Ofen nicht mehr brauchte und ihn samt dem übrig gebliebenen Brennholz an einen Nachbarn verkaufte. Leider sorgten die wärmeren Temperaturen aber auch dafür, dass sich Mogli nun nicht mehr zu mir in meine Jacke kuschelte, wie sie es den Winter über so gerne getan hatte.

Kurz danach bekam ich Besuch von meinem Cousin Marcus. Anders als meine Mum wollte er sich vor allem erholen – sehr zur

Freude der Prinzessin und mir. So brauchte sie ihr Revier nicht zu verlassen. Und ich konnte, nachdem ich seit Monaten jeden freien Tag vor dem Laptop verbracht hatte, auch eine Pause einlegen. Wir machten uns ein paar schöne Tage, besuchten Hippie-Cafés und Tempel, gingen auf den Markt in Almora, bauten Staudämme am Flussufer, spielten Frisbee und versuchten uns sogar im Yoga. Einen kleinen Zwei-Tage-Trip nach Bageshwar machten wir dann aber doch noch – um unsere Sünden im Fluss Sarju, einem Zufluss des heiligen Ganges, abzuwaschen.

Ein paar Wochen später kam noch ein Gast: Sascha, ein Kumpel aus Rosenheim, der schon einmal Fotos von mir und der Prinzessin gemacht hatte, war gekommen, um das Cover für mein Buch zu schießen. Wir fuhren dafür tiefer in die Berge und kamen an wahrlich atemberaubenden Plätzen vorbei. Doch einen geeigneten Hintergrund für das Foto zu finden erwies sich als schwieriger als gedacht. Es war unmöglich, eine befahrbare Stelle zu finden, von der aus man die Berge überblickte und die gleichzeitig typisch für diese Region war. Dafür ging ein anderer Traum in Erfüllung: Ich sah endlich einen leibhaftigen Leopard.

So schrecklich der Waldbrand auch wütete, sein Anblick war irgendwie faszinierend.

Nachdem Sascha sich wieder auf den Heimweg gemacht hatte, wollte ich meinen letzten Monat in Indien dem Schreiben widmen. Doch nur drei Tage später hatten uns die Waldbrände, die schon seit Wochen in den Hügeln wüteten, eingeholt. Ich sah dichte Rauchschwaden den Hang heraufkommen. Es war beängstigend! Zum Glück standen die Bäume weit genug voneinander entfernt, sodass hauptsächlich die heruntergefallenen Nadeln und ein paar kleinere Bäume und Büsche brannten. Mogli ließ ich sicherheitshalber trotzdem die ganze Zeit über im Haus. Nach eineinhalb Tagen war der Spuk auf unserem Hügel vorbei, aber ringsum konnte ich in den nächsten Wochen immer wieder Brände beobachten. Die Luft roch ständig nach Rauch.

Eines schönen Abends, als ich nichtsahnend einen Film schaute und Mogli wie immer vor dem offenen Fenster saß, knallte auf einmal etwas mit voller Wucht gegen das Fliegengitter. Noch bevor ich realisieren konnte, was passiert war, hatte sich die Prinzessin schon unters Bett gerettet. Und als ich zum Fenster rausschaute, sah ich direkt in die Augen eines großen Leoparden. Noch bevor ich einen klaren Gedanken fassen konnte, war er aber auch schon wieder verschwunden. Er hatte versucht, sich Mogli von der Fensterbank zu schnappen. Alles, was ihn daran gehindert hatte, war das stabile Fliegengitter aus Draht. An einer Stelle war nun ein Loch.

Zwei Wochen später war es schließlich so weit: Mein indisches Visum lief aus. Wir mussten uns von unserem Zuhause und unseren neuen Freunden verabschieden. Und diesmal würden wir nicht wieder hierher zurückkehren. Ich hoffte inbrünstig, in Nepal eine Unterkunft zu finden, in der wir uns genauso wohlfühlen würden.

Aus irgendeinem Grund hatte ich mehr Zeug als zuvor und nur mit Hängen und Würgen bekam ich alles auf der Königin unter. Weil ich sie noch dazu erst in der Früh beladen konnte, schafften wir es nur bis zur nepalesischen Grenze. Um dieselbe auch zu überqueren, war es schon zu spät. Ich musste uns ein Hotel suchen. Ein letztes Mal zeigte sich Indien dabei von seiner besten Seite: Bevor ich mich's versah, war ich von einer Schar junger Männer umgeben, die mir bei der Suche helfen wollten. Als wir am Ende nur ein Hotel fanden, dessen Preis mein Budget eindeutig überstieg, wollten sie die Differenz sogar aus eigener Tasche zahlen. Ich wäre Gast in ihrem Land, erklärten sie mir, und es wäre ihre Pflicht, dafür zu sorgen, dass es mir dort gut ging. Schließlich würden wir sicher dasselbe für sie tun, wenn sie unser Land besuchen würden.

BORDER ROADS ORGANISATION
HIMANK
WELCOMES YOU TO
THE WORLD
KHARDUNGLA
HT 17982 FT
@motomogli

LAND DER GEGENSÄTZE

Auf der einen Seite wilde Natur, unendliche Weiten und die höchsten Berge der Welt, auf der anderen enge Städte voller buntem Treiben. Gegensätzlicher als Indien kann ein Land wohl kaum sein. Bald fahre ich in den Süden des Landes. Ich freue mich schon darauf.

NEPAL

Es war Ende Juni, als wir Nepal erreichten, und, da wir zurück im Flachland waren, so heiß, dass mir fast der Atem wegblieb. Ansonsten war hier scheinbar alles wie in Indien. Die Sprache war ähnlich, auf den Straßen herrschte Chaos, die Leute aßen Bohnen, Linsen und Reis und abends tranken sie Whiskey. Was würde mich erwarten?

DAS ENDE MEINER REISE

Ich hatte keine Ahnung, wohin wir fahren sollten. Aber weil jeder, dem ich von meinen Reiseplänen erzählte hatte, mir Pokhara empfohlen hatte, beschloss ich, mich einfach dorthin aufzumachen. Doch gleich am ersten Tag fuhr ich auf der einzigen großen Straße in eine Straßensperre. Junge Männer, mit Knüppeln bewaffnet, versperrten mir den Weg. Erst als ich ihnen sagte, dass ich nach Pokhara wollte, ließen sie mich passieren.

Nach drei langen, anstrengenden und unglaublich heißen Tagen erreichten wir die Stadt, die sich als das Tourismuszentrum Nepals entpuppte. Mit so vielen Hotels, Geschäften, Restaurants und Bars hatte ich nicht gerechnet. Und es waren nicht irgendwelche Bretterbuden oder kleine Dhabas, sondern richtig schicke Gebäude. Dementsprechend hoch waren auch die Preise! Aber da die Monsunzeit gerade begonnen hatte, hoffte ich, irgendwo einen guten Deal aushandeln zu können. Und zuerst kamen wir ohnehin kostenlos im Hotel eines Kumpels von Daniel unter. Es war das schönste Zimmer seit Beginn unserer Reise und lag direkt auf dem Dach mit Aussicht über die Stadt und auf den herrlichen Phewa-See. Nur für Mogli war es nicht ganz so perfekt: Ein Sturz aus dieser Höhe hätte sie wenigstens ein paar ihrer sieben Leben gekostet.

Ich war mir sicher, dass das Universum irgendwo ein nettes Plätzchen für die Prinzessin und mich bereithielt, aber nicht, wie wir es finden sollten. Ich irrte eine Weile umher und schaute mir ein paar Unterkünfte an, bis ich aufgrund einer schlechten Wegbeschreibung plötzlich vor einem Yogacenter stand. Dort gab es zwar keine Zimmer, aber die Inhaberin war mit Yangkey, dem Mädchen für alles im Hotel nebenan, befreundet – und so kam ich dort unter.

Von alleine wäre ich nie auf diese Idee gekommen, denn das Hotel sah recht nobel aus. Was ich nicht wissen konnte: Es waren noch ein paar Arbeiten daran zu erledigen und daher stand es fast immer leer.

Unser Zimmer bot eine spektakuläre Aussicht auf den Phewa-See, war sauber und gemütlich eingerichtet und hatte ein eigenes Bad mit einer richtigen Dusche und warmem Wasser. Aber das Beste war, dass Mogli durch ein Fenster rein- und rauskonnte.

Yangkey und ich verstanden uns prächtig und bald fingen wir an, uns gegenseitig auszuhelfen: Sie kochte zum Beispiel für mich mit, damit ich mich aufs Schreiben konzentrieren konnte, während ich ihr beim Einkaufen half, sie in die Stadt brachte oder den Abwasch erledigte. Ihre Eltern waren als tibetische Flüchtlinge nach Nepal gekommen. Daher läuteten jeden Morgen Mantras den neuen Tag ein, vor jeder Mahlzeit betete sie dafür, dass alle Lebewesen ebenfalls etwas zu essen bekämen. Sie konnte sprichwörtlich keiner Fliege etwas zu Leide tun. Die Mücken, die uns stachen, wollten auch nur leben, erklärte sie mir, genau wie die Maus, die sich immer wieder einmal an unseren Lebensmitteln zu schaffen machte.

Nur 40 Kilometer von uns entfernt ragte das mächtige Annapurna-Massiv über 8000 Meter weit in die Höhe und zwang die prall gefüllten Monsunwolken dazu, sich davor abzuregnen. Ich hätte über den kühlenden Regen nicht glücklicher sein können, aber Mogli konnte damit wenig anfangen. Sie ging nun nicht mehr so oft nach draußen. Vielleicht war es ihr aber auch einfach zu warm. Dafür suchte ich jeden Abend mit ihr auf der Schulter die Wände nach Geckos ab. Das war ihre Lieblingsbeschäftigung.

Der Monsunregen war ein Segen für das Leben. Man konnte den Pflanzen beim Wachsen regelrecht zusehen. Es hüpften aber auch überall kleine Frösche herum, und wenn ich durchs Gras ging, saugte sich mindestens ein Blutegel fest. Die wurde ich aber mit ein bisschen Zitronensaft leicht wieder los. Später tauchten plötzlich lauter Krabben auf und gelegentlich sah ich auch Schlangen. Dreimal verirrten sich über 15 Zentimeter lange Tausendfüßer in mein Zimmer – zwei davon fand die Prinzessin, den andern bemerkte ich erst, als er mir über den Fuß kroch. Im Gegensatz zu Spinnen fürchtete ich mich aber nicht vor ihnen, obwohl sie nicht ganz unbedenklich waren – vor allem für Mogli.

Mitte August erinnerte mich eine Meldung aus Deutschland daran, dass daheim die Zeit nicht stehen blieb, während ich hier mit Mogli unsere Abenteuer niederschrieb. Meine Oma war schwerkrank, und wenn ich mich noch von ihr verabschieden wollte, müsste ich bald nach Hause kommen. Die Nachricht kam völlig unerwartet und ich tat mich die nächsten Tage, bis ich einen Flug nach Deutschland buchte, schwer, einen klaren Gedanken zu fassen. Yangkey hatte vollstes Verständnis und versprach mir, während meiner Abwesenheit, so gut sie konnte, auf die Prinzessin aufzupassen. Also flog ich ein weiteres Mal nach Hause.

Meine Oma freute sich riesig über meinen Besuch und war erstaunlich gut drauf. Und obwohl sie immer über meine Reise geschimpft hatte, stellte sie mich ihren Bekannten jetzt mit den Worten vor: »Das ist mein anderer Enkel, der Weltreisende mit der Katze, von dem ich dir erzählt habe.« Ich war vom Schlimmsten ausgegangen, aber am Ende wurde es ein sehr schöner Besuch. Ich war heilfroh, sie noch einmal gesehen zu haben. Denn nur zwei Wochen später starb sie. Einfach so.

Zwei Tage später starb auch die Mutter von Pemba, dem Inhaber des Hotels, in dem wir wohnten. Nach der zeremoniellen Verbrennung baute man einen Altar mit einem großen Bild von ihr auf, gerahmt von Hunderten von brennenden Öllampen. Er blieb sieben Wochen stehen. Alle sieben Tage wurden zusätzlich Hunderte Diyas angezündet und es kamen immer wieder Mönche vorbei, um dem Geist der Großmutter den Weg zu weisen. Am Ende versammelten sich die Angehörigen noch ein letztes Mal, um ihrer zu gedenken. Der Tod war hier Bestandteil des Lebens und ich fand es schön zu sehen, wie damit umgegangen wurde.

Mogli war seit meiner Rückkehr nicht mehr von meiner Seite gewichen, und selbst wenn ich nur schnell zum Motorrad hinunterging, stand sie oben am Hotel und rief lauthals nach mir. Wie ein kleiner Hund begleitete sie mich zu jeder Mahlzeit und kam danach wieder mit zurück aufs Zimmer. Erst nach einem Monat vertraute sie mir langsam wieder genug, um auf eigene Faust »Gassi« zu gehen.

Ich verbrachte die nächsten Monate jede freie Minute damit, dieses Buch zu schreiben. Und so stand der erste Entwurf tatsächlich ein paar Tage bevor mein nepalesisches Visum ablief – fast genau ein Jahr nachdem ich damit angefangen hatte. Auch wenn ich dadurch die ein oder andere Sache nicht erleben konnte, wuchs ich an dieser Aufgabe vielleicht mehr als an einem weiteren Ausflug. Denn über unsere Reise zu schreiben war wie Meditation. Es gab mir die Möglichkeit, anzuhalten, Erfahrungen zu verarbeiten und darüber zu reflektieren. Und das war in unserer stressigen Zeit vielleicht ein größeres Privileg als die Reise selbst.

Mogli beim Katzenyoga – in Nepal war sie fast immer herrlich entspannt.

DER RÜCKWEG

30 000 Kilometer haben Mogli und ich zurückgelegt und 14 Länder besucht. Wir haben Gebirge und Hochebenen überquert, uns durch endlose heiße Wüsten gekämpft und im Himalaja die höchsten Pässe der Welt bezwungen. Fast hätte ich einen meiner besten Freunde verloren und oft genug befürchtet, dass ich die Prinzessin nie wiedersehen würde. Aber irgendwie ging am Ende immer alles gut und das haben wir nicht zuletzt der Unterstützung der vielen hilfsbereiten Menschen zu verdanken, denen wir unterwegs begegnet sind oder die anderweitig von unserer Reise erfahren haben – und natürlich meiner Familie und meinen Freunden. Wir sind weiter gekommen, als ich je zu träumen gewagt hatte. Danke!

Im Frühjahr wollen wir versuchen, mit dem Flugzeug von Nepal oder Indien nach Kasachstan zu gelangen und unsere Reise in Richtung Russland fortzusetzen. Ob Mogli und die Königin mit an Bord dürfen, weiß ich noch nicht, doch der Weg über China wäre mit enormen Kosten verbunden, der Karakorum-Highway erst im Sommer wieder befahrbar. Die einzige Alternative wäre ein 6000 Kilometer langer Umweg über den Iran.

Im Herbst planen wir, wieder zurück in Deutschland zu sein. Ich hoffe, dass ich dann auch noch ein Buch über den zweiten Teil unserer gemeinsamen Reise schreiben kann. Wer nicht bis dahin warten will, findet aktuelle Informationen über unsere Route sowie Links zu unseren Social-Media-Seiten unter: motomogli.com

Ich wollte mit diesem Buch einen neuen Blick auf die Welt ermöglichen und hoffe, dass es euch genauso viel Spaß gemacht hat, über unsere Abenteuer zu lesen, wie es uns gemacht hat, sie zu erleben und niederzuschreiben. Bis zum nächsten Mal. Namaste!

DANKE!

Aus tiefstem Herzen möchte ich mich bei all denjenigen bedanken, die unsere Reise bis hierher verfolgt und immer an uns geglaubt haben. Bei all denjenigen, die uns unterstützt haben – sei es mit einem Schlafplatz, einer Auskunft oder Ratschlägen, mit Geld- oder Sachspenden, einer Mahlzeit oder einem Bier, dem Kontakt eines Freundes oder anderweitig.

Ich möchte den vielen Menschen danken, die uns Gutes getan haben und hier nicht erwähnt wurden, wie zum Beispiel der Ladenbesitzer, der mich dazu aufforderte, so viel einzupacken wie möglich, aber kein Geld von mir haben wollte, Joyteela, der humpelnde Nachtwächter, der immer ein Auge auf Mogli warf, oder Rose, die meist nur von mir hört, wenn ich eine Frage bezüglich Mogli habe.

Vor allem aber möchte ich meiner Familie und meinen Freunden danken, allen voran meiner Mum. Für die unendliche Unterstützung und dafür, dass ich mich immer auf sie verlassen kann. Und dem Leser dieses Buches für seine Zeit.

Ein besonderes Dankeschön geht an Feras und Uns mit ihren Familien, an all unsere Besucher und an Tino, Shima, Marcus, Saschi, Hias, Nino, Franz, Steffi, Manfred, Katharina K., Andreas K., Götz, Cecilia D., Katherine H., Karen B., Manizheh, Jalal, Saeed, Milad, Amir, Ali, Morteza, Mojtaba, Morteza (2), Mario, Daniel S., Joshua K., Iqubal, Isat, Bhupal, Arjuns Mum, Yangkey und Pemba, an alle, die bei der Erstellung dieses Buches mitgewirkt haben – und natürlich an Mogli!

LIEBE LESERINNEN UND LESER,

wir wollen Ihnen mit diesem Buch Informationen und Anregungen geben, um Ihnen das Leben zu erleichtern oder Sie zu inspirieren, Neues auszuprobieren. Wir achten bei der Erstellung unserer Bücher auf Aktualität und stellen höchste Ansprüche an Inhalt und Gestaltung. Alle Anleitungen und Rezepte werden von unseren Autoren, jeweils Experten auf ihren Gebieten, gewissenhaft erstellt und von unseren Redakteur*innen mit größter Sorgfalt ausgewählt und geprüft.

Haben wir Ihre Erwartungen erfüllt? Sind Sie mit diesem Buch und seinen Inhalten zufrieden? Wir freuen uns auf Ihre Rückmeldung. Und wir freuen uns, wenn Sie diesen Titel weiterempfehlen, in Ihrem Freundeskreis oder bei Ihrem Online-Kauf.

Sollten wir Ihre Erwartungen so gar nicht erfüllt haben, tauschen wir Ihnen Ihr Buch jederzeit gegen ein gleichwertiges zum gleichen oder ähnlichen Thema um.

KONTAKT ZUM LESERSERVICE

GRÄFE UND UNZER VERLAG
Grillparzerstraße 12
81675 München
www.gu.de

GRÄFE UND UNZER

Ein Unternehmen der
GANSKE VERLAGSGRUPPE

IMPRESSUM

Postfach 860366, 81630 München

Gräfe und Unzer ist eine eingetragene Marke der GRÄFE UND UNZER VERLAG GmbH, www.gu.de

ISBN 978-3-8338-7123-8
10. Auflage 2024

Projektleitung:
Fabian Barthel

Lektorat:
Sylvie Hinderberger

Bildredaktion:
Mat Kovacic,
Sylvie Hinderberger

Umschlaggestaltung und Layout: independent Medien-Design, Horst Moser, München

Satz:
Christopher Hammond

Herstellung:
Susanne Fuhrmann

Repro: Longo AG, Bozen

Druck & Bindung:
Livonia Print, SIA

Umwelthinweis:
Nachhaltigkeit ist uns sehr wichtig. Der Rohstoff Papier ist in der Buchproduktion hierfür von entscheidender Bedeutung. Daher ist dieses Buch auf PEFC-zertifiziertem Papier gedruckt. PEFC garantiert, dass ökologische, soziale und ökonomische Aspekte in der Verarbeitungskette unabhängig überwacht werden und lückenlos nachvollziehbar sind.

Die GU-Homepage finden Sie unter www.gu.de

Bildnachweis:
Alle Fotos in diesem Buch stammen von Martin Klauka, mit Ausnahme von: Athul Bos: S. 262; Markus Heimbach: S. 192, 193; Angel Horsley: S. 120; Steffie Lehnig: S. 14; Sascha Mayer: S. 6, 13, 18, 19, 263; Neeraj Murali: S. 174 und U4.

Syndication:

www.jalag-syndication.de